	1800	1900	2000

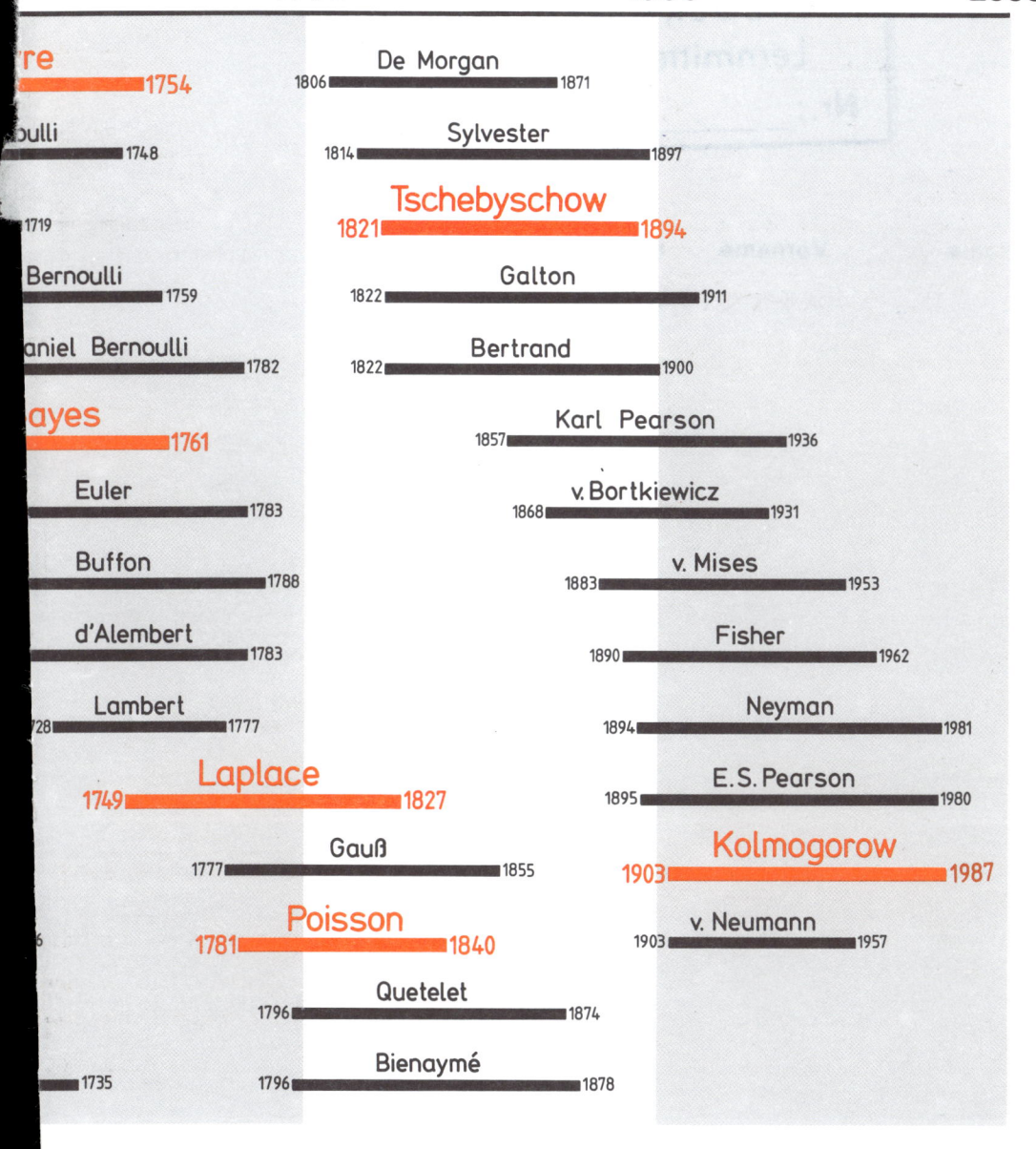

- ...re ⟶ 1754
- ...ulli ⟶ 1748
- ... 1719
- ...Bernoulli ⟶ 1759
- ...aniel Bernoulli ⟶ 1782
- ...ayes ⟶ 1761
- Euler ⟶ 1783
- Buffon ⟶ 1788
- d'Alembert ⟶ 1783
- Lambert 1728 ⟶ 1777
- Laplace 1749 ⟶ 1827
- Gauß 1777 ⟶ 1855
- Poisson 1781 ⟶ 1840
- Quetelet 1796 ⟶ 1874
- Bienaymé 1796 ⟶ 1878
- 1735
- De Morgan 1806 ⟶ 1871
- Sylvester 1814 ⟶ 1897
- Tschebyschow 1821 ⟶ 1894
- Galton 1822 ⟶ 1911
- Bertrand 1822 ⟶ 1900
- Karl Pearson 1857 ⟶ 1936
- v. Bortkiewicz 1868 ⟶ 1931
- v. Mises 1883 ⟶ 1953
- Fisher 1890 ⟶ 1962
- Neyman 1894 ⟶ 1981
- E.S. Pearson 1895 ⟶ 1980
- Kolmogorow 1903 ⟶ 1987
- v. Neumann 1903 ⟶ 1957

Stochastik

Grundkurs

Friedrich Barth · Helmut Bergold · Rudolf Haller

Oldenbourg

Facile videbis hunc calculum esse saepe non minus nodosum quam iucundum.

Unschwer wirst Du sehen, daß dieser Zweig der Mathematik oft nicht weniger verzwickt als ergötzlich ist.

DANIEL BERNOULLI

Oldenbourg

Kennzeichnung der Aufgaben

Rote Zahlen bezeichnen Aufgaben, die auf alle Fälle bearbeitet werden sollen. • bzw. ⁑ bezeichnen Aufgaben, die etwas mehr Ausdauer erfordern, weil sie entweder schwieriger oder zeitraubender oder beides sind.

Numerierung von Abbildungen und Tabellen

Die Zahl vor dem Punkt gibt die Seite an, die Zahl nach dem Punkt numeriert auf jeder Seite. Fig. 15.2 bedeutet beispielsweise die 2. Figur auf Seite 15.

Umschlag: **Rad der Fortuna** aus den *Carmina Burana* – Erstes Drittel des 13. Jahrhunderts – Bayerische Staatsbibliothek

Das Papier ist aus chlorfrei gebleichtem Zellstoff hergestellt, ist säurefrei und recyclingfähig.

© 1997 Oldenbourg Schulbuchverlag GmbH, München, Düsseldorf, Stuttgart
www.oldenbourg-bsv.de

Das Werk und seine Teile sind urheberrechtlich geschützt. Jede Nutzung in anderen als den gesetzlich zugelassenen Fällen bedarf der vorherigen schriftlichen Einwilligung des Verlages. Hinweis zu § 52 a UrhG: Weder das Werk noch seine Teile dürfen ohne eine solche Einwilligung eingescannt und in ein Netzwerk eingestellt werden. Dies gilt auch für Intranets von Schulen und sonstigen Bildungseinrichtungen.

7., verbesserte Auflage 2001

Druck   09 08 07 06 05
Die letzte Zahl bezeichnet das Jahr des Drucks.
Alle Drucke dieser Auflage sind untereinander unverändert und im Unterricht nebeneinander verwendbar.

Umschlag: Walter Rupprecht
Zeichnungen: Gert Krumbacher
Satz: Tutte Druckerei GmbH, Salzweg-Passau
Druck: Peradruck, Gräfelfing

ISBN 3-486-**02381**-0

Inhalt

Symbole und Abkürzungen	5
Vorwort	6
1. Zufallsexperimente	7
Aufgaben	10
2. Ergebnisräume	12
2.1. Grundbegriffe	13
2.2. Mehrstufige Zufallsexperimente	14
2.2.1. Ziehen ohne Zurücklegen	14
2.2.2. Ziehen mit Zurücklegen	15
2.2.3. n-Tupel als Ergebnisse	16
Aufgaben	17
3. Ereignisräume	19
3.1. Definition	20
3.2. Ereignisalgebra	21
Aufgaben	24
4. Relative Häufigkeiten	28
4.1. Einführung	29
4.2. Eigenschaften der relativen Häufigkeit	33
Aufgaben	37
5. Wahrscheinlichkeitsverteilungen	40
5.1. Definition der Wahrscheinlichkeit eines Ereignisses	41
5.2. Interpretationsregel für Wahrscheinlichkeiten	43
5.3. Eigenschaften der Wahrscheinlichkeitsverteilung	44
5.4. Beispiele für Wahrscheinlichkeitsverteilungen	45
5.5. Wahrscheinlichkeitsverteilungen bei mehrstufigen Zufallsexperimenten	54
Aufgaben	55
6. Additionssätze für Wahrscheinlichkeiten	60
6.1. Die Wahrscheinlichkeit von Oder-Ereignissen	61
6.2. Wahrscheinlichkeiten bei mehrstufigen Zufallsexperimenten	62
Aufgaben	64
7. Die Entwicklung des Wahrscheinlichkeitsbegriffs	67
8. Laplace-Experimente	74
8.1. Definition und einfache Beispiele	75
8.2. Kombinatorische Hilfsmittel	78
8.3. Berechnung von Laplace-Wahrscheinlichkeiten	87
8.4. Das Urnenmodell	91
8.4.1. Problemstellung	91

8.4.2. Die Wahrscheinlichkeit für genau s schwarze Kugeln beim Ziehen
ohne Zurücklegen ... 92
8.4.3. Die Wahrscheinlichkeit für genau s schwarze Kugeln beim Ziehen
mit Zurücklegen ... 94
8.5. Laplace-Paradoxa oder »Was ist gleichwahrscheinlich«? ... 97
Aufgaben ... 99

9. Unabhängigkeit ... 115
9.1. Unabhängigkeit bei 2 Ereignissen ... 116
9.2. Unabhängigkeit bei 3 und mehr Ereignissen ... 120
9.3. Die *Bernoulli*-Kette ... 123
9.4. Unabhängigkeit bei mehrstufigen Versuchen ... 127
Aufgaben ... 128

10. Binomialverteilung ... 137
10.1. Einführung ... 138
10.2. Eigenschaften der Binomialverteilungen ... 142
10.3. Herstellung einer Binomialverteilung im Experiment ... 149
Aufgaben ... 152

11. Das Testen von Hypothesen ... 158
11.1. Zur Geschichte und Aufgabe der Statistik ... 159
11.2. Test bei 2 einfachen Hypothesen ... 162
11.3. Signifikanztest ... 168
11.4. Ausblick auf weitere Verfahren der mathematischen Statistik ... 174
Aufgaben ... 176

Anhang I: Abituraufgaben (Bayern) der Jahre 1979 bis 1981 ... 182
Anhang II: Experimentelle Bestimmung der Zahl π nach
Buffon (1707–1788) ... 186
Anhang III: Paradoxa der Wahrscheinlichkeitsrechnung ... 188
Anhang IV: Biographische Notizen ... 192

Personen- und Sachregister ... 210

Symbole und Abkürzungen

Zeichen	Bedeutung	Definition auf Seite
$A, B, \ldots$	Menge; Ereignis	20
$\bar{A}$	Gegenereignis zu A	23
A	Annahmebereich	163
$(a\mid b)$	(geordnetes) Paar	16
$(a_1\mid a_2\mid \ldots \mid a_n)$	n-Tupel	16
$a_1 a_2 \ldots a_n$	n-Tupel	16
α	Wahrscheinlichkeit für den Fehler 1.Art; Risiko 1.Art; Irrtumswahrscheinlichkeit 1.Art; Signifikanzniveau	164
$B(n;p)$	Binomialverteilung der Länge n mit dem Parameter p	142
$B(n;p;k)$	Wert der Binomialverteilung an der Stelle k	142
β	Wahrscheinlichkeit für den Fehler 2.Art; Risiko 2.Art; Irrtumswahrscheinlichkeit 2.Art	164
F_p^n	kumulative Verteilungsfunktion zur Binomialverteilung $B(n;p)$	148
h, h_n	relative Häufigkeit	29
k	absolute Häufigkeit	29
n	Länge einer Stichprobe; Länge der *Bernoulli*-Kette	125
$n!$	n Fakultät	80
$\binom{n}{k}$	Binomialkoeffizient	84
Ω	Ergebnisraum; sicheres Ereignis	14, 20
ω	Ergebnis	14
$\{\omega\}$	Elementarereignis	20
$\emptyset$	leere Menge; unmögliches Ereignis	20
P	Wahrscheinlichkeitsverteilung	42
P_p^n	Wahrscheinlichkeitsverteilung für die Trefferanzahlen einer *Bernoulli*-Kette der Länge n mit dem Parameter p	149
p	Wahrscheinlichkeitswert; Parameter einer *Bernoulli*-Kette	76, 125
$\mathfrak{P}(\Omega)$	Potenzmenge der Menge Ω; Ereignisraum	21
Z	Anzahl der gezogenen Kugeln; Anzahl der Treffer	92, 139

Vorwort

Die früheste uns überkommene Belegstelle des Wortes *Stochastik* findet sich in *Platon*s Werk *Philebos*. Dort läßt er an der Stelle 55e *Sokrates* sprechen:

»Wenn jemand von allen Fertigkeiten und Künsten die Rechenkunst, die Meßkunst und die Kunst des Wägens wegnimmt, so bleibt, um es offen zu sagen, nur etwas übrig, was fast minderwertig ist [...]. Es bleibt nichts anderes übrig als ein Erraten, ein Schließen durch Vergleichen und ein Schärfen der Sinneswahrnehmung durch Erfahrung und durch eine gewisse Übung, wobei man die – von vielen als Künste titulierten – Fähigkeiten des geschickten Vermutens (στοχαστική sc. τέχνη) benützt, die durch stete Handhabung und mühevolle Arbeit herangebildet werden.«

Die damals als minderwertig empfundene Technik des geschickten Vermutens hat sich jedoch in einem weiten Bereich in den letzten 300 Jahren zu einer wissenschaftlichen Methode gewandelt, die heute den Namen Stochastik trägt. In ihr sind die Wahrscheinlichkeitstheorie und die Statistik zusammengefaßt.

Jakob Bernoulli erkannte, daß sich die Fähigkeiten des Vermutens mit der Rechenkunst und der Meßkunst verbinden müssen, d. h., daß das Vermuten mathematisiert werden muß. Er definierte

»die Vermutkunst – *ars conjectandi sive stochastice* – als die Kunst, so genau wie möglich die Wahrscheinlichkeit der Dinge zu messen«.

Dabei ist für ihn
»Wahrscheinlichkeit ein Grad der Gewißheit«.

Die Wahrscheinlichkeitstheorie stellt also der Vermutkunst die allgemeinen Denk- und Arbeitsmethoden zur Verfügung und liefert ein Maß für den Gewißheitsgrad einer Vermutung. Vermuten bleibt es jedoch insofern, als man aus gewissen – oft mühevoll – empirisch gewonnenen Daten Rückschlüsse auf das Verhalten einer der Untersuchung unzugänglichen Gesamtheit zieht. Die Methoden, die diese Rückschlüsse ermöglichen, bilden die Statistik.
Wozu treibt man nun diese stochastische Kunst? Auch hierauf gab *Jakob Bernoulli* bereits die Antwort. Die Stochastik soll uns in die Lage versetzen,

»bei unseren Urteilen und Handlungen stets das auswählen und befolgen zu können, was uns besser, trefflicher, sicherer oder ratsamer erscheint«.

Wie hoch er diese stochastische Kunst einschätzte, offenbart sich darin, daß er fortfährt, daß

»darin allein die ganze Weisheit des Philosophen und die ganze Klugheit des Staatsmannes besteht.«

Stochastik ist also die Wissenschaft, die uns in den Stand versetzt, vernünftige Entscheidungen trotz einer bestimmten Ungewißheit fällen zu können. *Platon*s Feststellung, daß nur stete Handhabung und mühevolle Arbeit zur Beherrschung ihrer Möglichkeiten führen, gilt auch heute noch für die Stochastik – so wie eigentlich für jede Wissenschaft.
Eine Hilfe auf dem Weg dazu soll das vorliegende Buch sein.

Die Verfasser

1. Zufallsexperimente

»Iacta est alea – Gefallen ist der Würfel«
*Ulrich von Hutten*s (1488–1523) Wahlspruch enthält keine Spur des Zufalls; denn das Ergebnis liegt ja auf dem Tisch. Er geht zurück auf *Sueton* (70–140), der *Caesar* (100/102–44 v. Chr.) anläßlich der Überschreitung des Rubikon (49 v. Chr.) sagen läßt »iacta alea est« (*Caes.* 32). Der Ausgang dieses Unternehmens war völlig offen, das Ergebnis also nicht bekannt, aber es gab auch kein Zurück. Wir dürfen daher *Plutarch* (um 46–um 125) glauben, der in *Pompeius* (60) berichtet, *Caesar* habe damals den sprichwörtlich gewordenen Vers des Komödiendichters *Menander* (342–291) auf griechisch zitiert
» Ἀνερρίφθω κύβος – Hochgeworfen ist der Würfel«

In den Naturwissenschaften werden Erkenntnisse durch Experimente gewonnen und daraus gezogene Schlußfolgerungen durch Experimente überprüft. Dieses Verfahren ist kennzeichnend für das empirische Vorgehen, das auch in anderen Wissenschaften wie etwa der Medizin, der Psychologie, der Soziologie und den Wirtschaftswissenschaften verwendet wird.

Vernünftige Experimente sind dadurch gekennzeichnet, daß man präzise die Bedingungen festlegt, unter denen das Experiment durchgeführt werden soll. Bei einem echten Experiment steht das Ergebnis nicht schon vorher fest. Trotzdem muß man sich vor der Durchführung einen Überblick über die möglichen Ergebnisse verschafft haben. Nur so kann ein Experiment gezielt eingesetzt werden.

```
         |       5     |     10      |     15      |     20      |     25      |     30      |
         | 4 5 2 6 1   | 6 5 5 5 5   | 1 1 6 6 1   | 3 6 2 3 5   | 2 2 5 1 5   | 2 2 1 3 3   |
         | 5 5 3 1 2   | 4 6 1 1 4   | 1 6 5 4 6   | 2 6 6 5 3   | 6 5 2 5 6   | 2 2 5 5 3   |
         | 3 5 2 6 2   | 4 6 1 3 2   | 5 2 3 3 1   | 6 5 6 3 2   | 4 3 6 2 2   | 6 5 5 2 4   |
         | 2 1 3 2 5   | 3 5 5 5 3   | 1 2 2 3 6   | 5 2 5 1 5   | 6 4 3 4 3   | 5 4 4 5 2   |
      5  | 3 1 5 3 1   | 1 6 1 1 3   | 3 1 2 5 6   | 4 1 1 6 1   | 2 5 3 1 1   | 4 4 3 5 4   |
         | 6 6 5 3 5   | 2 4 5 1 2   | 5 2 4 2 4   | 3 6 5 3 5   | 5 2 1 4 6   | 4 3 6 2 6   |
         | 2 5 2 4 1   | 3 2 4 4 1   | 5 5 6 1 6   | 5 3 6 2 3   | 6 5 5 4 5   | 4 6 3 1 1   |
         | 6 2 2 5 6   | 3 1 3 1 1   | 4 4 3 2 3   | 5 2 6 3 2   | 2 3 2 2 3   | 2 6 3 4 4   |
         | 4 3 1 6 2   | 2 5 2 4 6   | 2 2 3 5 6   | 5 1 6 3 5   | 3 6 3 2 2   | 5 2 5 2 2   |
     10  | 1 1 1 5 3   | 2 1 2 6 2   | 3 2 3 6 6   | 6 5 2 2 6   | 1 6 4 2 5   | 1 5 1 5 2   |
         | 6 1 2 6 3   | 3 3 6 6 6   | 4 1 2 4 6   | 1 2 3 3 1   | 2 2 4 5 6   | 6 3 5 3 1   |
         | 2 6 5 6 3   | 5 3 3 1 6   | 3 6 1 3 6   | 3 4 4 6 5   | 6 3 3 3 3   | 3 2 3 3 5   |
         | 3 6 2 4 2   | 3 4 2 5 6   | 2 1 3 1 4   | 2 3 6 6 3   | 2 2 1 5 5   | 4 4 5 2 5   |
         | 4 5 6 3 3   | 5 1 3 4 4   | 2 2 6 4 6   | 1 5 2 1 3   | 4 4 5 1 6   | 4 1 5 1 3   |
     15  | 3 4 1 3 6   | 1 3 6 4 5   | 4 2 2 5 2   | 4 1 6 2 1   | 3 5 5 3 6   | 4 2 6 2 4   |
         | 4 4 1 6 2   | 5 4 5 5 5   | 1 3 6 1 5   | 5 1 6 4 4   | 5 3 2 2 6   | 2 5 5 1 3   |
         | 5 3 5 5 5   | 2 3 2 3 6   | 1 1 2 5 4   | 6 5 1 4 2   | 1 5 5 4 2   | 5 6 3 1 3   |
         | 3 4 2 1 2   | 5 4 6 6 5   | 2 1 3 4 3   | 1 1 5 3 3   | 6 4 3 4 1   | 6 2 2 2 2   |
         | 4 5 4 4 2   | 1 6 2 1 4   | 1 3 6 1 4   | 1 6 2 2 3   | 6 4 3 2 2   | 6 1 3 1 3   |
     20  | 1 3 1 2 1   | 1 5 2 2 2   | 2 2 6 5 2   | 1 3 4 5 5   | 6 2 2 4 2   | 3 3 3 2 3   |
         | 5 1 6 3 3   | 6 5 2 1 6   | 1 1 1 6 2   | 5 4 5 1 5   | 1 1 1 2 4   | 6 1 2 1 5   |
         | 2 2 2 4 1   | 4 6 6 5 3   | 4 5 1 2 6   | 6 2 4 1 5   | 1 1 3 1 3   | 4 1 6 2 4   |
         | 2 2 5 5 6   | 5 6 6 6 1   | 2 4 3 6 1   | 2 4 6 6 3   | 2 6 5 6 1   | 2 4 6 5 2   |
         | 4 5 1 6 2   | 6 5 5 5 5   | 1 6 5 2 1   | 3 4 6 6 5   | 2 6 2 1 5   | 2 1 5 2 6   |
     25  | 6 6 4 4 4   | 5 3 6 6 2   | 2 4 6 4 6   | 6 3 5 2 1   | 5 5 4 1 2   | 2 5 6 3 1   |
         | 3 1 1 3 2   | 1 5 6 5 2   | 6 2 6 2 3   | 1 1 1 2 2   | 4 1 6 5 3   | 6 3 2 1 1   |
         | 1 1 3 3 5   | 4 3 5 5 4   | 3 2 6 1 5   | 3 2 6 1 3   | 4 3 2 3 3   | 4 3 5 2 2   |
         | 5 2 1 1 5   | 2 1 5 2 5   | 1 6 1 3 6   | 5 1 5 2 2   | 2 6 2 3 2   | 4 1 5 1 3   |
         | 6 1 1 2 6   | 6 2 5 5 4   | 6 4 2 6 2   | 6 5 3 5 3   | 1 6 6 5 5   | 2 5 1 5 4   |
     30  | 1 2 2 4 1   | 4 5 1 5 2   | 6 4 4 1 6   | 1 3 2 6 6   | 2 2 5 6 5   | 2 1 3 4 4   |
         | 4 4 5 6 4   | 5 6 3 4 4   | 3 6 3 2 2   | 3 1 1 2 3   | 3 1 3 2 3   | 6 1 6 3 3   |
         | 5 2 2 6 4   | 4 1 3 1 6   | 3 2 3 6 2   | 5 5 4 3 1   | 1 1 5 6 4   | 5 4 3 5 3   |
         | 3 6 3 3 3   | 2 2 6 4 5   | 4 3 3 1 5   | 1 6 1 2 1   | 3 6 2 1 3   | 4 4 6 5 6   |
         | 3 2 4 2 4   | 2 3 3 2 3   | 2 3 5 1 3   | 4 3 2 4 6   | 3 3 5 2 4   | 6 5 1 2 2   |
     35  | 4 6 4 6 3   | 2 6 3 3 6   | 6 4 5 3 6   | 1 2 1 6 5   | 2 5 2 5 6   | 5 1 5 2 6   |
         | 3 4 5 2 2   | 2 2 1 4 4   | 6 4 2 1 3   | 4 6 2 5 5   | 6 5 5 3 5   | 5 2 6 4 5   |
         | 5 4 2 6 4   | 3 4 3 6 1   | 2 2 5 4 1   | 3 3 2 3 5   | 1 2 6 5 3   | 2 2 2 5 5   |
         | 2 5 6 1 4   | 4 4 6 4 6   | 2 6 3 3 3   | 1 5 6 3 2   | 1 2 1 3 2   | 2 2 2 2 5   |
         | 3 1 1 2 5   | 1 3 6 3 2   | 6 2 5 5 2   | 3 5 4 3 1   | 6 5 6 4 6   | 6 1 3 3 5   |
     40  | 4 5 5 6 4   | 3 5 4 5 6   | 2 4 1 2 2   | 6 6 3 2 5   | 2 5 3 4 4   | 4 2 1 2 2   |
```

Tab. 8.1 1200 Würfelwürfe. Die 1. Zeile enthält die ersten 30 Würfe, usw.

1. Zufallsexperimente

Man kann sich in einer derartigen Situation auf den Standpunkt stellen, daß das auftretende Ergebnis vom »Zufall« ausgewählt wird. Dabei wollen wir die Frage nicht diskutieren, ob es wirklichen Zufall gibt (was das auch immer sein soll), oder ob der Zufall nur deshalb als Lückenbüßer eintreten muß, weil wir die Situation nicht völlig durchschauen. In diesem Sinne nennen wir Experimente auch *Zufallsexperimente*.

Besonders deutlich tritt der Zufallscharakter eines Experiments bei den sogenannten Glücksspielen hervor. Bekannte Beispiele dafür sind:

1. Der Würfelwurf. Üblicherweise läßt man als Ergebnisse nur die Augenzahlen 1, 2, 3, 4, 5 und 6 zu und verzichtet darauf, Situationen wie »Der Würfel steht auf einer Kante« oder »Der Würfel steht auf einer Ecke« als Ergebnisse zu berücksichtigen. Führt man das Experiment mehrfach nacheinander durch, so sieht man das Wirken des Zufalls besonders eindrucksvoll. In Tabelle 8.1 sind die Ergebnisse von 1200 Würfelwürfen zeilenweise aufgezeichnet.

2. Der Münzenwurf. Hier betrachtet man meist nur zwei Ergebnisse, nämlich Adler und Zahl bzw. Kopf und Wappen je nach der Gestaltung der Münze. Neutral kann man die Ergebnisse z. B. auch durch 0 und 1 kennzeichnen. In Tabelle 9.1 sind die Ergebnisse von 800 Münzenwürfen aufgezeichnet.

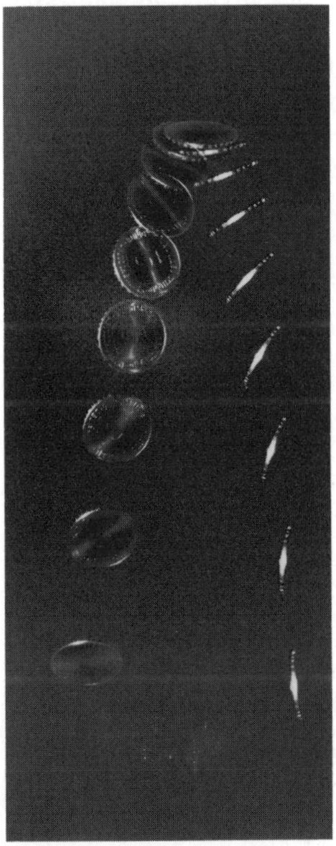

1 0 0 0 1	1 0 0 1 0	0 1 0 0 0	0 1 0 1 1	0 1 1 1 0
0 1 0 0 0	1 0 0 1 0	1 1 0 0 1	1 0 0 1 1	1 0 1 0 0
1 0 0 1 1	0 1 1 1 1	1 0 1 0 0	0 1 0 0 0	1 1 1 0 1
0 1 0 0 0	0 1 0 0 0	0 0 1 0 0	1 0 1 1 1	1 1 1 0 0
0 0 1 1 0	0 0 0 1 0	0 1 0 1 1	0 0 0 1 0	1 0 1 0 0
1 1 1 0 0	1 0 0 0 1	1 0 0 1 1	1 1 1 1 0	1 1 0 0 0
1 0 1 0 0	1 0 1 1 1	1 1 0 1 0	0 0 0 1 1	1 1 1 1 1
1 1 0 1 1	0 1 1 1 1	0 1 1 1 0	0 0 1 0 1	0 0 1 0 0
0 1 0 0 0	1 0 0 0 0	0 0 1 1 0	0 1 1 1 0	1 1 0 1 0
1 1 0 0 0	0 1 1 1 0	0 0 1 1 0	1 0 1 1 0	0 0 0 0 0
0 1 0 1 1	0 1 0 1 1	0 1 1 1 0	0 0 0 1 1	1 0 0 1 1
0 1 0 1 0	0 0 1 1 1	0 0 1 0 1	1 1 1 1 0	1 1 1 1 0
1 1 1 1 1	1 1 0 0 1	1 0 1 1 1	0 0 1 1 1	1 0 1 0 0
0 1 1 0 0	0 1 0 1 1	0 0 0 0 1	1 1 1 0 1	0 1 1 1 1
0 1 1 0 0	0 1 1 1 1	0 1 0 0 0	0 0 0 0 1	0 0 1 0 1
0 1 0 1 1	1 1 1 1 1	0 0 1 1 0	0 1 1 0 0	1 1 1 0 1
0 0 1 0 0	0 1 0 0 0	1 0 1 1 0	1 0 0 0 1	1 0 1 0 0
1 1 1 1 0	0 0 1 0 0	0 0 0 0 0	1 0 0 1 1	1 0 0 1 1
1 0 1 1 0	0 1 1 1 0	0 0 1 1 1	0 1 1 0 0	1 1 0 0 1
1 0 1 1 0	1 0 0 0 0	0 0 0 1 1	0 0 0 0 0	1 0 1 1 0
1 1 1 1 1	1 1 1 0 0	0 1 0 0 0	0 1 1 0 0	0 0 1 0 0
0 0 1 0 0	1 1 0 1 1	1 0 1 1 0	1 1 1 1 0	0 1 1 1 1
1 1 0 1 1	1 0 0 1 0	1 0 1 1 0	0 1 0 1 1	0 0 0 1 1
1 0 1 0 0	0 1 0 0 1	1 0 1 0 0	1 1 0 1 1	0 1 0 1 1
1 1 1 1 1	0 0 0 0 0	0 0 1 0 1	1 1 1 1 0	0 1 0 0 1
0 0 1 0 1	0 1 1 1 1	1 1 1 1 1	0 0 1 1 1	1 1 0 1 0
1 0 0 0 0	0 0 1 1 0	0 0 1 0 1	1 1 1 0 0	0 0 1 1 0
0 0 0 1 0	0 1 1 1 0	0 0 1 1 0	0 1 1 0 0	0 0 0 1 1
0 0 1 1 1	0 0 0 1 0	1 1 0 0 1	1 1 0 0 1	1 0 0 0 0
0 0 0 0 0	0 0 0 1 0	0 1 0 1 1	0 1 0 1 0	0 1 1 0 0
1 0 0 1 1	0 1 1 1 1	0 1 0 0 1	0 1 0 0 0	1 0 0 1 0
1 0 1 1 0	0 1 1 1 0	0 1 0 1 1	1 0 1 1 1	1 0 0 0 1

Bild 9.1 Zufallsexperiment: Werfen einer Münze

Tab. 9.1 800 Münzenwürfe, zeilenweise notiert

3. Das Ziehen aus einer Urne. Eine Urne enthalte verschieden gekennzeichnete (z. B. rote und schwarze) Kugeln, von denen eine gezogen wird. Als Ergebnisse kommen dann in Frage »rot« und »schwarz«. Urnen sind besonders beim Losziehen beliebt.

4. Das Drehen eines Glücksrads. Auf einem Glücksrad sind Sektoren etwa durch Zahlen gekennzeichnet. Ergebnisse sind dann diese Zahlen, in unserem Beispiel der Figur 10.1 die Zahlen 1, 2 und 3.

Das Roulett verwendet eine Art Glücksrad mit den Zahlen 0, 1, 2, ..., 36, für die je gleich große Sektoren vorgesehen sind.

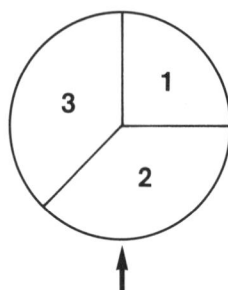

Fig. 10.1   Glücksrad

Der Einfluß des Zufalls ist aber nicht nur bei Glücksspielen, sondern auch bei »ernsthaften« Experimenten spürbar:

1. Bestimmung der Fallbeschleunigung beim freien Fall. Die möglichen Ergebnisse sind (benannte) Dezimalzahlen, deren Stellenzahl von der Meßgenauigkeit abhängt.

2. Bestimmung der Anzahl der Atome eines radioaktiven Präparats, die in einer Sekunde zerfallen. Die möglichen Ergebnisse sind die ganzen Zahlen von 0 bis zur Anzahl N der Atome des Präparats.

3. Umfrage zum Bekanntheitsgrad eines Politikers. Fragt man 1000 Personen, so sind die möglichen Ergebnisse für den in Prozenten angegebenen Bekanntheitsgrad 0%, 0,1%, 0,2%, ..., 99,9%, 100%.

4. Qualitätskontrolle in der Industrie. Die möglichen Ergebnisse bei einer Einzelprüfung sind etwa »brauchbar« oder »unbrauchbar«. Man kann aber auch die gesamte Prüfung von etwa 1000 Stück als Experiment auffassen und erhält dann für den Anteil der unbrauchbaren Stücke die möglichen Ergebnisse 0, $\frac{1}{1000}$, $\frac{2}{1000}$, ..., 1.

Aufgaben

1. *Leibniz* (1646–1716)* dachte, daß sich beim Werfen mit 2 Würfeln genausooft die Augensumme 11 wie die Augensumme 12 ergibt. Führe folgendes Experiment durch: Wirf 2 Würfel 100mal und notiere eine 0, wenn die Augensumme 2 bis 10 ist, eine 1, wenn sie 11 ist, und eine 2, wenn sie 12 ist.

2. *Galilei* (1564–1642)* wurde das Problem vorgelegt**, wieso beim Werfen mit 3 Würfeln die Augensumme 10 leichter zu erreichen sei als die Augensumme 9. Führe dazu folgendes Experiment durch: Wirf mit 3 Würfeln 100mal und notiere eine 0, wenn die Augensumme nicht 10 oder 9 ist, eine 1 bei Augensumme 10 und eine 2 bei Augensumme 9.

* Siehe Seite 192 ff.
** Vermutlich von *Cosimo II de' Medici* (1590–1621), dem Großherzog von Toskana (1609–1621).

3. Wähle aus einem Kartenspiel 2 rote und 2 schwarze Karten aus. Mische diese 4 Karten gut und ziehe dann 2 Karten. Notiere eine 1, wenn die Karten gleiche Farbe haben, andernfalls eine 0. Führe das Experiment 50mal durch! (Bei Gruppenarbeit können die Ergebnisse der einzelnen Gruppen zu einem »Großversuch« zusammengefaßt werden.)
4. Mische ein Bridge-Spiel (52 Karten) gut durch und hebe dann der Reihe nach die Karten ab. Notiere die Nummer der Abhebung, bei der zum erstenmal ein schwarzer König erscheint! Führe das Experiment 25mal durch! (Bei Gruppenarbeit können die Ergebnisse der einzelnen Gruppen zu einem »Großversuch« zusammengefaßt werden.)
- 5. Bis ins 17. Jh. glaubten Glücksspieler, es sei ebenso leicht, bei 4maligem Werfen eines Würfels mindestens einmal eine Sechs zu erhalten wie bei 24maligem Werfen von 2 Würfeln einen Sechser-Pasch (d.h. eine Doppelsechs). Untersuche das Problem anhand von Tabelle 8.1 folgendermaßen:
    a) Teile die ersten 100 angegebenen Augenzahlen in Vierergruppen ein. Notiere eine 0, wenn die Vierergruppe keine Sechs enthält, andernfalls eine 1.
    b) Fasse zwei untereinanderstehende Zahlen der Zeilen 1 und 2, 3 und 4 usw. als Ergebnisse eines Doppelwurfs auf. Teile diese Doppelwürfe in 24er-Gruppen ein; es ergeben sich 25 Gruppen. Notiere eine 0, wenn eine solche Gruppe keinen Sechser-Pasch enthält, andernfalls eine 1.

    Beachte, daß die Ergebnisse nur für den Würfel gelten, mit dem Tabelle 8.1 erstellt wurde!

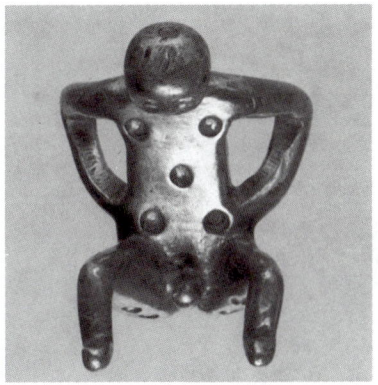 

Bild 11.1 Mann und Frau als Würfel aus der römischen Antike. British Museum, London. – Vgl. Bild 45.2.

2. Ergebnisräume

Drei Dinge gibt es, die ich nicht unter Kontrolle habe: den Fall der Würfel, den Lauf des Kamo-Flusses und die aufrührerischen Mönche vom Berge Hiei.
Go-Shirakawa, 77. Kaiser von Japan (1156–1158)

2.1. Grundbegriffe

Um Vorgänge und Situationen der wirklichen Welt mathematisch beschreiben zu können, muß man durch Abstraktion mathematische Modelle konstruieren, die die wesentlichen Eigenschaften der Wirklichkeit wiedergeben. Es ist dabei durchaus möglich, zu ein und derselben Realität verschiedene mathematische Modelle zu konstruieren. So können z. B. mechanische Vorgänge durch die klassische Mechanik *Newton*s oder durch die Relativitätstheorie *Einstein*s beschrieben werden. Je nach Fragestellung ist das eine oder das andere Modell zweckmäßig. Die Bewegung eines Kraftfahrzeugs wird man mit Hilfe der *Newton*-Mechanik beschreiben, während man die Bewegung eines Elektrons mit Hilfe der Relativitätstheorie untersuchen wird.

Das Zufallsgeschehen wird durch das mathematische Modell der Wahrscheinlichkeitsrechnung und Statistik, kurz der Stochastik, beschrieben. Dazu müssen zunächst Modelle für das jeweilige reale Zufallsexperiment entwickelt werden. Ein erster Schritt bei der Modellbildung besteht darin, die zu betrachtenden Ergebnisse eines Zufallsexperiments zu einer mathematischen Menge zusammenzufassen. Es ist üblich, diese Menge als »Ergebnisraum« zu bezeichnen und durch Ω zu symbolisieren.

Beim Werfen mit einem Würfel können wir beispielsweise folgende Ergebnisräume betrachten:

$\Omega_1 := \{1, 2, 3, 4, 5, 6, \text{Kante}, \text{Ecke}\}$

$\Omega_2 := \{1, 2, 3, 4, 5, 6\}$

$\Omega_3 := \{6, \text{keine } 6\}$

$\Omega_4 := \{\text{gerade Augenzahl, ungerade Augenzahl}\} =: \{g, u\}$

$\Omega_5 := \{1, 2, 3, 4, 5\}$

Auch Ω_5 kann als Ergebnisraum verwendet werden; man interessiert sich hier eben für die 6 genauso wenig wie bei Ω_2 für die Fälle »Kante« und »Ecke« aus Ω_1. Andererseits kann auch $\Omega_6 := \{1, 2, 3, 4, 5, 6, 7\}$ durchaus als Ergebnisraum verwendet werden, obwohl die Augenzahl 7 bei handelsüblichen Würfeln nie auftreten wird.

Man wird natürlich bei der Konstruktion eines Ergebnisraums darauf achten, daß er keine unnötigen Elemente enthält, das Zufallsexperiment der Fragestellung entsprechend aber hinreichend beschreibt. So kann man beispielsweise Ω_4 nicht verwenden, wenn es darauf ankommt, ob eine 6 gefallen ist oder nicht.

Eine Bedingung wird man an den Ergebnisraum aber auf alle Fälle stellen müssen: Jedem Ausgang des Zufallsexperiments darf nicht mehr als ein Element von Ω zugeordnet werden. So ist z. B. die Menge {gerade Augenzahl, Prim-Augenzahl} kein Ergebnisraum, da dem Versuchsausgang »2« beide Elemente dieser Menge zugeordnet wären.

Bei manchen Experimenten ist es naheliegend, Ergebnisräume mit unendlich vielen Elementen zu betrachten. Eine exakte Behandlung solcher Ergebnisräume ist mathematisch aufwendig. Wir verzichten daher im folgenden auf sie und beschränken uns auf Ergebnisräume mit endlich vielen Elementen. Wir definieren daher:

Definition 1: Eine Menge $\Omega := \{\omega_1, \omega_2, ..., \omega_n\}$ heißt *Ergebnisraum* eines Zufallsexperiments, wenn jedem Versuchsausgang höchstens ein Element ω_i aus Ω zugeordnet ist. Die ω_i heißen dann die *Ergebnisse* des Zufallsexperiments.

Wir haben gesehen, daß zu einem realen Zufallsexperiment verschiedene Ergebnisräume konstruiert werden können. Gewisse dieser Ergebnisräume hängen dabei auf einfache Weise voneinander ab. So sind z. B. die Ergebnisse von Ω_2 denen von Ω_4 auf folgende Art zugeordnet:

$\Omega_2 = \{\ 1\ ,\ 2\ ,\ 3\ ,\ 4\ ,\ 5\ ,\ 6\ \}$

$\Omega_4 = \{\ g\ ,\ u\ \}$

Ω_4 nennt man eine *Vergröberung* von Ω_2 und umgekehrt Ω_2 eine *Verfeinerung* von Ω_4. Offensichtlich bedeutet eine Vergröberung einen Verlust an Information. Das Ergebnis »gerade« läßt nicht mehr erkennen, welche der Augenzahlen 2, 4 oder 6 gefallen ist. Diesen Informationsverlust nimmt man jedoch oft bewußt in Kauf, wenn die Fragestellung dies gestattet.

Da jeder Ergebnisraum durch einen Abstraktionsprozeß aus dem realen Zufallsexperiment gewonnen wird, ist es verständlich, daß umgekehrt zu einem mathematischen Ergebnisraum Ω durchaus verschiedene reale Zufallsexperimente gehören können. So kann $\Omega = \{0; 1\}$ aufgefaßt werden als Ergebnisraum folgender realer Zufallsexperimente:

a) Münzenwurf mit den Ergebnissen $0 := $»Wappen« und $1 := $»Zahl«
b) Würfelwurf mit den Ergebnissen $0 := $»gerade Augenzahl«, $1 := $»ungerade Augenzahl«
c) Ziehen aus einer Urne mit roten und schwarzen Kugeln mit den Ergebnissen $0 := $»rot« und $1 := $»schwarz«
d) Qualitätskontrolle mit den Ergebnissen $0 := $»unbrauchbar« und $1 := $»brauchbar«
e) Ziehen eines Loses mit den Ergebnissen $0 := $»Niete« und $1 := $»Treffer«

2.2. Mehrstufige Zufallsexperimente

2.2.1. Ziehen ohne Zurücklegen

Wir denken uns eine Urne mit 8 Kugeln, von denen 4 rot, 3 schwarz und 1 grün sind (Figur 14.1). Wir entnehmen der Urne eine Kugel und notieren ihre Farbe. Dann entnehmen wir eine weitere Kugel und notieren ebenfalls ihre Farbe. Da die jeweils entnommene Kugel nicht in die Urne zurückgelegt wurde, nennt

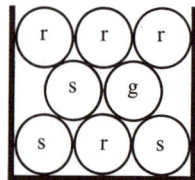

Fig. 14.1 Urne

man diesen Vorgang *Ziehen ohne Zurücklegen*. In einem *Baumdiagramm* können wir die Ergebnisse dieses zweistufigen Experiments ablesen und zugleich sehen, wie sie zustande kommen können. Zum Zeichnen des Baumdiagramms (Figur 15.1) zerlegt man das Zufallsexperiment in seine Stufen und notiert die möglichen Teilergebnisse jeder Stufe. Dabei ist zu beachten, daß die Teilergebnisse einer Stufe vom Teilergebnis der vorhergehenden Stufe abhängig sind. So kann z. B. beim 2. Zug keine grüne Kugel mehr gezogen werden, wenn beim 1. Zug bereits die grüne Kugel gezogen wurde. Als zusätzliche Information kann man jeweils den Urneninhalt, hier als Zahlentripel, angeben.

Eine andere Möglichkeit, einen Ergebnisraum für dieses Zufallsexperiment zu gewinnen, ist die *Mehrfeldertafel* (Figur 15.2). Ω_2 enthält aufgrund seiner systematischen Konstruktion auch das Ergebnis gg, das jedoch ebenso wie die 7 beim Würfeln nicht auftreten kann. Dennoch ist Ω_2 ein zulässiger Ergebnisraum.

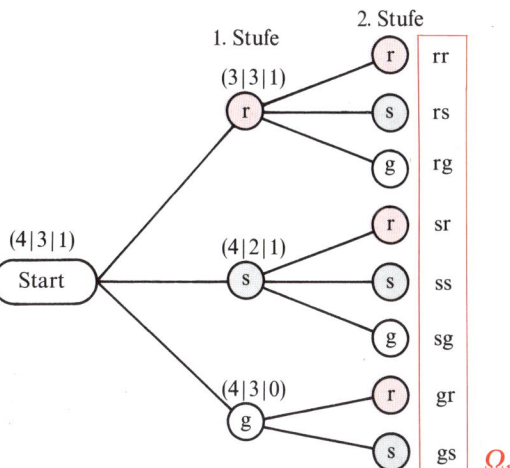

Fig. 15.1 Baumdiagramm für das 2malige Ziehen ohne Zurücklegen aus der Urne von Figur 14.1

	2. Zug		
	r	s	g
1. Zug r	rr	rs	rg
s	sr	ss	sg
g	gr	gs	gg

Ω_2

Fig. 15.2 Mehrfeldertafel für das 2malige Ziehen ohne Zurücklegen aus der Urne von Figur 14.1

2.2.2. Ziehen mit Zurücklegen

Aus der Urne von Figur 14.1 sollen wieder 2 Kugeln entnommen werden. Diesmal jedoch wird nach jedem Zug die Kugel wieder in die Urne zurückgelegt, der Urneninhalt gut durchgemischt und anschließend eine Kugel entnommen. Ein solches Vorgehen nennt man *Ziehen mit Zurücklegen*. Figur 16.1 zeigt ein zu diesem Versuch passendes Baumdiagramm. Der Vergleich mit Figur 15.1 zeigt, daß jetzt die Teilergebnisse einer Stufe nicht mehr vom Teilergebnis der vorhergehenden Stufe abhängen. Die Angabe des Urneninhalts erübrigt sich in diesem Baumdiagramm, da er sich ja während des Experiments nicht ändert.

Die Konstruktion einer Mehrfeldertafel für diesen Versuch führt wiederum zu Figur 15.2, wobei jetzt das Feld gg einem möglichen Ergebnis entspricht.

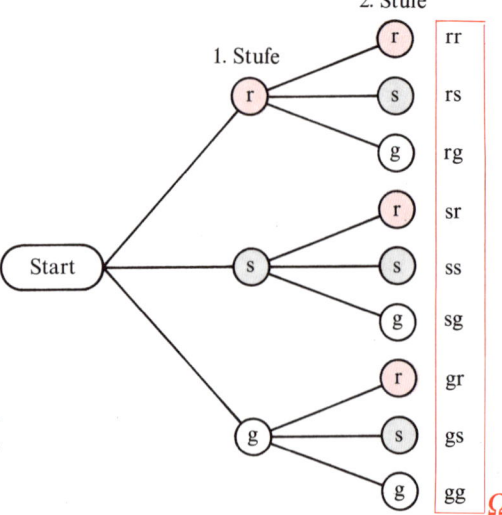

Fig. 16.1 Baumdiagramm für das 2malige Ziehen mit Zurücklegen aus der Urne von Figur 14.1

2.2.3. n-Tupel als Ergebnisse

Manche Zufallsexperimente sind aus einfacheren Zufallsexperimenten zusammengesetzt, die in einer bestimmten Reihenfolge ablaufen. Solche Zufallsexperimente heißen mehrstufig. Unsere obigen Beispiele zeigten 2stufige Zufallsexperimente.

Andererseits lassen sich oft komplizierte Zufallsexperimente dadurch übersichtlicher darstellen, daß man sie durch ein mehrstufiges Zufallsexperiment ersetzt. Zieht man etwa aus der Urne von Figur 14.1 die beiden Kugeln nicht nacheinander, sondern gleichzeitig, so ist das ein anderes reales Zufallsexperiment. Dieses läßt sich jedoch durch das Hintereinanderziehen ohne Zurücklegen ersetzen.*

Wir wollen diesen Ersetzungsvorgang am Experiment »Gleichzeitiges Werfen von 2 Würfeln« nochmals verdeutlichen. Man findet einen Ergebnisraum für dieses Experiment leicht dadurch, daß man es durch das 2stufige Experiment »Werfen des 1. Würfels, anschließend Werfen des 2. Würfels« ersetzt. Alle Ergebnisse notiert man als Paare $(a|b)$, kurz auch ab, wobei a die Augenzahl des 1. Würfels und b die Augenzahl des 2. Würfels ist. Allgemein können wir folgende Regel formulieren:

> **Regel:**
> Die Ergebnisse eines n-stufigen Experiments sind n-Tupel $(a_1|a_2|\ldots|a_n)$, kurz auch $a_1 a_2 \ldots a_n$, wobei a_i irgendein Ergebnis des i-ten Teilexperiments ist. Ω ist dann die Menge aller dieser n-Tupel. Jedes der n-Tupel stellt genau einen *Pfad* durch den Baum vom Start bis zu einem Endpunkt dar.

---

* Eine solche Ersetzung ist zwar plausibel, aber nicht selbstverständlich. Wir werden später auf Seite 92 noch darauf zurückkommen.

Aufgaben

Zu 2.1.

1. In einer Klinik wird eine Statistik über das Geschlecht von Neugeborenen geführt. Wie heißt ein Ergebnisraum bei
   a) Einzelkindern; **b)** Zwillingen (eineiig);
   c) Zwillingen (zweieiig), wenn das erstgeborene Kind zuerst notiert wird;
   d) Drillingen?
   Gib jeweils die Mächtigkeit des Ergebnisraums an!
2. Münze und Würfel werden gleichzeitig geworfen. Wie lautet ein Ergebnisraum? Wie viele Elemente enthält er?
3. Der Gewinner bei einer Lotterie darf aus 5 Schallplatten (p, q, r, s, t) 3 auswählen. Gib einen Ergebnisraum und seine Mächtigkeit an, wenn
   a) beliebig ausgewählt werden darf; **b)** grundsätzlich s gewählt werden muß;
   c) bei Wahl von p stets auch q gewählt werden muß.
4. In einer Urne liegen vier mit 1 bis 4 numerierte Kugeln. Man zieht zwei Kugeln auf einmal. Gib einen Ergebnisraum an!
5. Wie lautet beim Lotto »6 aus 49« ein Ergebnisraum zum Zufallsexperiment
   a) Ziehen der 6 Lottozahlen, **b)** Ziehen der 6 Lottozahlen mit Zusatzzahl?
   Die Urne enthält hier 49 Kugeln, die von 1 bis 49 numeriert sind.
6. Beim Werfen zweier Würfel bietet jemand folgende Mengen als Ergebnisräume an, wobei A die Augensumme der beiden Würfel bedeutet. Entscheide jeweils, ob wirklich ein Ergebnisraum vorliegt und gib seine Mächtigkeit an.
   a) $\Omega = \{(1|1); (1|2); (1|3); \ldots; (6|5); (6|6)\} = \{(a|b) | 1 \leq a, b \leq 6\}$
   b) $\Omega = \{(1|1); (1|2); (1|3); \ldots; (5|6); (6|6)\} = \{(a|b) | 1 \leq a \leq b \leq 6\}$
   c) $\Omega = \{A \text{ ist prim}; A = 9; A \text{ ist gerade, aber nicht } 2\}$
   d) $\Omega = \{A \text{ ist prim}; A \text{ ist durch 3 teilbar}\}$
   e) $\Omega = \{A \text{ ist durch 2 teilbar}; A \text{ ist durch 3 teilbar}; A \text{ ist durch 5 teilbar}\}$
   f) $\Omega = \{A \text{ ist kleiner als 7}; A \text{ ist größer als 7}\}$

Zu 2.2.

7. In einer Urne befinden sich 1 goldene, 2 rote und 3 schwarze Kugeln. Man zieht nacheinander 2 Kugeln
   a) ohne Zurücklegen, **b)** mit Zurücklegen der Kugel nach jedem Zug.
   Zeichne jeweils ein Baumdiagramm und gib einen Ergebnisraum und seine Mächtigkeit an.
8. Eine Münze (A = Adler; Z = Zahl) wird dreimal geworfen. Zeichne ein Baumdiagramm.
9. 3 Münzen werden gleichzeitig geworfen. Wie kann dieses Experiment als mehrstufiges Experiment gedeutet werden? (Vgl. Aufgabe **8**).
• 10. *Luca Pacioli* (1445–1517)* behandelte 1494 in seiner *Summa* die Aufgabe, den Gesamteinsatz bei vorzeitigem Spielabbruch gerecht aufzuteilen.** Diese

---
* Siehe Seite 192ff.
** Das Problem findet sich bereits in italienischen mathematischen Manuskripten, das älteste aus dem Jahre 1380, und ist vermutlich arabischen Ursprungs.

als »problème des partis« berühmt gewordene Aufgabe lautet in moderner Fassung:

»Zwei Spieler A und B mit gleichen Gewinnchancen pro Partie spielen gegeneinander. Sieger ist derjenige, der zuerst 6 Partien gewonnen hat. Er erhält einen Geldbetrag. Sie müssen das Spiel abbrechen, als A bereits 5 und B 2 Partien gewonnen haben. Wie ist der Geldbetrag gerecht aufzuteilen?«

a) Zeichne ein Baumdiagramm, das die noch fehlenden möglichen Partien darstellt! Wie würdest du das Geld aufteilen?

b) *Paciolis* Aufteilung im Verhältnis 5 : 2 wurde sowohl von *Geronimo Cardano* (1501–1576)* wie auch von *Niccolò Tartaglia* (1499–1557)* angegriffen. Erst *Blaise Pascal* (1623–1662)* und *Pierre de Fermat* (1601–1655)* gelang die Lösung des Problems, *Fermat* vielleicht durch Betrachten eines Baums, der alle denkbaren Verläufe bei weiteren 4 Partien darstellte. Warum nahm er gerade 4 Partien? Welchen Vorschlag zur Aufteilung des Geldes hat *Fermat* wohl gemacht?

* Siehe Seite 192ff.

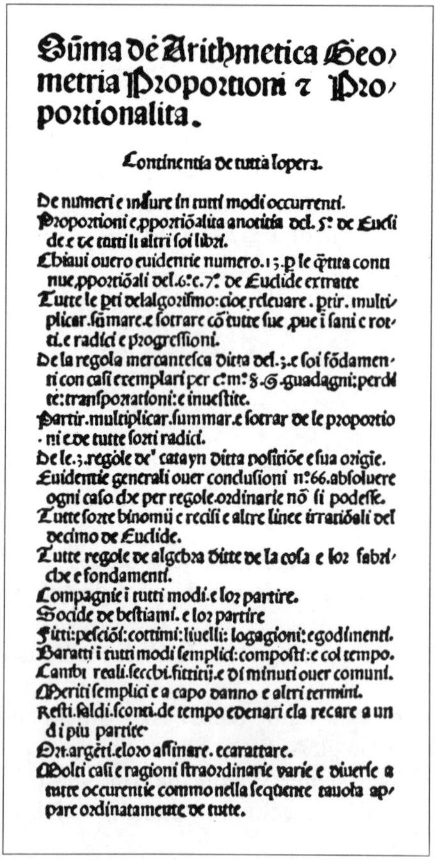

Sūma de Arithmetica Geometria Proportioni e Proportionalita.

Continentia de tutta lopera.

De numeri e misure in tutti modi occurrenti.
Proportioni e proportionalita anotitia del 5° de Euclide e de tutti li altri soi libri.
Chiaui ouero euidentie numero 13. p le qtita continue pportionali del 6° e 7° de Euclide extratte
Tutte le pti delalgorismo: cioe releuare. ptir. multiplicar. sūmare e sotrare cō tutte sue pue i sani e rotti e radici e progressioni.
De la regola mercantesca ditta del 3. e soi fōdamenti con casi exemplari per c: m: 8 .6 .guadagni: perdite: transportationi: e inuestite.
Partir. multiplicar. summar e sotrar de le proportioni e de tutte sorti radici.
De le 3 regole del catayn ditta positiōe e sua origine.
Euidentie generali ouer conclusioni n° 66. absoluere ogni caso che per regole ordinarie nō si podesse.
Tutte sorte binomij e recisi e altre linee irrationali del decimo de Euclide.
Tutte regole de algebra ditte de la cosa e lor fabrica e fondamenti.
Compagnie i tutti modi e lor partire.
Socide de bestiami e lor partire
Fitti: pesciōi: cottimi: liuelli: logagioni: egodimenti.
Baratti i tutti modi semplici: composti: e col tempo.
Cambi reali. seccbi. fittitij. e di minuti ouer comuni.
Meriti semplici e a capo danno e altri termini.
Resti. saldi. sconti. de tempo e denari e la recare a un di i piu partite
Oro. argēti. e loro affinare. e carattare.
Molti casi e ragioni straordinarie varie e diuerse a tutte occurentie commo nella sequente tauola apare ordinatamente de tutte.

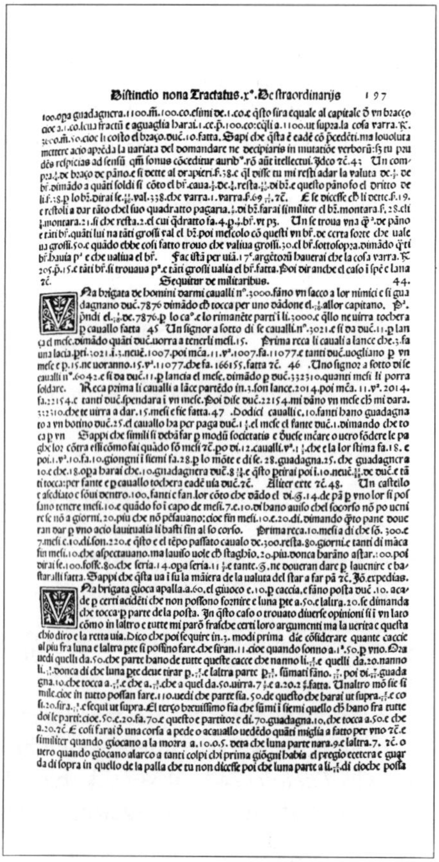

Distinctio nona Tractatus .x°. De straordinarijs 197

Bild 18.1 Titelbild [links] und folium 197ʳ mit dem problème des partis [rechts] der *Summa de Arithmetica Geometria Proportioni et Proportionalita* des *Luca Pacioli*

3. Ereignisräume

On fait trop d'honneur à la roulette: elle n'a ni conscience ni mémoire.
Man tut dem Roulett zu viel Ehre an: Es hat weder Gewissen noch Gedächtnis.

Joseph Bertrand

3.1. Definition

Vielfach interessiert man sich bei Zufallsexperimenten nur für eine gewisse Fragestellung. Es genügt dann, einen Ergebnisraum zu betrachten, der auf diese Fragestellung zugeschnitten ist. Beim »Mensch-ärgere-dich-nicht«-Spiel z. B. interessiert bei Spielbeginn nur der Ergebnisraum $\Omega_1 = \{$Sechs, Nicht-Sechs$\}$, später vielleicht $\Omega_2 = \{$Vier, Nicht-Vier$\}$, wenn man eine bestimmte Figur eines Gegners schlagen will. Möchte man aber mehrere Fragestellungen mit demselben Ergebnisraum behandeln, so muß man ihn fein genug konstruieren. Beim »Mensch-ärgere-dich-nicht«-Spiel wählt man $\Omega = \{1, 2, 3, 4, 5, 6\}$; damit können alle Situationen dieses Spiels beschrieben werden. Das Ergebnis »Nicht-Sechs« aus Ω_1 stellt sich jetzt allerdings als die Teilmenge $\{1, 2, 3, 4, 5\}$ von Ω dar, ebenso das Ergebnis »Nicht-Vier« aus Ω_2 als eine andere Teilmenge von Ω, nämlich $\{1, 2, 3, 5, 6\}$. Um diese Teilmengen von Ω von den Elementen von Ω, den Ergebnissen, abzuheben, führt man für sie eine eigene Bezeichnung ein. Man nennt sie *Ereignisse*. Ereignisse sind also Mengen, die als Elemente gerade die Ergebnisse enthalten, bei deren Erscheinen das Ereignis eintritt. So tritt z. B. das Ereignis »Nicht-Sechs« ein, wenn als Ergebnis die Augenzahl 1 erscheint. Dasselbe gilt für die Augenzahlen 2, 3, 4 oder 5. Wir formulieren nun allgemein:

> **Definition 2:**
> 1. Jede Teilmenge A des endlichen Ergebnisraums Ω heißt *Ereignis*.
> 2. A *tritt* genau dann *ein*, wenn sich ein Versuchsergebnis ω einstellt, das in A enthalten ist.
> 3. Die Menge aller Ereignisse heißt *Ereignisraum*.

Durch diese Definition wurde der umgangssprachliche Begriff »Ereignis« mathematisch präzisiert. Damit können wir unser mathematisches Modell des Zufallsgeschehens weiter entwickeln. Der mathematische Begriff *Ereignis* umfaßt auch Sonderfälle, an die man vielleicht zunächst nicht gedacht hat. Besonders ausgezeichnete Teilmengen sind bekanntlich die leere Menge $\emptyset$ und die ganze Menge Ω. Da die leere Menge $\emptyset$ kein Element enthält, kann das Ereignis $\emptyset$ nicht eintreten; man nennt $\emptyset$ daher *unmögliches Ereignis*. Im Gegensatz dazu enthält Ω alle Versuchsergebnisse, tritt also immer ein. Man nennt Ω daher auch *sicheres Ereignis*. Eine Sonderstellung nehmen bei den von uns betrachteten endlichen Ergebnisräumen die einelementigen Ereignisse ein. Ein solches $E = \{\omega\}$ tritt genau dann ein, wenn das betreffende Versuchsergebnis ω erscheint. Wir nennen solche einelementigen Ereignisse auch *Elementarereignisse*. Dieser Name wird verständlich, wenn man bedenkt, daß jedes Ereignis $A \neq \emptyset$ eines endlichen Ergebnisraums Ω eindeutig als Vereinigung von Elementarereignissen darstellbar ist, d. h.

$$A = \bigcup_{\omega \in A} \{\omega\}$$

Beispiel: $A = \{2, 4, 6\} = \{2\} \cup \{4\} \cup \{6\}$.

Man beachte im übrigen, daß man zwischen dem Ergebnis ω und dem Elementarereignis $\{\omega\}$ unterscheidet.

3.1 Definition

Da bei endlichen Ergebnisräumen Ω jede Teilmenge von Ω ein Ereignis ist, gilt dort auch, daß der Ereignisraum die Potenzmenge $\mathfrak{P}(\Omega)$ des Ergebnisraums Ω ist. (Bei unendlichen Ergebnisräumen ist es leider viel komplizierter.)

Man kann beweisen, daß eine aus n Elementen bestehende Menge 2^n Teilmengen hat. Aus $|\Omega| = n$ ergibt sich damit für die Mächtigkeit des Ereignisraums der Wert $|\mathfrak{P}(\Omega)| = 2^{|\Omega|} = 2^n$.

Für den Interessierten geben wir einen Beweis der oben aufgeführten Behauptung. Es sei $\Omega = \{a_1, a_2, ..., a_n\}$. Jede Teilmenge A von Ω läßt sich eineindeutig durch eine n-stellige Dualzahl beschreiben. Dabei bedeute 1 an der i-ten Stelle, daß das Element a_i in der Teilmenge A enthalten ist; 0 an der i-ten Stelle heißt dann natürlich, daß $a_i \notin A$ ist. So wird z.B. die Teilmenge $\{a_2, a_3, a_5\}$ durch die Dualzahl $011010...0$ beschrieben.

Diese Dualzahlen sind die ganzen Zahlen von 0 bis zu einer größten Zahl N, die als Dualzahl an jeder der n Stellen eine 1 stehen hat, also $N = 111...1$. Da sich die natürlichen Zahlen selber abzählen, sind dies $N + 1$ Zahlen. $N + 1$ schreibt sich als Dualzahl als 1, gefolgt von n Nullen, also $N + 1 = 1000...0$. Das ist aber die natürliche Zahl 2^n. Somit gibt es 2^n Teilmengen von Ω, was zu zeigen war.

3.2. Ereignisalgebra

Ein Ereignis kommt selten allein! Umgangssprachlich werden Ereignisse durch die Wörter »und« und »oder« zu neuen Ereignissen zusammengesetzt. So lassen sich die Ereignisse »Es schneit« bzw. »Es stürmt« zum Ereignis »Schneesturm«, d.h. zu »Es schneit und es stürmt« zusammensetzen. Wie wirkt sich eine solche Zusammensetzung von Ereignissen im mathematischen Modell aus?

Zur Beantwortung dieser Frage betrachten wir das in den Spielkasinos verbreitete Glücksspiel Roulett.* Eine Kugel fällt in eines der Fächer einer drehbaren Scheibe, die von 0 bis 36 numeriert sind; 18 der Zahlen von 1 bis 36 sind rot, die anderen

 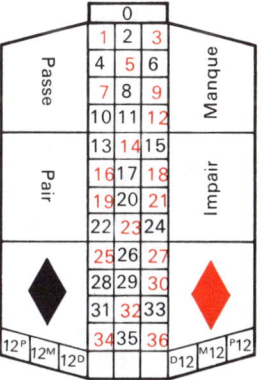

Fig. 21.1 Rad und Spielbrett des Roulett

---

* Das Roulett ist wohl chinesischen Ursprungs. Die Idee, in eine sich drehende Zahlenscheibe eine Kugel zu werfen, scheint Anfang des 18. Jahrhunderts aufgekommen zu sein. 1734 veröffentlichte *M. Giradier* 6 neu erfundene Spiele, die alle auf diesem Prinzip beruhten. Zu Beginn des 19. Jahrhunderts entstand in Paris die noch heute gültige Form des Roulettspiels.

22   3. Ereignisräume

18 schwarz, die 0 ist andersfarbig (siehe Figur 21.1). Man setzt auf dem Spielbrett (= tableau) Chips bestimmten Werts auf eine Zahl oder eine Zahlenkombination, d.h. in unserer Sprechweise auf das Eintreten eines Ereignisses. Um alle wichtigen Ereignisse dieses Spiels beschreiben zu können, wählen wir als Ergebnisraum Ω die Menge $\{0, 1, 2, \ldots, 36\}$. Wie bei jedem Glücksspiel unterscheidet man zwischen Auszahlung und Gewinn. Auszahlung ist der Betrag, den der Spieler nach gewonnenem Spiel erhält, und es gilt:

$$\boxed{\text{Gewinn} = \text{Auszahlung minus Einsatz}}$$

Einen Überblick über die möglichen Ereignisse beim Roulettspiel gibt die folgende Aufstellung. Dabei ist noch zu beachten: Fällt die Kugel auf die 0, so wird die 0 bei plein, carré und à cheval wie eine normale Zahl behandelt; alle anderen Einsätze verfallen der Bank, in manchen Spielkasinos jedoch nur zur Hälfte.

Setzmöglichkeiten		Teilmenge von Ω	Auszahlung	Gewinn
Name	Beschreibung		als Vielfaches des Einsatzes	
plein	eine Zahl	z.B. $\{7\}$	36	35
à cheval	2 angrenzende Zahlen	z.B. $\{13, 16\}$	18	17
transversale pleine	Querreihe von 3 Zahlen	z.B. $\{25, 26, 27\}$	12	11
transversale simple	2 benachbarte Querreihen	z.B. $\{4, 5, 6, 7, 8, 9\}$	6	5
carré	4 Zahlen, deren Felder in einem Punkt zusammenstoßen bzw. die ersten 4 Zahlen	z.B. $\{14, 15, 17, 18\}$ bzw. $\{0, 1, 2, 3\}$	9	8
colonne	eine Längsreihe von 12 Zahlen	z.B. $\{1, 4, 7, \ldots, 34\}$	3	2
douze premier	das 1. Dutzend	$\{1, 2, \ldots, 12\}$	3	2
douze milieu	das mittlere Dutzend	$\{13, 14, \ldots, 24\}$	3	2
douze dernier	das letzte Dutzend	$\{25, 26, \ldots, 36\}$	3	2
pair	alle geraden Zahlen außer 0	$\{2, 4, \ldots, 36\}$	2	1
impair	alle ungeraden Zahlen	$\{1, 3, \ldots, 35\}$	2	1
rouge	alle roten Zahlen	$\{1, 3, \ldots, 36\}$	2	1
noir	alle schwarzen Zahlen	$\{2, 4, \ldots, 35\}$	2	1
manque	die 1. Hälfte	$\{1, 2, \ldots, 18\}$	2	1
passe	die 2. Hälfte	$\{19, 20, \ldots, 36\}$	2	1

3.2 Ereignisalgebra

Für einen Spieler, der 2 Chips verschieden gesetzt hat, sind zwei Ereignisse interessant. Nehmen wir an, er setzt auf die carrés {4, 5, 7, 8} und {5, 6, 8, 9}. Dann können für ihn folgende Möglichkeiten eintreten:
a) Er gewinnt mit beiden Chips. Das zugehörige Ereignis ist die Teilmenge {5, 8}, die man offenbar als Schnittmenge der beiden carré-Mengen erhält. (Sein Gewinn ist der 8fache Einsatz.)
b) Er gewinnt überhaupt etwas, d.h. Chip 1 oder Chip 2 gewinnen. Das zugehörige Ereignis ist die Teilmenge {4, 5, 6, 7, 8, 9}, die man offenbar als Vereinigungsmenge der beiden carré-Mengen erhält. (Sein Gewinn ist der 3,5fache Einsatz, wenn genau einer der Chips gewinnt, oder der 8fache Einsatz, wenn beide Chips gewinnen.)
c) Er gewinnt nicht. Das zugehörige Ereignis ist die Teilmenge {0, 1, 2, 3, 10, 11, ..., 36}, die man offenbar als Komplementmenge zur Menge {4, 5, 6, 7, 8, 9} erhält. (Sein Gewinn ist der [−1]fache Einsatz. Negativer Gewinn = Verlust!)

Unser Beispiel zeigt, daß sich umgangssprachliche Verknüpfungen von Ereignissen im mathematischen Modell ebenfalls ausdrücken lassen.
Die folgende Übersicht gibt uns für zwei Ereignisse A und B einige solche Möglichkeiten zusammenfassend an.

Sprechweisen	Term im mathematischen Modell	Veranschaulichung
Gegenereignis zu A; Nicht das Ereignis A	$\bar{A}$	
Ereignis A und Ereignis B; Beide Ereignisse; Sowohl A als auch B	$A \cap B$	
Ereignis A oder Ereignis B; Mindestens eines der Ereignisse	$A \cup B$	
Keines der Ereignisse; Weder A noch B	$\bar{A} \cap \bar{B} = \overline{A \cup B}$	
Höchstens eines der Ereignisse; Nicht beide Ereignisse	$\overline{A \cap B} = \bar{A} \cup \bar{B}$	
Genau eines der Ereignisse; Entweder A oder B	$(\bar{A} \cap B) \cup (A \cap \bar{B})$	

Durch die Mengenoperationen *Schnitt* ($\cap$), *Vereinigung* ($\cup$) und *Komplement* ($^-$) lassen sich alle aufgeführten Verknüpfungen von Ereignissen darstellen. Jede solche Verknüpfung liefert wieder eine Teilmenge von Ω, also ein Ereignis. Man sagt deshalb auch, der Ereignisraum ist bezüglich der Operationen $\cap$, $\cup$ und $^-$ abgeschlossen.

Da die Ereignisse im mathematischen Modell Mengen sind, gehorchen sie auch den Gesetzen der Mengenalgebra, die man in diesem Zusammenhang auch *Ereignisalgebra* nennt.

Wir erinnern in der folgenden Übersicht an einige wichtige Gesetze der Mengenalgebra.

Kommutativgesetze $\qquad A \cap B = B \cap A \qquad\qquad A \cup B = B \cup A$

Assoziativgesetze
$(A \cap B) \cap C = A \cap (B \cap C) =: A \cap B \cap C \qquad (A \cup B) \cup C = A \cup (B \cup C) =: A \cup B \cup C$

Distributivgesetze
$A \cap (B \cup C) = (A \cap B) \cup (A \cap C) \qquad\qquad A \cup (B \cap C) = (A \cup B) \cap (A \cup C)$

Idempotenzgesetze	$A \cap A = A$	$A \cup A = A$	
Absorptionsgesetze	$A \cap (A \cup B) = A$	$A \cup (A \cap B) = A$	
Gesetze von *De Morgan**	$\overline{A \cap B} = \bar{A} \cup \bar{B}$	$\overline{A \cup B} = \bar{A} \cap \bar{B}$	
Neutrale Elemente	$A \cap \Omega = A$	$A \cup \emptyset = A$	
Dominante Elemente	$A \cap \emptyset = \emptyset$	$A \cup \Omega = \Omega$	
Komplement	$A \cap \bar{A} = \emptyset$	$A \cup \bar{A} = \Omega$	$\bar{\bar{A}} = A$

A und $\bar{A}$ können nicht gleichzeitig eintreten, weil $A \cap \bar{A} = \emptyset$, also das unmögliche Ereignis ist.

Es gibt aber neben $\bar{A}$ auch noch weitere Ereignisse (nämlich alle Teilmengen von $\bar{A}$), die nicht gleichzeitig mit A eintreten können. Man sagt allgemein:

> **Definition 3:** Die Ereignisse A und B heißen *unvereinbar* oder *disjunkt* genau dann, wenn $A \cap B = \emptyset$.

Aufgaben

Zu 3.2.

1. Jemand hat drei Lose gekauft. Wir unterscheiden Niete (0) und Treffer (1).
   a) Wie heißt ein Ergebnisraum Ω_1, wenn die Lose unterschieden (z. B. numeriert) werden?
   b) Wie heißt ein Ergebnisraum Ω_2, wenn die Lose nicht unterschieden werden?
   c) Beschreibe umgangssprachlich in jedem der beiden Fälle, soweit möglich, das Gegenereignis zu

---
* Siehe Seite 195.

$A :=$ »Mindestens ein Los ist ein Treffer«,
$B :=$ »Höchstens ein Los ist ein Treffer«,
$C :=$ »Jedes Los ist ein Treffer«,
$D :=$ »Das 1. und das 3. Los sind Treffer«,
$E :=$ »Das 1. und das 3. Los sind Treffer und das 2. Los ist eine Niete«.

d) Gib zu den Ereignissen A, B, C, D und E jeweils die Ergebnismenge aus Ω_1 an!

e) Welche Paare der Ereignisse aus **c)** sind unvereinbar?

2. Eine Münze wird dreimal geworfen. Man unterscheidet Wappen (w) und Zahl (z). Wir betrachten folgende Ereignisse:
$A :=$ »Beim ersten Wurf erscheint Wappen«
$B :=$ »Beim dritten Wurf erscheint Zahl«

a) Gib die Ergebnismengen zu A und B an!

b) Beschreibe folgende Ereignisse in Worten und gib die zugehörigen Ergebnismengen an: $A \cap B$; $A \cup B$; $\bar{A}$; $A \cap \bar{B}$; $\bar{A} \cap \bar{B}$.

c) Welcher Zusammenhang besteht zwischen $A \cup B$ und $\bar{A} \cap \bar{B}$?

d) Gib das Gegenereignis zu {www} in Worten und als Ergebnismenge an.

3. Bei einem Wurf mit zwei Würfeln werde die Gesamtaugenzahl als Ergebnis notiert.

a) Gib einen Ergebnisraum Ω und seine Mächtigkeit an.

b) Beschreibe die folgenden Ereignisse durch Teilmengen von Ω:
»Die Augenzahl ist prim.«
»Die Augenzahl ist 1.«
»Die Augenzahl ist gerade.«
»Die Augenzahl ist nicht 6.«
»Die Augenzahl ist 7.«
»Die Augenzahl liegt zwischen 0 und 7.«

Bild 25.1 Ergebnisse beim 3fachen Münzenwurf

Bild 25.2 Augensummen zweier Würfel

4. Aus einer Lieferung werden 4 Stücke zur Prüfung entnommen. Sie werden auf brauchbar (1) bzw. unbrauchbar (0) hin untersucht.
   a) Gib einen Ergebnisraum und seine Mächtigkeit an.
   b) Beschreibe folgende Ereignisse durch Ergebnismengen:
   $A :=$ »Das dritte Stück ist unbrauchbar.«
   $B :=$ »Genau das dritte Stück ist unbrauchbar.«
   $C :=$ »Mindestens zwei Stücke sind brauchbar.«
   $D :=$ »Genau drei Stücke sind brauchbar.«
   $E :=$ »Kein Stück ist brauchbar.«

5. Zu einer Party erwartet Susanne 2 Mädchen und 3 Jungen. Die 5 Gäste treffen nacheinander ein. Beschreibe folgende Ereignisse durch Ergebnismengen:
   $A :=$ »Der erste Gast ist ein Mädchen.«
   $B :=$ »Unter den ersten drei Gästen sind die zwei Mädchen.«
   $C :=$ »Der letzte Gast ist kein Junge.«

6. A, B, C seien drei beliebige Ereignisse.
   Beschreibe durch Terme der Ereignisalgebra
   a) A und B, aber nicht C **b)** Alle drei **c)** Nur A
   ● **d)** Höchstens eines **e)** Mindestens eines **f)** Höchstens zwei
   g) Mindestens zwei **h)** Genau eines **i)** Genau zwei
   j) Keines **k)** Nur A und B **l)** Nur C nicht

7. Für eine Lieferung von 4 Motoren definiert man folgende Ereignisse:
   $A :=$ »Mindestens ein Motor ist defekt«
   $B :=$ »Höchstens ein Motor ist defekt«
   Interpretiere folgende Ereignisse:
   a) $\bar{A}$ **b)** $\bar{B}$ **c)** $A \cap B$ **d)** $A \cup B$ **e)** $A \setminus B$ **f)** $B \setminus A$
   g) $A \cup \bar{B}$ **h)** $\bar{A} \cup B$ **i)** $\bar{A} \cap \bar{B}$ **j)** $\bar{A} \cup \bar{B}$
   k) Zeichne ein Mengendiagramm und verwende dabei als Elemente von Ω Quadrupel aus 0 und 1, wobei 0 bedeute, daß der entsprechende Motor defekt ist. 1011 heißt dann etwa »Der zweite Motor ist defekt; die anderen sind in Ordnung«.
   l) Stelle die Mengen aus **a)** bis **j)** durch die Elemente von Ω nach **k)** dar.

8. Die Herren Huber (H), Meier (M) und Schmid (S) kandidieren für den Posten des Betriebsratsvorsitzenden. Die Ereignisse A, B, C werden definiert gemäß
   $A :=$ »Herr Huber wird erster«,
   $B :=$ »Herr Meier wird nicht letzter« und
   $C :=$ »Herr Schmid wird letzter«.
   a) Zeichne ein Diagramm von Ω. Stelle dabei die Wahlergebnisse als Tripel aus H, M und S dar.
   ● **b)** Schreibe mit Hilfe von A, B und C die Ereignisse $E :=$ »Huber wird letzter« und $F :=$ »Huber wird zweiter«.
   c) Interpretiere die folgenden Ereignisse:
   1) $A \cap B \cap C$; **2)** $\overline{A \cup B \cup C}$; **3)** $A \cup (B \cap \bar{C})$; **4)** $(A \cup B) \cap \bar{C}$.

9. Drei Briefe werden in drei Umschläge gesteckt. A_i sei das Ereignis »Brief i steckt im Umschlag i«.
Interpretiere folgende Ereignisse
a) $A_1 \cap A_2 \cap A_3$
b) $A_1 \cup A_2 \cup A_3$
c) $\bar{A}_1 \cap \bar{A}_2 \cap \bar{A}_3$
d) $\bar{A}_1 \cup \bar{A}_2 \cup \bar{A}_3$
e) $(A_1 \cap \bar{A}_2 \cap \bar{A}_3) \cup (\bar{A}_1 \cap A_2 \cap \bar{A}_3) \cup (\bar{A}_1 \cap \bar{A}_2 \cap A_3)$

10. Prüfe die Gültigkeit folgender Behauptungen:
a) A, B unvereinbar $\Rightarrow \bar{A}, \bar{B}$ unvereinbar
b) A, B unvereinbar $\Rightarrow \bar{A}, B$ unvereinbar
c) A, B unvereinbar $\Rightarrow \bar{A}, \bar{B}$ nicht unvereinbar
d) A, B unvereinbar $\Rightarrow \bar{A}, B$ nicht unvereinbar.
Gib gegebenenfalls Gegenbeispiele an!

•11. Eine Menge von Ereignissen $A_1, A_2, \ldots, A_n$ heißt *Zerlegung* des Ergebnisraums Ω, wenn die Ereignisse paarweise unvereinbar sind ($A_i \cap A_j = \emptyset$ für $i \neq j$), und ihre Vereinigung Ω ergibt ($\bigcup_{i=1}^{n} A_i = \Omega$).

a) Zeige: Die Ereignisse $A, \overline{A \cup B}, \bar{A} \cap B$ bilden eine Zerlegung von Ω. Fertige dazu eine Skizze an!
b) Die Fußballmannschaften I und II spielen gegeneinander. A bedeute »I siegt«; B bedeute »II siegt«. Interpretiere die Ereignisse aus a).

Bild 27.1 Antike Spielmarke (= Chip) mit den Inschriften **Casus Sortis** = *Wechselfälle des Glücks* und *Wer spielt möge genügend einsetzen*. Außerdem zeigt die Spielmarke die 4 astragali des Venuswurfes.

4. Relative Häufigkeiten

Altersaufbau der Wohnbevölkerung der Bundesrepublik Deutschland am 1.1.1967

4.1. Einführung

Gewinnt jemand beim Roulett mit einer transversale pleine, so erhält er mehr ausbezahlt als ein anderer, der bei gleichem Einsatz mit einem carré gewonnen hat. Die Spielbanken geben als Grund dafür an, daß ein carré »häufiger« auftritt als eine transversale pleine. Um diese Behauptung überprüfen zu können, braucht man ein Maß für die Häufigkeit eines Ereignisses. Dazu beobachtet man über einen längeren Zeitraum hinweg viele Wiederholungen desselben Zufallsexperiments und zählt, wie oft das interessierende Ereignis dabei eingetreten ist. Diese Zahl, die man *absolute Häufigkeit* (des Ereignisses bei der betrachteten Versuchsfolge) nennt, wird im allgemeinen mit der Anzahl der Versuche steigen. Die absolute Häufigkeit ist daher als Maß nicht geeignet. Ein brauchbares Maß ergibt sich jedoch, wenn man die absolute Häufigkeit relativiert, d.h., sie auf die Anzahl der Versuche bezieht. Dies geschieht, indem man die absolute Häufigkeit durch die Versuchsanzahl dividiert.

> **Definition 4:** Tritt ein Ereignis A bei n Versuchen k-mal ein, so heißt $h_n(A) := \dfrac{k}{n}$ die *relative Häufigkeit* des Ereignisses A in dieser Versuchsfolge.

Relative Häufigkeiten werden üblicherweise in Prozenten angegeben. Wer die Behauptung der Spielbanken nun mit Hilfe dieser Definition überprüfen möchte, kann sich z.B. anhand der von den Spielbanken veröffentlichten Ergebnislisten, den sog. Authentischen Roulette-Permanenzen, die relativen Häufigkeiten für ein carré und eine transversale pleine berechnen. So ergaben sich am Sonntag, dem 4. November 1962, am Tisch Nr. 1 des Spielcasinos Baden-Baden bei 346 Spielen 31mal die transversale pleine $\{16, 17, 18\}$ und 37mal das carré $\{4, 5, 7, 8\}$. Die relative Häufigkeit der besagten transversale pleine war also an diesem Tage $\frac{31}{346} = 8{,}96\%$, die relative Häufigkeit des besagten carrés jedoch $\frac{37}{346} = 10{,}69\%$.

Zur weiteren Veranschaulichung des Begriffs der relativen Häufigkeit greifen wir auf die Tabellen 8.1 und 9.1 zurück. So sind gemäß Tabelle 9.1 die relative Häufigkeit h_{25} (»Adler«) $= \frac{11}{25} = 44\%$, h_{50} (»Adler«) $= \frac{22}{50} = 44\%$ und h_{75} (»Adler«) $= \frac{36}{75} = 48\%$, usw. Einen Überblick über die Abhängigkeit der relativen Häufigkeit h_n (»Adler«) von n bei dieser Versuchsfolge zeigt Figur 30.1. Dabei wurden nur die Werte der relativen Häufigkeit für Vielfache von 25 eingezeichnet und durch einen Streckenzug verbunden. Dieser Streckenzug soll lediglich die Entwicklung veranschaulichen, hat aber selbst keine Bedeutung für das Zufallsexperiment.

Obwohl in Tabelle 9.1 die Aufeinanderfolge von »Adler« und »Zahl« regellos ist, erwartet man naiverweise aus Symmetriegründen, daß Zahl und Adler etwa gleich häufig auftreten, die relative Häufigkeit von »Adler« also etwa 50% sein müßte.

Figur 30.1 zeigt, daß die relative Häufigkeit für »Adler« tatsächlich um den Wert 50% schwankt. Mit zunehmendem n scheinen die Schwankungen kleiner zu werden, wenngleich immer wieder »Ausbrecher« auftreten. Trotzdem glaubt man

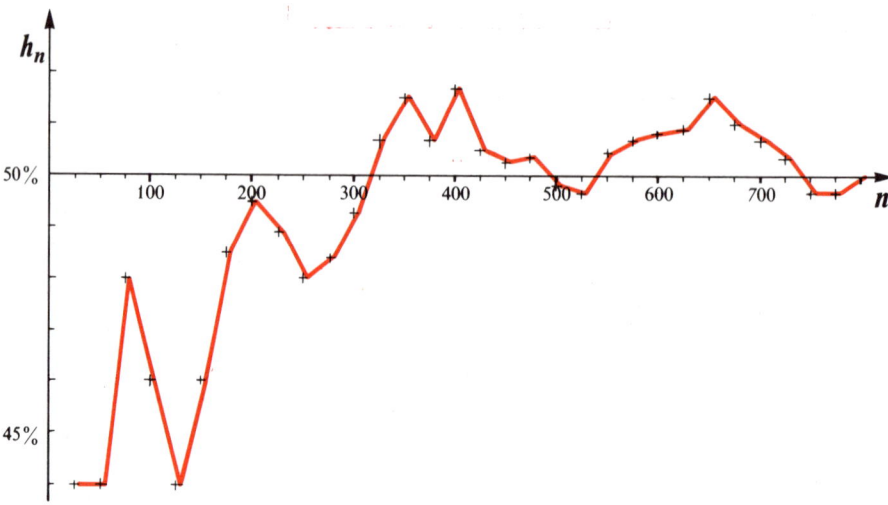

Fig. 30.1 Relative Häufigkeit h_n (»Adler«) bei den 800 Münzenwürfen aus Tabelle 9.1

daran, daß bei einer symmetrischen Münze die relative Häufigkeit für »Adler« sich immer weniger von dem Idealwert 50% unterscheidet, je größer die Anzahl der Versuche ist. So erhielt *Buffon** (1707–1788) für h_{4040} (»Adler«) den Wert 50,69%, *K. Pearson*** (1857–1936) erzielte mit viel Geduld h_{12000} (»Adler«) = 50,16% und h_{24000} (»Adler«) = 50,05%.

Dieses Verhalten der relativen Häufigkeit charakterisiert man auch durch die Sprechweise:

»*Die relative Häufigkeit eines Ereignisses stabilisiert sich mit zunehmender Versuchsanzahl um einen festen Wert.*«

Man kann vermuten, daß sich die relative Häufigkeit $h_n(A)$ eines bestimmten Ereignisses A bei einem beliebig wiederholbaren Versuch mit zunehmender Versuchsanzahl n *immer* um einen festen Wert stabilisiert. Im Laufe der Jahrhunderte haben die Erfahrungen gezeigt, daß diese Vermutung nicht zu unrecht besteht. Sie ist also eine Erfahrungstatsache, die manchmal auch *Das empirische Gesetz der großen Zahlen* genannt wird. Die an sich überraschende Tatsache, daß auch das Zufallsgeschehen Gesetzen gehorcht***, ist die Grundlage der Stochastik, die diese Gesetzmäßigkeiten systematisch erforscht.

Ein weiteres Beispiel für die Stabilisierung der relativen Häufigkeiten liefert uns die Serie von Würfelwürfen aus Tabelle 8.1. Wir berechnen dazu die absoluten und relativen Häufigkeiten der Augenzahlen nach 30, 60, ..., 1200 Würfen und geben sie in Tabelle 31.1 an; die relativen Häufigkeiten der Augenzahlen werden durch Figur 32.1 veranschaulicht. Auch hier stellen wie in Figur 30.1 die Streckenzüge nur eine grobe Veranschaulichung der Entwicklung der relativen Häufigkeiten dar. Die Schreibweise $h_n(A)$ legt die falsche Vermutung nahe, daß der Wert $h_n(A)$ nur

---

* Siehe Seite 195. ** gesprochen: piəsn. Siehe Seite 206.
*** »Le hazard a des regles qui peuvent être connues«, schreibt *Montmort* (1678–1719) im Vorwort zu seinem *Essay d'Analyse sur les Jeux de Hazard* (1708).

4.1 Einführung

absolute Häufigkeiten						relative Häufigkeiten in %					
⚀	⚁	⚂	⚃	⚄	⚅	⚀	⚁	⚂	⚃	⚄	⚅
6	6	4	1	8	5	20,0	20,0	13,3	3,3	26,7	16,7
10	11	7	4	16	12	16,7	18,3	11,7	6,7	26,8	20,0
12	19	13	7	21	18	13,3	21,1	14,5	7,8	23,3	20,0
15	25	19	11	30	20	12,5	20,8	15,8	9,2	25,0	16,7
26	27	25	15	34	23	17,3	18,0	16,7	10,0	22,7	15,3
28	33	29	20	41	29	15,6	18,3	16,1	11,1	22,8	16,1
33	37	33	25	48	34	15,7	17,6	15,7	11,9	22,8	16,2
36	46	41	29	50	38	15,0	19,2	17,1	12,1	20,8	15,8
38	56	46	31	56	43	14,1	20,8	17,0	11,5	20,8	15,9
45	64	49	32	61	49	15,0	21,3	16,3	10,7	20,3	16,3
50	69	56	35	63	57	15,2	20,9	16,9	10,6	19,1	17,3
52	71	69	37	67	64	14,5	19,7	18,9	10,3	18,6	17,8
55	79	74	42	72	68	14,1	20,2	19,0	10,8	18,5	17,4
61	82	79	49	77	72	14,5	19,5	18,8	11,7	18,3	17,1
65	88	84	55	81	77	14,4	19,6	18,7	12,2	18,0	17,1
70	92	87	60	90	81	14,6	19,2	18,1	12,5	18,7	16,9
75	97	92	63	99	84	14,7	19,0	18,0	12,3	19,4	16,5
80	104	98	68	102	88	14,8	19,3	18,1	12,4	18,9	16,3
87	110	103	74	103	93	15,0	19,3	18,1	13,0	18,1	16,3
92	121	109	76	107	95	15,3	20,2	18,2	12,7	17,8	15,8
103	125	111	78	113	100	16,3	19,9	17,6	12,4	17,9	15,9
110	131	114	84	116	105	16,7	19,9	17,3	12,7	17,6	15,9
113	139	117	87	120	114	16,4	20,1	17,0	12,6	17,4	16,5
118	145	118	89	129	121	16,4	20,1	16,4	12,4	17,9	16,8
121	150	121	95	134	129	16,1	20,0	16,1	12,7	17,9	17,2
130	157	126	96	137	134	16,7	20,1	16,2	12,3	17,6	17,2
134	162	136	100	142	136	16,6	20,0	16,8	12,3	17,5	16,8
142	170	139	101	149	139	16,9	20,2	16,6	12,0	17,7	16,6
146	175	141	104	157	147	16,8	20,1	16,2	11,9	18,1	16,9
152	182	143	110	161	152	16,9	20,2	15,9	12,2	17,9	16,9
156	186	153	115	163	157	16,8	20,0	16,5	12,4	17,5	16,9
161	190	159	120	169	161	16,8	19,8	16,6	12,5	17,6	16,8
166	194	167	124	172	167	16,8	19,6	16,9	12,5	17,4	16,9
168	203	176	129	175	169	16,5	19,9	17,3	12,6	17,2	16,6
171	208	180	132	181	178	16,3	19,8	17,1	12,6	17,2	16,9
173	215	183	138	189	182	16,0	19,9	16,9	12,8	17,5	16,8
176	223	189	142	195	185	15,9	20,1	17,0	12,8	17,6	16,7
180	232	194	146	198	190	15,8	20,3	17,0	12,8	17,4	16,7
185	236	201	148	204	196	15,8	20,2	17,3	12,6	17,4	16,7
187	244	204	155	210	200	15,6	20,3	17,0	12,9	17,5	16,7

Tab. 31.1 Auswertung von Tabelle 8.1

von der Versuchsanzahl n abhängt, sonst aber für das Ereignis A kennzeichnend ist. In Wirklichkeit hängt diese Zahl $h_n(A)$ auch noch von der konkret durchgeführten Versuchsfolge ab. So kann z. B. der Wert h_{10} (»Adler«) je nach Versuchsfolge jeden der 11 Werte $0, \frac{1}{10}, \frac{2}{10}, \ldots, 1$ annehmen. Zur Veranschaulichung dieses Sachverhalts fassen wir die 800 Münzenwürfe aus Tabelle 9.1 als 8 Versuchsfolgen zu je 100 Würfen auf. Im Bild ergeben sich damit 8 Streckenzüge für die relative Häufigkeit h_n (»Adler«). Vergröbert sind sie in Figur 33.1 dargestellt, wo jeweils nur die Werte für die Vielfachen von 5 eingezeichnet sind, die in Tabelle 32.1 zusammengestellt wurden.

4. Relative Häufigkeiten

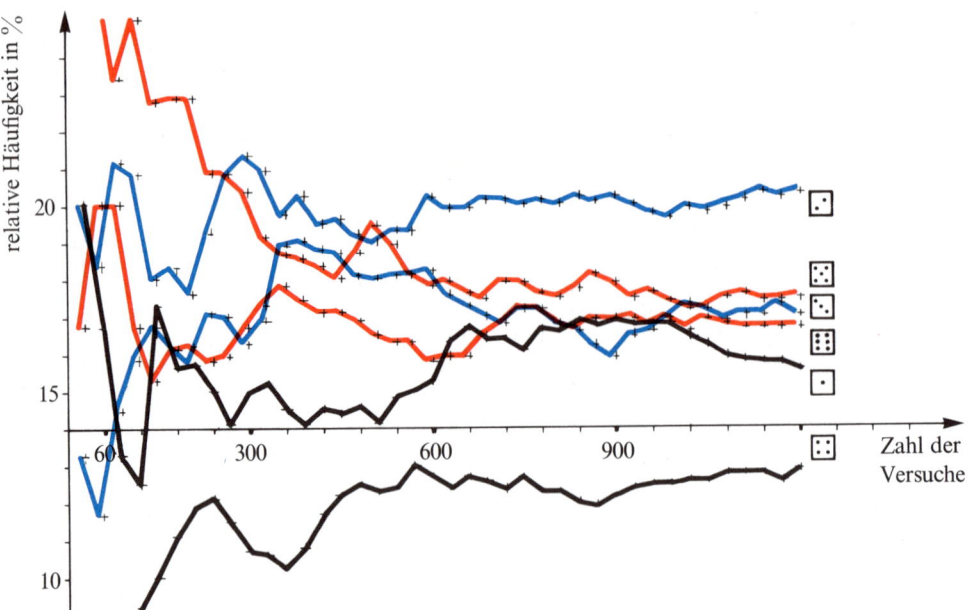

Fig. 32.1 Relative Häufigkeiten der Augenzahlen bei den 1200 Würfelwürfen von Tabelle 8.1

Anzahl der Versuche in der Serie	Nummer der Versuchsserie							
	1	2	3	4	5	6	7	8
5	40,0	40,0	20,0	100,0	20,0	100,0	100,0	60,0
10	40,0	30,0	20,0	80,0	20,0	80,0	50,0	40,0
15	33,3	40,0	26,7	80,0	33,3	60,0	46,7	46,7
20	40,0	35,0	40,0	75,0	35,0	55,0	55,0	50,0
25	44,0	36,0	44,0	68,0	36,0	48,0	52,0	44,0
30	40,0	40,0	43,3	66,7	43,3	43,3	50,0	36,7
35	40,0	40,0	45,7	65,7	40,0	48,6	54,3	34,3
40	42,5	42,5	45,0	60,0	35,0	50,0	60,0	37,5
45	44,4	46,7	46,7	62,2	37,8	53,3	60,0	37,8
50	44,0	46,0	42,0	64,0	40,0	56,0	60,0	38,0
55	45,5	45,5	43,6	61,8	41,8	58,2	56,4	40,0
60	48,3	48,3	45,0	63,3	43,3	56,7	55,0	43,3
65	47,7	49,2	46,2	60,0	44,6	56,9	53,8	43,1
70	45,7	48,6	44,3	57,1	44,3	57,1	54,3	41,4
75	48,0	52,0	45,3	56,0	45,3	56,0	53,3	41,3
80	46,3	53,8	45,0	56,3	46,3	55,0	51,3	42,5
85	44,7	55,3	45,9	58,8	44,7	54,1	51,8	43,5
90	43,3	55,5	45,6	57,8	44,4	53,3	51,1	44,4
95	45,3	54,8	47,4	56,8	42,1	54,8	50,5	46,3
100	46,0	53,0	49,0	58,0	43,0	55,0	50,0	46,0

Tab. 32.1 Entwicklung der relativen Häufigkeiten (in %) bei je 100 Münzenwürfen in 8 Versuchsfolgen

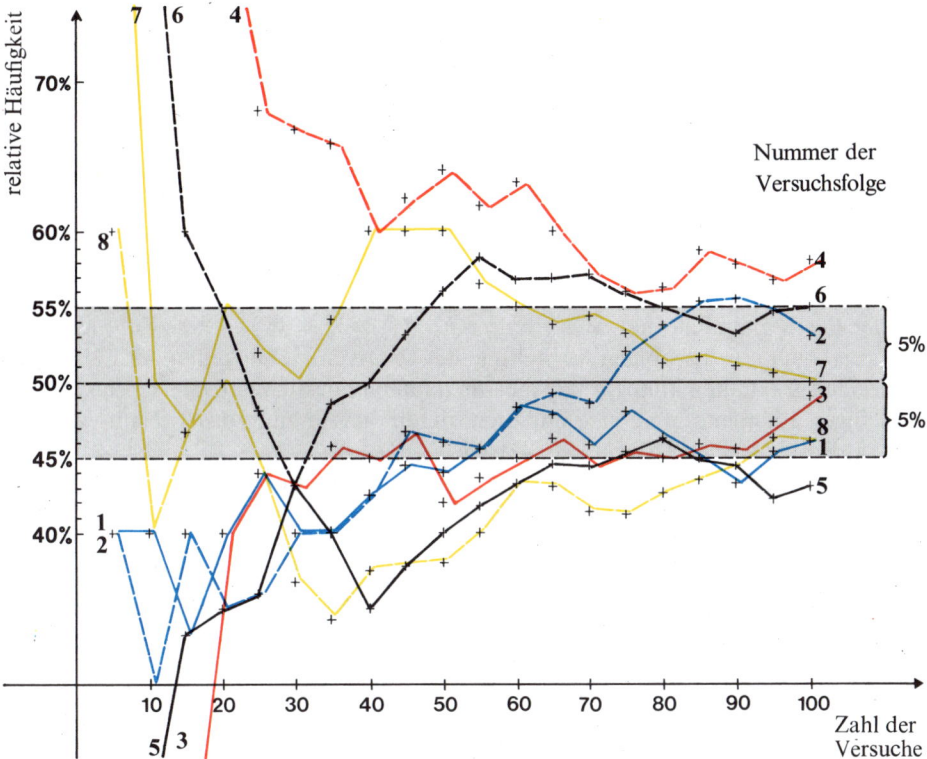

Fig. 33.1 Relative Häufigkeit von »Adler« bei je 100 Münzenwürfen in Abhängigkeit von der Versuchsfolge

4.2. Eigenschaften der relativen Häufigkeit

Wir betrachten die erste Zeile von Tabelle 8.1. Sie stellt die Ergebnisse einer Folge von 30 Versuchen (Würfelwurf) dar. Die relativen Häufigkeiten der Ereignisse $\{1\}$, $\{2\}$, $\{3\}$, $\{4\}$, $\{5\}$ und $\{6\}$ sind in folgender Tabelle zusammengestellt:

Ereignis	$\{1\}$	$\{2\}$	$\{3\}$	$\{4\}$	$\{5\}$	$\{6\}$
relative Häufigkeit	$\frac{6}{30}$	$\frac{6}{30}$	$\frac{4}{30}$	$\frac{1}{30}$	$\frac{8}{30}$	$\frac{5}{30}$

Diese relativen Häufigkeiten sind positive rationale Zahlen unter 1.
Allgemein kann man sagen: Tritt das Ereignis A bei n Versuchen k-mal ein, so gilt offenbar $0 \leq k \leq n$ und damit $0 \leq \frac{k}{n} \leq 1$. Also:

Die relative Häufigkeit eines Ereignisses A in einer Versuchsfolge der Länge n ist eine rationale Zahl aus dem Intervall $[0; 1]$, d. h.

(1) $\quad \boxed{0 \leq h_n(A) \leq 1}$

Daß die Grenzfälle 0 und 1 auch wirklich auftreten, erkennt man sofort, wenn man den trivialen Fall $n=1$ betrachtet. Der erste Wurf hatte das Ergebnis 4, die relative Häufigkeit $h_1(\{4\})$ hat somit den Wert 1, die relative Häufigkeit aller anderen Ereignisse jedoch den Wert 0. Die ersten 3 Versuche aus Zeile 10 zeigen, daß diese Werte auch für $n>1$ auftreten können.

Wir wollen uns nun überlegen, wie man die relative Häufigkeit eines Ereignisses A berechnen kann, wenn man die relativen Häufigkeiten der Elementarereignisse bei dieser Versuchsfolge kennt. Dazu betrachten wir als Beispiel das Ereignis $A :=$ »Augenzahl ist gerade« bei der oben betrachteten Versuchsfolge der Länge 30. Wir müssen in der ersten Zeile von Tabelle 8.1 zählen, wie oft eines der Ergebnisse 2, 4 oder 6 sich eingestellt hat. Wir erhalten $h_{30}(A) = \frac{12}{30} = 40\%$. Diese Zahl hätten wir aber auch aus der obigen Aufstellung der relativen Häufigkeiten der Elementarereignisse erhalten können. Wir müssen nämlich nur die relativen Häufigkeiten derjenigen Elementarereignisse addieren, deren Vereinigung das Ereignis A ergibt, also $h_{30}(A) = h_{30}(\{2\}) + h_{30}(\{4\}) + h_{30}(\{6\}) = \frac{6}{30} + \frac{1}{30} + \frac{5}{30} = \frac{12}{30} = 40\%$.

Die eben durchgeführten Überlegungen lassen sich leicht verallgemeinern. Man erhält dann in endlichen Ergebnisräumen für relative Häufigkeiten bei einer festen Versuchsfolge von n Versuchen:

Die relative Häufigkeit eines Ereignisses $A(\neq \emptyset)$ ist gleich der Summe der relativen Häufigkeiten derjenigen Elementarereignisse, deren Vereinigung A ist; in Zeichen

(2) $$h_n(A) = \sum_{\omega \in A} h_n(\{\omega\})$$

Wir wenden uns nun den Ereignissen $\emptyset$ und Ω zu.

Das unmögliche Ereignis $\emptyset$ tritt nie ein; in Definition 4 ist also $k=0$, woraus folgt

(3) $$h_n(\emptyset) = 0$$

Für das sichere Ereignis Ω gilt andererseits $k=n$, weil es bei jedem Versuch eintritt. Somit gilt

(4) $$h_n(\Omega) = 1$$

A und B seien nun 2 Ereignisse bei derselben Versuchsfolge, deren relative Häufigkeiten $h_n(A)$ und $h_n(B)$ bekannt sind. Kann man damit die relative Häufigkeit des Ereignisses »A oder B« $= A \cup B$ bei dieser Versuchsfolge berechnen? Zur Beantwortung dieser Frage betrachten wir bei den obigen 30 Würfelwürfen die Ereignisse $A :=$ »Augenzahl ist gerade« und $B :=$ »Augenzahl ist von 1 und 6 verschieden«. $h_{30}(A)$ war 40%. Aufgrund von Eigenschaft (2) errechnen wir für

$h_{30}(B) = h_{30}(\{2\}) + h_{30}(\{3\}) + h_{30}(\{4\}) + h_{30}(\{5\}) =$
$= \frac{6}{30} + \frac{4}{30} + \frac{1}{30} + \frac{8}{30} =$
$= \frac{19}{30} = 63\frac{1}{3}\%$.

Der naive Vorschlag, die relative Häufigkeit von $A \cup B$ als Summe der relativen Häufigkeiten von A bzw. B zu berechnen, schlägt fehl, da sich hier für die Summe der Wert $\frac{31}{30} = 103\frac{1}{3}\%$ ergibt. Man sieht aber auch sofort, woran das liegt: Die Ergebnisse 2 und 4 treten sowohl in A als auch in B auf, die relativen Häufigkeiten der zugehörigen Elementarereignisse $\{2\}$ bzw. $\{4\}$ wurden also bei der Summenbildung doppelt gezählt. Um diesen Fehler zu korrigieren, müssen wir diese relativen Häufigkeiten vom Summenwert $\frac{31}{30}$ subtrahieren; wir erhalten also $h_{30}(A \cup B) = \frac{31}{30} - (\frac{6}{30} + \frac{1}{30}) = \frac{24}{30} = 80\%$. Dieser Wert ist richtig, wie wir durch direkte Berechnung von $h_{30}(A \cup B)$ überprüfen können:

$h_{30}(A \cup B) = h_{30}(\{2, 3, 4, 5, 6\}) = \frac{6}{30} + \frac{4}{30} + \frac{1}{30} + \frac{8}{30} + \frac{5}{30} = \frac{24}{30} = 80\%$.

Was wir am Beispiel gesehen haben, gilt aber sogar allgemein:
In einer festen Versuchsfolge ist die relative Häufigkeit des Ereignisses »A oder B« gleich der Summe der relativen Häufigkeiten der beiden Ereignisse abzüglich der relativen Häufigkeit des Ereignisses »A und B«, kurz

(5) $\quad \boxed{h_n(A \cup B) = h_n(A) + h_n(B) - h_n(A \cap B)}$

Beweis: Bezeichnen wir mit $k(A \cup B)$ die absolute Häufigkeit des Ereignisses $A \cup B$ in der Serie von n Versuchen, so erkennt man an Hand von Figur 35.1 leicht, daß für die absoluten Häufigkeiten $k(A \cup B)$, $k(A)$, $k(B)$ und $k(A \cap B)$ gilt:

$k(A \cup B) = k(A) + k(B) - k(A \cap B)$

Dividiert man diese Gleichung durch n, so erhält man die Behauptung.

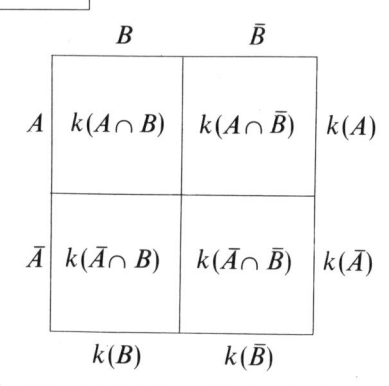

	B	$\bar{B}$	
A	$k(A \cap B)$	$k(A \cap \bar{B})$	$k(A)$
$\bar{A}$	$k(\bar{A} \cap B)$	$k(\bar{A} \cap \bar{B})$	$k(\bar{A})$
	$k(B)$	$k(\bar{B})$	

Fig. 35.1 Mehrfeldertafel der absoluten Häufigkeiten. $k(M)$ bedeutet die absolute Häufigkeit des Ereignisses M in der Versuchsserie.

Sind A und B unvereinbare Ereignisse, d.h. ist $A \cap B = \emptyset$, so wird aus (5)

(6) $\quad \boxed{A \cap B = \emptyset \;\Rightarrow\; h_n(A \cup B) = h_n(A) + h_n(B)}$

Ist im besonderen $B = \bar{A}$, B also das Gegenereignis zu A, so ergibt (6) wegen $A \cap \bar{A} = \emptyset$:

$h_n(A \cup \bar{A}) = h_n(A) + h_n(\bar{A})$. Andererseits ist nach (4)
$h_n(A \cup \bar{A}) = h_n(\Omega) = 1$. Somit gilt

(7) $\quad \boxed{h_n(\bar{A}) = 1 - h_n(A)}$

Die relative Häufigkeit eines Ereignisses und die seines Gegenereignisses ergeben in einer festen Versuchsfolge stets 100%.

An einem **Beispiel** wollen wir zeigen, wie man mit Hilfe der Eigenschaften der relativen Häufigkeiten eine Mehrfeldertafel erstellen und damit zusammenhängende Aufgaben lösen kann.

Am 31.12.1973 hatte die Bundesrepublik Deutschland $n = 62\,101\,400$ Einwohner. Davon waren 29 713 800 männlich und davon wieder 20 002 000 volljährig. Insgesamt waren 43 151 600 Einwohner volljährig.

Aus diesen Daten können wir die relativen Häufigkeiten für die Ereignisse $\male :=$ »Ein beliebig herausgegriffener Einwohner ist männlich« und $V :=$ »Ein beliebig herausgegriffener Einwohner ist volljährig« berechnen.

$h_n(\male) = \frac{29\,713\,800}{62\,101\,400} = 47{,}8\%$

$h_n(V) = \frac{43\,151\,600}{62\,101\,400} = 69{,}5\%$

Für das Ereignis, daß ein beliebig herausgegriffener Einwohner männlich und volljährig ist, erhalten wir $h_n(\male \cap V) = \frac{20\,002\,000}{62\,101\,400} = 32{,}2\%$.

Diese gegebenen Zahlen sind in der Mehrfeldertafel (Figur 36.1) schwarz eingetragen. Die restlichen Zahlen berechnen wir unter Verwendung der Eigenschaften der relativen Häufigkeit.

$h_n(\overline{V}) = 1 - h_n(V) =$
$= 1 - 0{,}695 = 30{,}5\%$

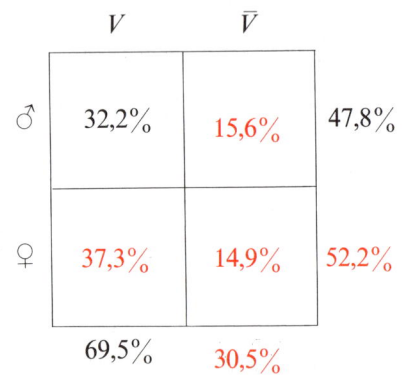

$h_n(\female) = 1 - h_n(\male) =$
$= 1 - 0{,}478 = 52{,}2\%$

	V	$\overline{V}$	
$\male$	32,2%	15,6%	47,8%
$\female$	37,3%	14,9%	52,2%
	69,5%	30,5%	

Fig. 36.1 Mehrfeldertafel der relativen Häufigkeiten

Weil V die Vereinigung der unvereinbaren Ereignisse $V \cap \male$ und $V \cap \female$ ist, gilt nach (6):

$h_n(V) = h_n(V \cap \male) + h_n(V \cap \female)$; also ist
$h_n(V \cap \female) = h_n(V) - h_n(V \cap \male) = 69{,}5\% - 32{,}2\% = 37{,}3\%$.

Analog erhalten wir

$h_n(\overline{V} \cap \male) = h_n(\male) - h_n(V \cap \male) = 47{,}8\% - 32{,}2\% = 15{,}6\%$

und

$h_n(\overline{V} \cap \female) = h_n(\female) - h_n(V \cap \female) = 52{,}2\% - 37{,}3\% = 14{,}9\%$.

Damit ist die Vierfeldertafel gefüllt.

Jede weitere einschlägige Fragestellung läßt sich nun direkt aus der Vierfeldertafel beantworten; zum Beispiel:

$h_n(V \cup \female) = h_n(V) + h_n(\overline{V} \cap \female) = 69{,}5\% + 14{,}9\% = 84{,}4\%$

oder auch

$h_n(V \cup ♀) = h_n(♀) + h_n(V \cap ♂) = 52{,}2\% + 32{,}2\% = 84{,}4\%$

oder umständlicher mit Eigenschaft (5)

$h_n(V \cup ♀) = h_n(V) + h_n(♀) - h_n(V \cap ♀) = 69{,}5\% + 52{,}2\% - 37{,}3\% = 84{,}4\%.$

Aufgaben

Zu 4.1.

1. Bei einer Mathematikschulaufgabe ergab sich für die Noten folgende Verteilung:

Note	1	2	3	4	5	6
Anzahl	2	4	5	8	7	1

Berechne die relative Häufigkeit der einzelnen Noten!

2. Im amtlichen Fernsprechbuch 25 (Ausgabe 1971/72) findet man auf S. 776 in der 3. Spalte bei den Telefonnummern folgende Ziffernverteilung:

0	1	2	3	4	5	6	7	8	9
25	32	25	34	35	24	35	36	35	16

Berechne die relative Häufigkeit der einzelnen Ziffern!

3. Berechne die relative Häufigkeit der Substantive unter den Wörtern der folgenden Gedichte:
»An den Mond« von *J.W. v. Goethe*;
»Der Herbst des Einsamen« von *G. Trakl*.

4. Bestimme die relative Häufigkeit der Primzahlen
   a) zwischen 1 und 100, 101 und 200, ..., 901 und 1000,
   b) zwischen 1 und 100, 1 und 200, ..., 1 und 1000.

5. Würfle 100mal mit einem Würfel und bestimme die relative Häufigkeit der Augenzahl 6
   a) für die ersten zwanzig Würfe; für die zweiten zwanzig Würfe; ...; für die fünften zwanzig Würfe.
   b) für die ersten zwanzig Würfe; für die ersten vierzig Würfe; ...; für die hundert Würfe.

6. Werte Tabelle 8.1 folgendermaßen aus:
   Bestimme die relative Häufigkeit der Augenzahl 6
   a) für die ersten 150 Würfe; für die zweiten 150 Würfe; ...; für die achten 150 Würfe.
   b) für die ersten 150 Würfe; für die ersten 300 Würfe; ...; für die 1200 Würfe.

7. Im Zahlenlotto* »6 aus 49« ergab sich nach 1225 Veranstaltungen Tabelle 38.1 der absoluten Häufigkeiten der gezogenen Zahlen ohne Berücksichtigung der Zusatzzahl.

   a) Berechne die Häufigkeiten von 13, 29 und 49 nach der Tabelle.
   b) Nimm an, jede der Zahlen 1 bis 49 sei gleich oft gezogen worden. Berechne dann die relative Häufigkeit für jede Zahl.

1	2	3	4	5	6	7
151	158	158	142	140	151	139
8	9	10	11	12	13	14
143	165	137	139	144	121	145
15	16	17	18	19	20	21
136	144	154	147	155	145	164
22	23	24	25	26	27	28
155	150	141	160	164	144	131
29	30	31	32	33	34	35
150	146	163	175	153	139	147
36	37	38	39	40	41	42
163	139	163	163	159	147	146
43	44	45	46	47	48	49
153	145	152	155	139	159	171

Tab. 38.1 Absolute Häufigkeiten der Lottozahlen

8. In den Aufgaben **1**, **2**, **3** und **5** des 1. Kapitels hast du selbst Zufallsexperimente durchgeführt.
   Bestimme nun die relativen Häufigkeiten der dort angesprochenen Ereignisse.
   a) bei Aufgabe **1**: h_{100} (»Augensumme 2 bis 10«)
   h_{100} (»Augensumme 11«)
   h_{100} (»Augensumme 12«)
   b) bei Aufgabe **2**: h_{100} (»Augensumme nicht 9 oder 10«)
   h_{100} (»Augensumme 9«)
   h_{100} (»Augensumme 10«)
   c) bei Aufgabe **3**: h_{50} (»gleiche Farbe«)
   h_{50} (»verschiedene Farben«)
   d) bei Aufgabe **5**: h_{25} (»Mindestens eine 6«)
   h_{25} (»Mindestens ein Sechser-Pasch«)

Zu 4.2.

9. In einem Studentenheim wohnen 200 Studenten. 165 von ihnen sprechen Englisch, 73 Französisch, 49 sprechen beide Sprachen.
   a) Wie groß ist die relative Häufigkeit der Studenten, die mindestens eine der beiden Sprachen sprechen?
   b) Wie groß ist die relative Häufigkeit der Studenten, die keine der beiden Sprachen sprechen?

---

* Sowohl das aus dem Niederländischen stammende *Lotterie* wie auch das italienische *Lotto* werden vom germanischen *lot* = *Los* abgeleitet. Ursprünglich bezeichneten beide Wörter dasselbe, wohingegen heute unter Lotto das *Lotto di Genova*, das Genueser Zahlenlotto verstanden wird. Bei einer Lotterie werden vor der Ausspielung die zu verteilende Waren- oder Geldmenge, die Anzahl der zu verkaufenden Lose und deren Preise festgesetzt. Beim Lotto hingegen bestimmen Anzahl und Art der Wetten erst den Gewinn.
Die frühesten Warenlotterien wurden in den Niederlanden abgehalten; erstmals nachweisbar ist die vom Rat der Stadt Sluis (Flandern) am 9.4.1445 veranstaltete Ziehung. In Deutschland liefen diese Verlosungen unter dem Namen (Glücks-)Hafen. Der früheste belegte ist der anläßlich des Tiburtius-Schießens 1467 vom Rat der Stadt München eingerichtete Hafen. Die erste Lotterie, in der nur Geldpreise ausgesetzt waren, veranstaltete 1530 die Republik Florenz, und zwar ausschließlich zu dem Zweck, den Geldmangel in der Staatskasse zu lindern.
Über die Entstehung des Zahlenlottos gibt es keine gesicherten Quellen. In Rom war es üblich, so lesen wir bei *Andrea Alciati* (1492–1550), daß auf die Wahl eines Papstes oder die von Kardinälen Wetten abgeschlossen wurden; ersteres verbot 1562 *Pius IV.* durch eine Bulle. In Genua kam es nach dem Staatsstreich des *Fiesco* (1547) schließlich zur endgültigen Verfassung von 1576: Halbjährlich mußten jeweils fünf der auf zwei Jahre gewählten 20 Ratgeber des Dogen durch Losentscheid – Namenszettel im Glücksrad – aus den mindestens 40jährigen Mitgliedern des 120köp-

10. Bestimme die relative Häufigkeit der natürlichen Zahlen von 1 bis 100, die
   a) durch 2,
   b) durch 3,
   c) durch 2 und 3,
   d) durch 2 oder 3 teilbar sind.
11. 52% aller Deutschen sind Frauen. 67% aller deutschen Männer schnarchen.* Wie groß ist die relative Häufigkeit der schnarchenden Männer unter den Deutschen?
●12. In 38% aller deutschen Haushalte leben Kinder. 13% aller deutschen Haushalte haben einen Kanarienvogel.* Zwischen welchen Grenzen liegt die relative Häufigkeit der Haushalte, die weder Kinder noch einen Kanarienvogel haben?
13. Bei einer Großuntersuchung an 27 392 Personen ergab sich folgende Verteilung der Blutgruppenzugehörigkeit**:
   Träger des Antigens A: 13 915   Träger des Antigens B: 2849
   Personen, die weder Antigen A noch Antigen B besitzen: 11 724 (Blutgruppe 0).
   Mit A bzw. B bezeichnen wir das Ereignis »Die untersuchte Person ist Träger des Antigens A (bzw. B)«. O bedeutet das Ereignis, daß die Person weder Träger des Antigens A noch Träger des Antigens B ist.
   a) Zeichne eine Mehrfeldertafel für die relativen Häufigkeiten bei der Großuntersuchung.
   b) Bestimme die relativen Häufigkeiten der Ereignisse
   1) A, B und O
   2) $A \cap B$ und $A \cup B$
   3) $A \cup O$
   4) $\bar{A}$
   5) $\overline{A \cap B}$
   6) $\bar{A} \cap \bar{B}$

---

figen Kleinen Rats ersetzt werden. Dabei soll angeblich dem Ratsherrn *Benedetto Gentile* 1620 die Idee gekommen sein, daß jedermann bei ihm auf einen oder gar zwei Namen der (etwa 110 bis 120) Wahlfähigen Geld setzen konnte. Belegt hingegen ist, daß in Genua am 22.9.1643 ein solches Wettspiel unter dem Namen *Seminario* erstmalig offiziell erlaubt wurde. Da sich dieses wesentlich schneller abwickeln ließ als eine Lotterie – die Ziehung der 400 000 Lose der ersten englischen Lotterie unter *Elisabeth I.* beispielsweise dauerte vom 11. Januar bis zum 6. Mai 1569, wobei Tag und Nacht gezogen wurde –, verbreitete es sich rasch in Italien, wobei man irgendwann dazu überging, statt der Namen nur Zahlen zu ziehen, die einer Namensliste zugeordnet waren: 1665 Mailand (5 von 100 Aktionären der Ambrosiusbank), 1670 Rom, 1674 Turin (5 aus 100 Mädchennamen, die dann eine Aussteuer gewannen), 1682 Neapel, wo zum erstenmal eine Liste mit 90 Mädchennamen verwandt wird. Genua stellte erst 1735 auf »5 aus 90« um, und in dieser Form verbreitete sich das Spiel unter dem Namen *Lotto di Genova* in Europa: Bayern machte 1735 den Anfang, 1751 folgte Österreich, 1757 Frankreich und 1763 Preußen, wo es bereits 1810 wieder verboten wurde. Mit seinem Ende in Bayern 1861 war es aus allen deutschen Ländern verschwunden, nur Österreich konnte sich nie zu einem Verbot durchringen. 1953 führte man in Berlin ein Lotto »5 aus 90« ein, 1955 hingegen das Spiel »6 aus 49« in Nordrhein-Westfalen, Bayern, Schleswig-Holstein und Hamburg. 1959 schlossen sich alle damaligen Bundesländer und Berlin zum Deutschen Lottoblock »6 aus 49« zusammen. Das am 28.4.1982 eingeführte »7 aus 38« wurde wegen nachlassenden Interesses zum letzten Mal am 28.5.1986 gezogen. In den neuen Bundesländern lief das alte DDR-System am 30.9.1992 aus.

* Deutschland in Zahlen 1972/73, heyne-Kompaktwissen 10.
** *Karl Landsteiner* (14.5.1868 Wien – 26.6.1943 New York) erhielt 1930 den Nobelpreis für Medizin für sein 1901 entdecktes AB0-System der Blutgruppen.

5. Wahrscheinlichkeitsverteilungen

Zwei Astragali aus der etruskischen Nekropole von Vulci und tesserae unbekannter Herkunft – Staatliche Antikensammlungen und Glyptothek, München

5.1. Definition der Wahrscheinlichkeit eines Ereignisses

Bei zufallsbedingten Ereignissen hat man normalerweise ein subjektives Empfinden dafür, mit welchem Grad von Sicherheit, d. h. mit welcher »Wahrscheinlichkeit«, ein solches Ereignis eintreten wird. Als Beispiel für eine derartige subjektive Wahrscheinlichkeit diene der Satz »Morgen wird es wahrscheinlich regnen«.
Den Grad der Sicherheit entnimmt man der eigenen oder fremden Erfahrung. Dabei meint man, sich seines Urteils um so sicherer zu sein, je öfter man Erfahrungen in dieser Hinsicht gemacht hat. Dieser umgangssprachliche Wahrscheinlichkeitsbegriff beruht also auf Beobachtungen, wie oft ein Ereignis unter bestimmten Bedingungen eingetreten ist, d. h. also auf Beobachtungen der relativen Häufigkeit des Ereignisses. *Jakob Bernoulli* (1655–1705) schreibt im 4. Kapitel des 4. Teils seiner *Ars conjectandi*, einem der grundlegenden Werke der Wahrscheinlichkeitstheorie: »Auch leuchtet es jedem Menschen ein, daß es nicht genügt, nur ein oder zwei Versuche angestellt zu haben, um auf diese Weise irgendein Ereignis beurteilen zu können, sondern daß dazu eine große Anzahl von Versuchen nötig ist; weiß doch selbst der beschränkteste Mensch aus irgendeinem natürlichen Instinkt heraus von selbst und ohne jede vorherige Belehrung (was fürwahr erstaunlich ist), daß um so geringer die Gefahr ist, vom wahren Sachverhalt abzuweichen, je mehr diesbezügliche Beobachtungen gemacht worden sind.«*
In einem mathematischen Modell des Zufallsgeschehens muß man den Ereignissen Zahlen als Wahrscheinlichkeiten zuordnen. Man ist auf Grund der obigen Überlegungen geneigt, die relative Häufigkeit eines Ereignisses als Wahrscheinlichkeit dieses Ereignisses in die Theorie einzuführen. Wir haben aber in **4.1.** gesehen, daß die relative Häufigkeit eines Ereignisses zunächst von der Anzahl der Versuche abhängt; bei gleicher Versuchsanzahl hängt der Wert der relativen Häufigkeit dann noch von der konkreten Versuchsfolge ab. Die Entscheidung, welchen der durch Versuche erhaltenen oder welchen der grundsätzlich möglichen Werte der relativen Häufigkeit eines Ereignisses man nun als Wahrscheinlichkeit dieses Ereignisses nehmen soll, nimmt uns niemand ab. Die Mathematiker durchschlagen diesen gordischen Knoten dadurch, daß sie als Wahrscheinlichkeit eines Ereignisses alles akzeptieren, was nur bestimmten Bedingungen genügt. Selbstverständlich wird man sich bei der Aufstellung dieser Bedingungen leiten lassen von den Eigenschaften, die die relative Häufigkeit besitzt.
Zunächst erinnern wir an Eigenschaft (2) von Seite 34. Sie besagt, daß die relative Häufigkeit eines Ereignisses A die Summe der relativen Häufigkeiten derjenigen Elementarereignisse ist, deren Vereinigung das Ereignis A ergibt. Es genügt demnach, Wahrscheinlichkeitswerte für alle Elementarereignisse festzulegen. Dies kann aber wiederum nicht ganz willkürlich geschehen. Wegen Eigenschaft (1) müssen diese Wahrscheinlichkeitswerte Zahlen aus dem Intervall $[0; 1]$ sein, deren Summe wegen (4) den Wert 1 ergeben muß. Schließlich wollen wir dem unmöglichen Ereignis wegen (3) die Wahrscheinlichkeit 0 zuschreiben. Zusammenfassend können wir sagen: Wir verteilen die Wahrscheinlichkeit 1 auf die

---

* Deinde nec illud quenquam latere potest, quod ad judicandum hoc modo de quopiam eventu non sufficiat sumsisse unum alterumve experimentum, sed quod magna experimentorum requiratur copia; quando et stupidissimus quisque nescio quo naturae instinctu per se et nulla praevia institutione (quod sane mirabile est) compertum habet, quo plures ejusmodi captae fuerint observationes, eo minus a scopo aberrandi periculum fore.

Elementarereignisse; dadurch ist aber wegen (2) automatisch allen Ereignissen des Ereignisraums eine Wahrscheinlichkeit zugeordnet.

Im mathematischen Modell des Zufallsgeschehens definiert man also die Wahrscheinlichkeit eines Ereignisses als den Wert einer reellwertigen Funktion P, die Wahrscheinlichkeitsverteilung* heißt, und die durch folgende Eigenschaften axiomatisch festgelegt wird.

> **Definition 5:** Die Funktion P heißt *Wahrscheinlichkeitsverteilung* über dem Ergebnisraum Ω, wenn sie auf dem Ereignisraum $\mathfrak{P}(\Omega)$ definiert ist und folgende Eigenschaften hat:
> 1. Die Wahrscheinlichkeit jedes Elementarereignisses ist eine Zahl aus dem Intervall $[0; 1]$, d. h. für alle $\omega \in \Omega$ gilt: $0 \leq P(\{\omega\}) \leq 1$.
> 2. Die Summe der Wahrscheinlichkeiten aller Elementarereignisse ist 1, d. h. $\sum_{\omega \in \Omega} P(\{\omega\}) = 1$.
> 3. Die Wahrscheinlichkeit des unmöglichen Ereignisses ist 0, d. h. $P(\emptyset) := 0$.
> 4. Die Wahrscheinlichkeit eines möglichen Ereignisses A ist die Summe der Wahrscheinlichkeiten seiner Elementarereignisse, d. h. $P(A) := \sum_{\omega \in A} P(\{\omega\})$.

Beispiel: Für den Würfel, mit dem Tabelle 8.1 erwürfelt wurde, bietet sich auf Grund der letzten Zeile von Tabelle 31.1 folgende Wahrscheinlichkeitsverteilung an, wenn man als Ergebnisraum Ω die Menge der Augenzahlen 1, 2, 3, 4, 5 und 6 nimmt:

ω	1	2	3	4	5	6
$P(\{\omega\})$	0,156	0,203	0,170	0,129	0,175	0,167

Damit liegen für alle 2^6 Ereignisse des Ereignisraums $\mathfrak{P}(\Omega)$ die Wahrscheinlichkeiten fest. So hat z. B. das Ereignis »gerade Augenzahl« die Wahrscheinlichkeit

$P(\{2, 4, 6\}) = P(\{2\}) + P(\{4\}) + P(\{6\}) =$
$= 0{,}203 + 0{,}129 + 0{,}167 =$
$= 0{,}499.$

Die Festlegung der Funktionswerte $P(\{\omega\})$, d. h. der Wahrscheinlichkeiten der Elementarereignisse, ist im Rahmen dieser Definition willkürlich. Man wird jedoch die Werte so festlegen, daß sie den jeweiligen Verhältnissen angepaßt sind. So wird man bei einem idealen Würfel auf Grund der Symmetrie für jede Augenzahl die Wahrscheinlichkeit $\frac{1}{6}$ festlegen. Bei einem realen Würfel hingegen empfiehlt es sich, wie im obigen Beispiel durchgeführt, die relativen Häufigkeiten der Augenzahlen in einer möglichst langen Versuchsserie zu bestimmen und diese relativen Häufigkeiten als Wahrscheinlichkeiten der Augenzahlen zu verwenden.

---

* Das Funktionssymbol P kommt von *probabilitas*, dem lateinischen Wort für Wahrscheinlichkeit, aus dem das französische *probabilité* und das englische *probability* wurde. Es ist zum ersten Mal bei *Cicero* (106–43) belegt. Mit dem älteren Adjektiv *probabilis* bezeichnete man etwas, was Beifall und Anerkennung gefunden hatte, was sich als tüchtig herausgestellt hatte, und schließlich, was durch gute Gründe glaubhaft zu sein schien. – Das deutsche Wort *Wahrscheinlichkeit* (= es scheint wahr zu sein) entspricht jedoch genau dem lateinischen Begriff *verisimilitudo*, der erstmals bei *Apuleius* (um 125 – um 180) in den *Metamorphosen* (2, 27, 6) nachzuweisen ist.

Mit der axiomatischen Festlegung der Wahrscheinlichkeit durch Definition 5 sind nun alle Begriffe vorhanden, die zur Konstruktion eines mathematischen Modells für ein reales Zufallsexperiment benötigt werden. Dieses stochastische Modell besteht aus der Menge Ω aller betrachteten Ergebnisse ω und aus der auf dem Ereignisraum definierten Wahrscheinlichkeitsverteilung P.

5.2. Interpretationsregel für Wahrscheinlichkeiten

In den vorangegangenen Abschnitten haben wir gelernt, wie man, von einem realen Zufallsexperiment ausgehend, ein stochastisches Modell für dieses Experiment konstruieren kann. Die Brauchbarkeit eines solchen Modells zeigt sich erst dann, wenn im Modell erarbeitete Erkenntnisse Erklärungen für eine reale Situation bieten oder Vorhersagen für reale Geschehnisse gestatten. Diesen Zusammenhang zwischen Realität und Modell wollen wir kurz nochmals zusammenfassen.

1) **Fragestellung:** Man möchte wissen, mit welcher Wahrscheinlichkeit ein reales Ereignis A_r in einer realen Situation eintritt.
2) Man konstruiert zu dieser realen Situation ein stochastisches Modell, indem man einen passenden Ergebnisraum Ω und eine Wahrscheinlichkeitsverteilung P angibt. Dem realen Ereignis A_r entspricht ein Modellereignis A, das eine Teilmenge von Ω ist.
3) Man berechnet im Modell die Wahrscheinlichkeit $P(A)$ des Modellereignisses.
4) Man nimmt nun diese Wahrscheinlichkeit $P(A)$ als »Wahrscheinlichkeit des realen Ereignisses A_r«.
5) Die Brauchbarkeit des stochastischen Modells überprüft man, indem man in einer möglichst langen Versuchsreihe die relative Häufigkeit des realen Ereignisses A_r bestimmt; dabei sollte sich diese relative Häufigkeit nicht allzusehr von der berechneten Wahrscheinlichkeit $P(A)$ unterscheiden. Ist man mit der Übereinstimmung unzufrieden, so wird man das stochastische Modell verändern und den Zyklus erneut durchlaufen.

Schematisch stellt sich die Beziehung Realität – Modell folgendermaßen dar:

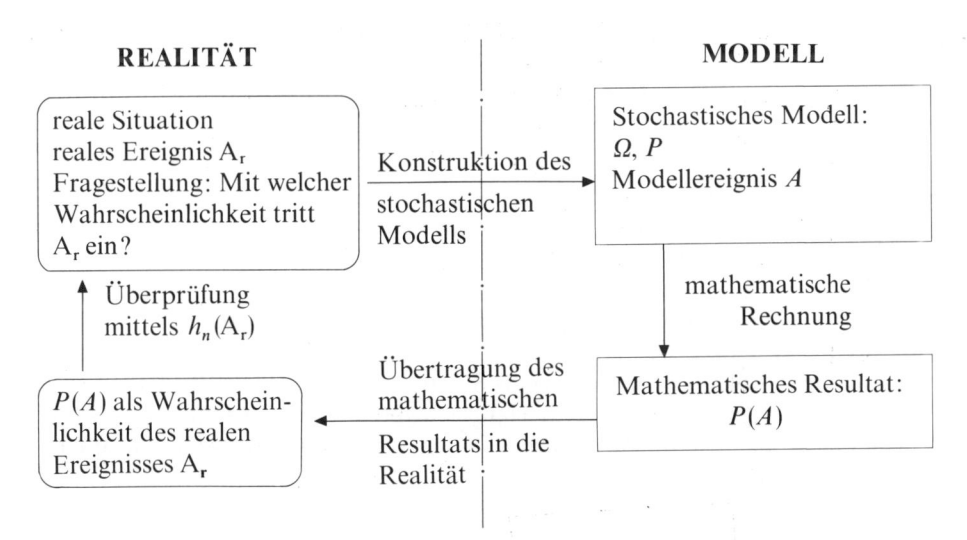

REALITÄT		**MODELL**
reale Situation reales Ereignis A_r Fragestellung: Mit welcher Wahrscheinlichkeit tritt A_r ein?	Konstruktion des stochastischen Modells $\rightarrow$	Stochastisches Modell: Ω, P Modellereignis A
↑ Überprüfung mittels $h_n(A_r)$		↓ mathematische Rechnung
$P(A)$ als Wahrscheinlichkeit des realen Ereignisses A_r	$\leftarrow$ Übertragung des mathematischen Resultats in die Realität	Mathematisches Resultat: $P(A)$

Den Zusammenhang zwischen stochastischem Modell und Realität formulieren wir in der

Interpretationsregel für Wahrscheinlichkeiten:
Die Aussage »Das Ereignis A hat die Wahrscheinlichkeit $P(A)$« bedeutet: Wiederholt man das gleiche Zufallsexperiment sehr oft (n-mal), so tritt das reale Ereignis A_r ungefähr mit der relativen Häufigkeit $P(A)$ ein, in Zeichen $h_n(A_r) \approx P(A)$, wobei das »Ungefähr« von der Länge n der Versuchsserie abhängt.

Die Präzisierung dieses »Ungefähr« ist eine der Aufgaben der Beurteilenden Statistik.

5.3. Eigenschaften der Wahrscheinlichkeitsverteilung

Durch die Definition 5 auf Seite 42 wird die Wahrscheinlichkeitsverteilung P axiomatisch über 4 Bedingungen festgelegt. Daraus lassen sich nun unmittelbar einige einfache Schlüsse ziehen, die uns beim Rechnen mit Wahrscheinlichkeiten von Nutzen sein werden.

Zunächst stellen wir drei grundlegende Eigenschaften jeder Wahrscheinlichkeitsverteilung heraus:

> **Satz 1 (Nichtnegativität):**
> Die Funktion P ist nicht negativ, d.h.: Für alle Ereignisse A gilt $P(A) \geq 0$.

> **Satz 2 (Normiertheit):**
> Die Wahrscheinlichkeit des sicheren Ereignisses ist 1, d.h. $P(\Omega) = 1$.

> **Satz 3 (Additivität):**
> Sind A und B unvereinbare Ereignisse, so ist die Wahrscheinlichkeit von »A oder B« gleich der Summe aus der Wahrscheinlichkeit von A und der Wahrscheinlichkeit von B, d.h., es gilt folgende Summenformel:
> $$A \cap B = \emptyset \Rightarrow P(A \cup B) = P(A) + P(B).$$

Beweise:
1. Da die Wahrscheinlichkeiten von Elementarereignissen nicht-negative Zahlen sind, ist auch jede aus ihnen gebildete Summe nicht negativ.
2. Da Ω die Vereinigung aller Elementarereignisse ist und deren Wahrscheinlichkeiten zusammen 1 ergeben, ist $P(\Omega) = 1$.
3. Da die Ereignisse A und B unvereinbar sind, gehört jedes Ergebnis aus $A \cup B$ entweder zu A oder zu B. Nach Eigenschaft **4** der Definition 5 erhalten wir die Wahrscheinlichkeit von $A \cup B$ als Summe der Wahrscheinlichkeiten seiner Elementarereignisse. Diese Summe läßt sich aber in zwei Teilsummen zerlegen, von denen die erste die Wahrscheinlichkeit von A und die zweite die Wahrscheinlichkeit von B liefert.

Formal sieht das so aus:

$$P(A \cup B) = \sum_{\omega \in A \cup B} P(\{\omega\}) = \sum_{\omega \in A} P(\{\omega\}) + \sum_{\omega \in B} P(\{\omega\}) = P(A) + P(B).$$

Bei der Berechnung von Wahrscheinlichkeiten ist es oft zweckmäßig, anstelle eines Ereignisses A das Gegenereignis $\bar{A}$ zu betrachten. Zwischen den Wahrscheinlichkeiten dieser beiden Ereignisse besteht ein enger Zusammenhang, der es gestattet, die Wahrscheinlichkeit des einen zu berechnen, wenn man die Wahrscheinlichkeit des anderen kennt. Es gilt nämlich

Satz 4: $P(\bar{A}) = 1 - P(A)$

Beweis: Da die Summe der Wahrscheinlichkeiten aller Elementarereignisse 1 ist und andererseits jedes Ergebnis ω entweder zu A oder zu $\bar{A}$ gehört, muß die Summe der Wahrscheinlichkeiten $P(A) + P(\bar{A})$ gleich 1 sein.

5.4. Beispiele für Wahrscheinlichkeitsverteilungen

Von alters her benützen die Menschen einfache Geräte, um Zufall zu erzeugen, der sowohl magischen Zwecken wie auch dem Spieltrieb dient. Solche Zufallsgeräte fand man in Form von kleinen Pyramiden, von abgeflachten Kugeln, als Pentaeder, Oktaeder und Ikosaeder, aber auch in menschlicher Gestalt. Wir wollen im Folgenden einige wichtige Beispiele solcher Zufallsgeräte vorstellen.

Bild 45.1 Ikosaeder

Bild 45.2 Zwei Würfel aus Silber in Gestalt von hokkenden Frauen (14 × 11 × 11 mm), Deutschland, 17. Jh. – Bayerisches Nationalmuseum. – Das Britische Museum besitzt ein winziges Silbermenschenpaar aus der römischen Antike mit derselben Augenverteilung: 1 auf dem Kopf, 4 am Gesäß, 2 und 3 auf den Schenkeln, 5 auf der Brust und 6 auf dem Rücken. Siehe Bild 11.1.

a) Der Astragalus[*]. Sprungbeine von Paarhufern wie Schaf und Ziege findet man schon in Gräbern aus prähistorischer Zeit (30000–20000 v. Chr.) und dann ab dem 3. Jahrtausend v. Chr. sehr verbreitet in Gräbern verschiedener Kulturen Mittel- und Südosteuropas, Vorderasiens und Chinas.

---

[*] Betonung auf der drittletzten Silbe; $\delta\ \dot{\alpha}\sigma\tau\varrho\dot{\alpha}\gamma\alpha\lambda\text{o}\varsigma$ = das Sprungbein. Es handelt sich um den kleinen, zwischen den Knöcheln des Schien- und Wadenbeins eingeklemmten, die Verbindung mit dem Fuße herstellenden Knochen. Die Römer nannten ihn *talus*.

Die Beliebtheit dieses Spielgeräts bezeugen viele antike Quellen* und Kunstwerke, aber noch mehr die mitunter sehr hohe Anzahl von Astragali als Grabbeigaben; so fand man in Süditalien oft über 1000 Stück, teils echt von Schaf und Ziege, teils nachgebildet in Ton oder auch in Edelmetall. Spielregeln sind erst aus Großgriechenland bekannt; die Überlieferung ist leider sehr lückenhaft. Die Kenntnis der Regeln geht mit der Christianisierung verloren. Astragali waren mehr ein Spielgerät der Griechen als der Römer. In China sind Astragali seit alters her in Gebrauch. Bis in die Anfänge unseres Jahrhunderts waren sie in vielen Gegenden Europas, u.a. auch in Deutschland, ein beliebtes Spielgerät für Kinder. Heutzutage gibt es sogar schon Astragali aus Plastik!

Da ein Astragalus an 2 Seiten rund ist, kann er nach dem Wurf nur auf einer von 4 Seiten zu liegen kommen. In manchen Spielen wurde die oben liegende Seite – wohl in Anlehnung an den Würfel – wie folgt bewertet: Konvexe Breitseite (»Bauch«) = 4, konkave Breitseite (»Rükken«) = 3, volle Schmalseite = 1, eingedrückte Schmalseite = 6. (Vgl. Bild 59.1)

Bild 46.1 Astragali aus dem etruskischen Vulci – Staatliche Antikensammlungen und Glyptothek, München

Über die relativen Häufigkeiten kann man angenähert die Wahrscheinlichkeitsverteilung für einen Astragalus-Wurf erhalten:

ω	1	3	4	6
$P(\{\omega\})$	0,1	0,35	0,48	0,07

Dabei ist natürlich zu beachten, daß jeder Astragalus eine etwas andere Wahrscheinlichkeitsverteilung besitzt. Diese Verschiedenheit mag vielleicht den Reiz des Spiels ausgemacht haben. Sicherlich aber kam sie der Magie sehr zunutze, so z.B. im berühmten Astragalorakel des Aphrodite-Heiligtums von Paphos auf Zypern.** Negerstämme in Südafrika verwenden Astragali heute noch zur Zukunftsdeutung.

b) Der Würfel*. Feilte man Astragali oder passend abgeschnittene Stücke von Röhrenknochen (Bild 47.4) zu, so hatte man 6 mögliche Ergebnisse, da sie auf alle 6 Seiten fallen konnten. Aus ihnen hat sich unser Spielwürfel entwickelt.

Die ältesten bisher gefundenen Würfel stammen aus Tepe Gawra/Irak (Anfang des 3. Jahrtausends v.Chr.; Figur 47.2) und aus Mohenjo-Daro/Pakistan (3./2. Jahrtausend v.Chr.; Bild 47.1 und Figur 47.3). Würfel aus ägyptischen Gräbern sind etwa 4000 Jahre alt. In China sind Würfel aus der Zeit um 600 v.Chr. erhalten. *Sophokles* (496–406) zufolge hat

---

* So erzählt z.B. *Patroklos* in der *Ilias* (23, 88), daß er als Junge aus Zorn jemanden beim Spiel mit den Knöcheln getötet hat. – Die Kaiser *Augustus* und *Claudius* würfelten gerne; letzterer schrieb sogar ein Buch über die Kunst des Würfelspiels (*Sueton: Caesarenleben*, Aug. 71 und Cl. 33). – Ein Epigramm des *Asklepiades* (3. Jh. v.Chr.) ist dem Schüler *Konnaros* gewidmet, der 80 Astragali als Preis in einem Schönschreibewettbewerb errang.

** Über ein Astragalorakel berichtet *Sueton* (70–140) in *De vita Caesarum* (Tib. 14): *Tiberius* befragte auf dem Weg nach Illyrien das Orakel des dreiköpfigen Gottes Geryoneus bei Padua. Er mußte 4 goldene Astragali in die Aponusquelle, eine heiße Schwefelquelle (heute Bad Abano), werfen; sie zeigten den höchsten Wert. – *Tiberius* zog 11 v.Chr. und 6 n.Chr. nach Illyrien und errang dort Siege. Oder bezieht sich das Orakel auf das Jahr 14 n.Chr., als *Tiberius* auf dem Weg nach Illyrien von Boten nach Nola zurückgeholt wurde, damit er zur Stelle sei, wenn *Augustus* stürbe? Das von den Astragali vorausgesagte Glück ist auf alle Fälle eingetroffen.

*** ὁ κύβος (kybos) = *Wirbelknochen*, *Würfel*. Bei den Römern hieß der sechsseitig beschriftete Würfel *tessera* (griechisches Fremdwort, abgeleitet von τέσσαρες = vier), wohl weil jede Seite viereckig ist.

5.4 Beispiele für Wahrscheinlichkeitsverteilungen

Palamédes, der große Erfindergenius der Griechen, die Würfel bei der Belagerung von Troja erfunden, um die dort hungernden Helden abzulenken*, wohingegen *Herodot* (490–430) meint, die Lyder hätten um 1500 v. Chr. die Würfel (und auch die Astragali) erfunden, um das hungernde Volk jeden zweiten Tag 18 Jahre lang über den Hunger hinwegzutrösten (I. 94). *Platon* (428–348) hingegen läßt *Sokrates* in *Phaidros* (274c) sagen, der ibisköpfige Gott *Thot* der Ägypter habe zuerst die Zahlen und dann das Würfelspiel erfunden. – Von der Leidenschaft der Germanen beim Würfelspiel berichtet *Tacitus* (um 55 – nach 115) in seiner *Germania* (24).

Bild 47.1 Drei Spielwürfel aus Mohenjo-Daro
Links: 2100 v.Chr., weißer Kalkstein, Kantenlänge 2,55–2,66 cm.
Anordnung: 1–3, 2–5, 4–leer
Mitte: 2000–1800 v.Chr., Keramik, Kantenlänge 3,1–3,2 cm. Anordnung: 1–2, 3–4, 5–6 (siehe Figur 47.3)
Rechts: 2250 v.Chr., der am genauesten gearbeitete Spielwürfel aus Mohenjo-Daro, grauer Stein, Kantenlänge 2,9 cm.
Anordnung: 1–2, 3–5, 4–6

Fig. 47.2 Würfel von Tepe Gawra (Nord-Irak)

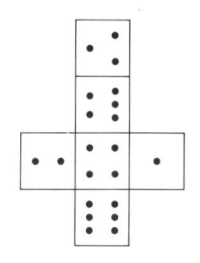

Fig. 47.3 Würfel von Mohendscho-Daro (Pakistan)

Bild 47.4 tesserae, Herkunft unbekannt – Staatliche Antikensammlungen und Glyptothek, München

Ein idealer Würfel hat für alle Elementarereignisse die Wahrscheinlichkeit $\frac{1}{6}$. Für seine Wahrscheinlichkeitsverteilung gilt:

ω	1	2	3	4	5	6
$P(\{\omega\})$	$\frac{1}{6}$	$\frac{1}{6}$	$\frac{1}{6}$	$\frac{1}{6}$	$\frac{1}{6}$	$\frac{1}{6}$

Da hier die Elementarereignisse gleichwahrscheinlich sind und da sich der bedeutende französische Mathematiker *Pierre Simon de Laplace* (1749–1827)** vor allem mit solchen Zufallsexperimenten befaßte, wollen wir künftig einen idealen Würfel auch *Laplace-Würfel* (oder *L-Würfel*) nennen.

c) Die Münze. Das einfachste und wohl älteste Zufallsgerät ist die Münze, die vor allem bei Entscheidungen zwischen 2 Alternativen verwendet wird, z.B. bei der Seitenwahl im Fußballspiel. Solche scheibenförmigen Körper waren die Würfel der Indianer. Die beiden Seiten einer Münze haben unterschiedliche Namen wie

---

* frag. 438 N. – *Pausanias* (110–180) berichtet in seinem *Führer durch Griechenland* (II 20, 3) daß *Palamedes* die Würfel im Heiligtum der *Tyche* zu Argos weihte.

** Siehe Seite 201.

Adler, Wappen, Kopf, Bild, Zahl usw.* Wir wollen sie durch die Symbole 0 und 1 unterscheiden. Für eine ideale Münze, die wir auch *Laplace-Münze* (oder *L-Münze*) nennen wollen, gilt folgende Wahrscheinlichkeitsverteilung:

ω	0	1
$P(\{\omega\})$	$\frac{1}{2}$	$\frac{1}{2}$

Bild 48.1
Bayerischer Guldentaler, geprägt 1560 unter Herzog *Albrecht V.* in München – Nachprägung der Stadtsparkasse München, 1980

Wirft man die Münze mehrmals, so liegt ein mehrstufiges Zufallsexperiment vor. Bei n-fachem Wurf besteht der Ergebnisraum dann aus den 2^n n-Tupeln, die man aus den Zahlen 0 und 1 bilden kann. Bei einer Laplace-Münze nehmen wir an, daß diese 2^n Elementarereignisse gleichwahrscheinlich sind. Damit hat jedes dieser Elementarereignisse die Wahrscheinlichkeit $\frac{1}{2^n}$. Für den Fall $n = 3$ ergibt sich damit folgende Wahrscheinlichkeitsverteilung:

ω	000	001	010	011	100	101	110	111
$P(\{\omega\})$	$\frac{1}{8}$	$\frac{1}{8}$	$\frac{1}{8}$	$\frac{1}{8}$	$\frac{1}{8}$	$\frac{1}{8}$	$\frac{1}{8}$	$\frac{1}{8}$

d) Das Glücksrad. Schon die griechische Glücksgöttin *Tyche* hatte ebenso wie die römische *Fortuna* ein Glücksrad als Attribut. Auf Jahrmärkten wurde einst genauso wie heute bei Fernsehspielen das Glücksrad als Mittel zur Erzeugung zufälliger Ereignisse verwendet. Die einfachste Form ist eine in Sektoren eingeteilte Scheibe, über der sich ein Zeiger dreht oder die vor einem Zeiger gedreht wird (Figur 49.1). Soll ein Ergebnis a die Wahrscheinlichkeit p haben, so teilt man ihm einen Kreissektor zu, dessen Winkel

Bild 48.2 Glücksrad eines Spieltisches, Südwestdeutschland, 1780–1790. – Bayerisches Nationalmuseum

---

* Die Griechen riefen »Nacht oder Tag« *(νὺξ ἢ ἡμερα)*, da sie eine schwarz-weiße Muschel verwendeten. Die Römer sagten »capita aut navia« (Kopf oder Schiff), weil der As auf der einen Seite einen doppelköpfigen Janus, auf der anderen einen Schiffsbug (oder -heck) zeigte. Die Franzosen rufen »pile ou face«.

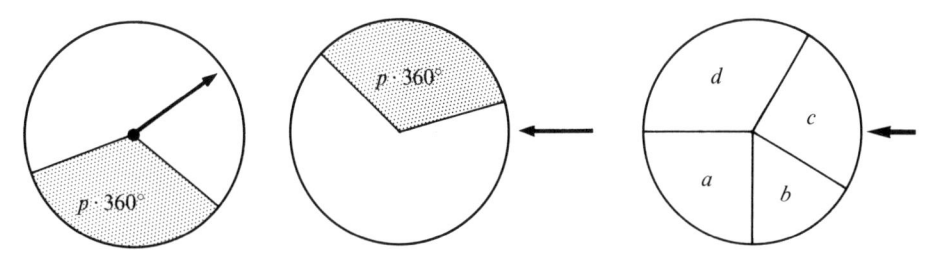

Fig. 49.1   Glücksräder Fig. 49.2   Glücksrad mit 4 Ergebnissen

$p \cdot 360°$ beträgt. Ein Beispiel zeigt Figur 49.2. Die zugehörige Wahrscheinlichkeitsverteilung lautet:

ω	a	b	c	d
$P(\{\omega\})$	$\frac{1}{4}$	$\frac{1}{6}$	$\frac{1}{4}$	$\frac{1}{3}$

e) Das Roulett. Eine besondere Form des Glücksrades liegt beim Roulett vor. Die Kreisscheibe ist in 37 gleiche Sektoren aufgeteilt, der Zeiger durch eine rollende Kugel ersetzt.* Die Spielkasinos legen großen Wert darauf, daß die Elementarereignisse gleichwahrscheinlich sind, weil andernfalls routinierte Spieler aus den relativen Häufigkeiten die Wahrscheinlichkeitsverteilung näherungsweise ermitteln und damit die Bank sprengen könnten. Ein ideales Roulett hat also folgende Wahrscheinlichkeitsverteilung:

ω	0	1	2	...	35	36
$P(\{\omega\})$	$\frac{1}{37}$	$\frac{1}{37}$	$\frac{1}{37}$	...	$\frac{1}{37}$	$\frac{1}{37}$

Aus dieser Verteilung lassen sich die Wahrscheinlichkeiten der Setzmöglichkeiten berechnen (vgl. dazu Seite 22). Im besonderen ergibt sich für die transversale pleine {16, 17, 18} die Wahrscheinlichkeit $\frac{3}{37} \approx 8,11\%$ und für das carré {4, 5, 7, 8} die Wahrscheinlichkeit $\frac{4}{37} \approx 10,81\%$, was mit den auf Seite 29 angegebenen relativen Häufigkeiten von 8,96% bzw. 10,69% recht gut übereinstimmt.
Auf Grund der obigen Wahrscheinlichkeitsverteilung könnte man annehmen, daß man das 37fache seines Einsatzes von der Bank ausbezahlt bekommt, wenn die Zahl erscheint, auf die man gesetzt hat. In Wirklichkeit zahlt die Bank jedoch nur das 36fache des Einsatzes aus. In der Differenz liegt der Gewinn der Bank. Beim carré würde man eine Auszahlung von $\frac{37}{4}$ des Einsatzes erwarten; tatsächlich erhält man jedoch nur das $9 (= \frac{36}{4})$fache des Einsatzes.

f) Die Urne. In ein Gefäß, Urne genannt, wird eine Anzahl von Kugeln gegeben, die man durch Numerierung, Farbgebung oder andere Kennzeichen unterscheidet. Durch gründliches Mischen erreicht man, daß jede Kugel die gleiche Chance hat, gezogen zu werden. Man unterscheidet 2 Fälle. Beim *Ziehen mit Zurücklegen* wird jeweils eine bestimmte Anzahl von Kugeln gezogen und nach Feststellung

---
* Siehe Fußnote auf Seite 21.

ihrer Merkmale in die Urne zurückgegeben; der Urneninhalt bleibt also stets gleich. Beim *Ziehen ohne Zurücklegen* werden gewisse Anzahlen von Kugeln nacheinander gezogen und die gezogenen Kugeln nicht mehr zurückgelegt. Der Urneninhalt ändert sich nach jedem Zug. Das Ziehen ohne Zurücklegen kann auch durch gleichzeitige Entnahme mehrerer Kugeln ersetzt werden. Das bekannteste Beispiel für ein Urnenexperiment ist das Ziehen der Lottozahlen.* Die Urne enthält 49 Kugeln, die von 1 bis 49 numeriert sind. Es wird (wegen der Zusatzzahl) 7mal je 1 Kugel ohne Zurücklegen gezogen. Da der Ergebnisraum für dieses Experiment sehr kompliziert ist, betrachten wir ein anderes, einfacheres Beispiel: Die Urne von Figur 14.1 enthält 4 rote, 3 schwarze und 1 grüne Kugel. Wir denken sie uns numeriert, so daß der Urneninhalt $\Omega = \{r1, r2, r3, r4, s1, s2, s3, g\}$ ist. Da man gut gemischt hat, ist es vernünftig, für das Ziehen einer Kugel folgende Wahrscheinlichkeitsverteilung anzunehmen:

ω	r1	r2	r3	r4	s1	s2	s3	g
$P(\{\omega\})$	$\frac{1}{8}$	$\frac{1}{8}$	$\frac{1}{8}$	$\frac{1}{8}$	$\frac{1}{8}$	$\frac{1}{8}$	$\frac{1}{8}$	$\frac{1}{8}$

Das Ereignis $R :=$ »Die gezogene Kugel ist rot« hat dann die Wahrscheinlichkeit

$P(R) = P(\{r1, r2, r3, r4\}) =$
$= P(\{r1\}) + P(\{r2\}) + P(\{r3\}) + P(\{r4\}) =$
$= \frac{1}{8} + \frac{1}{8} + \frac{1}{8} + \frac{1}{8} =$
$= \frac{1}{2}.$

Ebenso erhält man $P(S) = \frac{3}{8}$ und $P(G) = \frac{1}{8}$.

Interessiert man sich nur für die Farbe der gezogenen Kugel, so wird man als gröberen Ergebnisraum $\Omega_1 = \{r, s, g\}$ wählen. Auf ihm wird man dann folgende Wahrscheinlichkeitsverteilung P_1 festlegen:

ω	r	s	g
$P_1(\{\omega\})$	$\frac{1}{2}$	$\frac{3}{8}$	$\frac{1}{8}$

g) Zufallszahlen. Die praktische Durchführung von umfangreichen Zufallsexperimenten ist zeitraubend und mühsam. Es liegt daher nahe, Maschinen heranzuziehen und durch sie Zufallsexperimente simulieren zu lassen. Da Maschinen aber (zumindestens in erster Näherung) deterministisch arbeiten, muß man durch geeignete Manipulationen den Zufall auf den Maschinenablauf einwirken lassen. Dazu bedient man sich vielfach der sogenannten Zufallszahlen.

Die häufigste Form der Angabe von Zufallszahlen ist eine »zufällige« Folge der Ziffern 0, 1, 2, ..., 9. Eine solche Folge kann auf sehr unterschiedliche Art und Weise erzeugt werden:

1) Durch Werfen eines regulären Ikosaeders, bei dem je zwei der 20 kongruenten Dreiecksflächen dieselbe Ziffer tragen (Bild 45.1).
2) Durch Werfen von Laplace-Münzen, wobei man sich die Zahlen im Dual-

---

* Siehe Fußnote auf Seite 38.

system dargestellt denkt. Zur Beschreibung der Ziffern 0, 1, ..., 9 braucht man dann vier Münzenwürfe. Man ignoriert dabei Ergebnisse, die größere Zahlen als 9 liefern.

Die Serie   1000   1100   1001   0000   1011   0111   ...
liefert   8   (12)   9   0   (11)   7   ...

Die eingeklammerten Zahlen werden ausgelassen.

3) Durch Beobachtung geeigneter physikalischer Vorgänge, wie etwa des radioaktiven Zerfalls oder des Rauschens bei Elektronenröhren.

4) Durch kompliziertere Rechenvorschriften, die von Computern durchgeführt werden. Die so erzeugten Zufallszahlen heißen auch *Pseudozufallszahlen*.

»Gute« Zufallszifferntabellen müssen gewissen grundlegenden Bedingungen genügen. Wir nennen hier nur:

a) Die relativen Häufigkeiten der einzelnen Ziffern sollten annähernd gleich sein:
$h_n(0) \approx h_n(1) \approx ... \approx h_n(9) \approx \frac{1}{10}$.

b) Die relativen Häufigkeiten von Ziffernpaaren sollten annähernd gleich sein:
$h_n(00) \approx h_n(01) \approx ... \approx h_n(99) \approx \frac{1}{100}$.

c) Analoge Bedingungen müssen für die Zifferntripel, Ziffernquadrupel, ... erfüllt sein.

Die Ziffernfolge 012345678901234567890123456 ... erfüllt zwar die Bedingung **a)** sehr gut, nicht jedoch **b)**. Es handelt sich also um eine schlechte Zufallsziffernfolge. Die erste Tafel mit Zufallsziffern wurde 1927 von *L. H. C. Tippett*[*] herausgegeben. Tabelle 51.1 stellt eine Zufallszifferntabelle dar. Wir benützen sie zur Simulation des Zufallsexperiments »Ziehen von n Kugeln mit Zurücklegen« aus der in Ab-

[*] Siehe Seite 192

29303	50239	68113	06637	71477	53278	77616	78451	36230	08744
41536	20293	43993	65405	59697	33598	24243	54559	12612	45753
82392	99099	10365	69655	89773	55477	72304	68448	06254	93337
08339	19494	25980	28251	38233	43304	27868	85128	39112	79556
96616	04710	08373	88895	22074	32739	62542	77638	74854	29157
94358	68251	17913	16911	76603	11509	11501	27659	03121	13064
32013	17227	12066	05395	50865	53147	27300	02028	74064	70668
73332	97384	33745	11844	30993	13119	45290	04112	85476	96622
76446	62235	67418	38514	98829	15874	18410	90854	14657	35810
36438	38361	52379	13231	69369	23736	38928	54449	14827	35610
90804	09516	95366	95990	73656	51203	38918	69360	83992	68072
93812	86496	98411	85676	90780	24777	14610	10809	54656	79718
67922	02797	50691	72101	81509	58443	45210	83448	27833	54959
37555	49436	56320	91738	79168	47158	43944	63568	74675	49168
71046	90952	24520	46458	01978	68264	07513	89062	35562	17492
20206	47370	24497	94609	66786	04155	56445	32039	64655	97006
68525	39210	97365	52549	48768	67711	03802	49752	26902	10164
81104	15393	99291	14929	28517	11783	14455	75261	23717	30689
58469	01278	56257	27139	77202	60639	94702	21812	49608	41814
54892	57401	19047	45895	14792	86442	68468	75763	60953	41059

Tab. 51.1 Zufallsziffern

schnitt **f)** betrachteten Urne. Die Ziffern 0, 1, 2, 3 sollen den Zug einer roten Kugel bedeuten; die Ziffern 4, 5, 6 den einer schwarzen Kugel und schließlich die Ziffer 7 den Zug der grünen Kugel. Die Ziffern 8 und 9 werden ignoriert.
Unsere Tafel beginnt mit 293ð350239 ...
Dadurch werden folgende Züge simuliert: r,–, r, r, r, s, r, r, r, –, ... Wertet man die ersten 100 brauchbaren Ziffern aus, dann erhält man folgende Häufigkeitsverteilung:

ω	r	s	g
$h_{100}(\{\omega\})$	0,49	0,39	0,12

Dies ist eine sehr gute Annäherung an die Wahrscheinlichkeitsverteilung P_1 von Abschnitt **f)**:

ω	r	s	g
$P_1(\{\omega\})$	0,50	0,375	0,125

Mit Hilfe von Zufallsziffern lassen sich auch allgemeinere numerische Probleme der Mathematik lösen, indem man eine geeignete Simulation durchführt. Erst nachdem es mit Hilfe elektronischer Datenverarbeitungsanlagen möglich wurde, große Zahlenmengen zu verarbeiten, gewannen solche Verfahren Bedeutung. Seit 1949 bezeichnet man sie auch als *Monte-Carlo-Methode*, als deren eigentliche Begründer der ungarische Mathematiker *John v. Neumann* (1903–1957)* und der polnische Mathematiker *Stanisław Marcin Ulam* (1909–1984)** gelten. Ein Vorläufer dieser Methode ist das Verfahren zur Bestimmung der Zahl π nach *Buffon* (1707–1788)***, das wir im Anhang II darstellen (siehe Seite 186).

Eine wichtige Anwendung der Monte-Carlo-Methode ist heute die näherungsweise Berechnung bestimmter Integrale, die als Flächen- oder Rauminhalt gedeutet werden können.
Als einfaches Beispiel betrachten wir den Viertelkreis um 0 mit dem Radius $r = 1$. Die Anzahl N der Gitterpunkte im Viertelkreis wird geschätzt durch die Anzahl $\hat{N}$ der Punkte $(x|y)$ mit $x^2 + y^2 < 1$, wobei x und y aus der Zufallsziffertabelle genommen werden.
Geht man ganz grob vor, so kann man etwa $x = 0,i$ und $y = 0,j$ setzen; i und j sind dabei jeweils aufeinanderfolgende Ziffern aus der Zufallsziffertabelle von Tabelle 51.1.
Die ersten 50 Zufallsziffern ergeben die folgenden 25 Zufallspunkte, die in der nachstehenden Tabelle und in Figur 53.1 dargestellt sind.
Das ergibt als Schätzung $\hat{N} = \frac{22}{25} \cdot 100 = 88$. Der wirkliche Wert läßt sich hier noch leicht mit Hilfe von Figur 53.2 abzählen zu 86.
Eine grobe Schätzung des Inhalts des Viertelkreises erhält man durch das Ver-

---

* Siehe Seite 204.
** Siehe Seite 192.
*** Siehe Seite 195.

5.4 Beispiele für Wahrscheinlichkeitsverteilungen

x	y	$x^2 + y^2$	im Viertelkreis?
0,2	0,9	0,85	ja
0,3	0,0	0,09	ja
0,3	0,5	0,34	ja
0,0	0,2	0,04	ja
0,3	0,9	0,90	ja
0,6	0,8	1,00	nein
0,1	0,1	0,02	ja
0,3	0,0	0,09	ja
0,6	0,6	0,72	ja
0,3	0,7	0,58	ja
0,7	0,1	0,50	ja
0,4	0,7	0,65	ja
0,7	0,5	0,84	ja
0,3	0,2	0,13	ja
0,7	0,8	1,20	nein
0,7	0,7	0,98	ja
0,6	0,1	0,37	ja
0,6	0,7	0,85	ja
0,8	0,4	0,80	ja
0,5	0,1	0,26	ja
0,3	0,6	0,45	ja
0,2	0,3	0,13	ja
0,0	0,0	0,00	ja
0,8	0,7	1,20	nein
0,4	0,4	0,32	ja

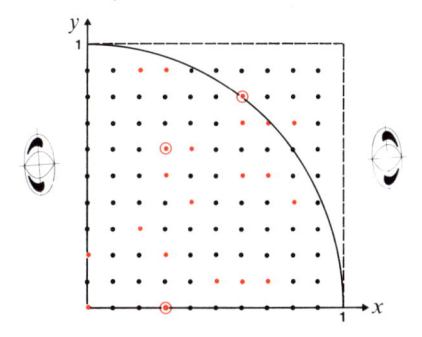

Fig. 53.1 Lage der 25 Zufallspunkte

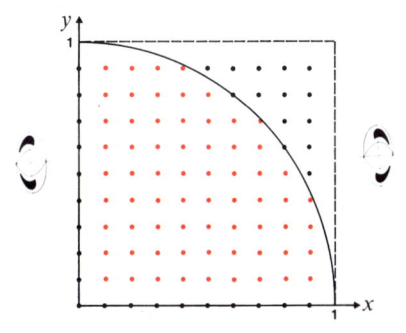

Fig. 53.2 Zehntelgitterpunkte im Viertelkreis

hältnis der Anzahl N der Gitterpunkte im Viertelkreis zur Anzahl aller solcher Gitterpunkte im Einheitsquadrat (hier 100).

$A_{\text{Viertelkreis}} \approx \frac{N}{100} \approx \frac{\hat{N}}{100} = 0,88$.

Die Schätzung von N läßt sich verbessern, wenn man die Anzahl der Zufallspunkte vermehrt, d.h. in der Zufallszifferntabelle weitergeht. Die Schätzung der Fläche des Viertelkreises kann man dadurch verbessern, daß man ein feineres Gitternetz zugrunde legt, indem man etwa 2 oder mehr Dezimalstellen für die Koordinaten der Gitterpunkte verwendet. Das Verfahren kann dann auch als ein Schätzverfahren für π verwendet werden.

Unsere sehr grobe Schätzung liefert $\frac{r^2\pi}{4} = \frac{1^2 \cdot \pi}{4} \approx 0,88$ und damit $\pi \approx 3,52$.

5.5. Wahrscheinlichkeitsverteilungen bei mehrstufigen Zufallsexperimenten

Oft kennt man bei mehrstufigen Zufallsexperimenten die Wahrscheinlichkeitsverteilungen in jeder Stufe, aber nicht die Wahrscheinlichkeitsverteilung für den Ergebnisraum des zusammengesetzten Experiments. Man kann jedoch durch eine einfache Überlegung aus den gegebenen Verteilungen in den einzelnen Stufen die gesuchte Gesamtverteilung berechnen. Als Beispiel hierfür betrachten wir eine Urne mit 4 roten, 3 schwarzen und 1 grünen Kugel (Figur 14.1) und das Experiment »Zweimaliges Ziehen einer Kugel ohne Zurücklegen«. Wir schreiben im Baumdiagramm von Figur 16.1 die Wahrscheinlichkeiten jeder Stufe auf die Äste und erhalten so Figur 54.1.

Fig. 54.1 Baumdiagramm für das 2malige Ziehen ohne Zurücklegen aus der Urne von Figur 14.1

Für die 1. Stufe lautet die Wahrscheinlichkeitsverteilung P_1:

ω	r	s	g
$P_1(\{\omega\})$	$\frac{1}{2}$	$\frac{3}{8}$	$\frac{1}{8}$

Für die 2. Stufe erhalten wir in Abhängigkeit vom Ergebnis des 1. Zuges, also der 1. Stufe des Experiments, 3 verschiedene Verteilungen:

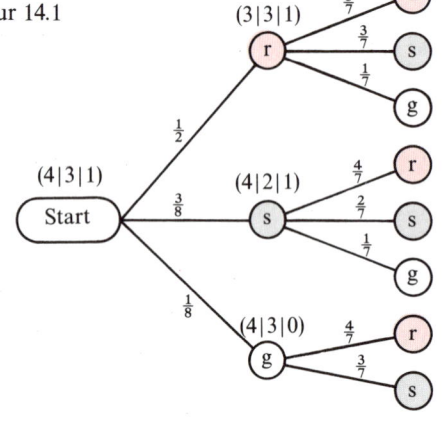

ω	r	s	g
$P_r(\{\omega\})$	$\frac{3}{7}$	$\frac{3}{7}$	$\frac{1}{7}$

ω	r	s	g
$P_s(\{\omega\})$	$\frac{4}{7}$	$\frac{2}{7}$	$\frac{1}{7}$

ω	r	s
$P_g(\{\omega\})$	$\frac{4}{7}$	$\frac{3}{7}$

Man erkennt:

> Die Summe der Wahrscheinlichkeiten auf den Ästen, die von einem Verzweigungspunkt ausgehen, ist stets 1.

Der Ergebnisraum des zusammengesetzten Experiments ist $\Omega = \{$rr, rs, rg, sr, ss, sg, gr, gs$\}$. Wir suchen nun die Wahrscheinlichkeitsverteilung P für diesen Ergebnisraum Ω. Interpretieren wir die Wahrscheinlichkeiten als relative Häufigkeiten bei einer großen Anzahl N von Versuchen, so erwarten wir, daß beim 1. Zug in $\frac{1}{2}N$ Fällen eine rote Kugel gezogen wird. Der darauf folgende 2. Zug wird in $\frac{3}{7}$ aller dieser Fälle, also in $\frac{3}{7} \cdot \frac{1}{2} N$ Fällen, wieder eine rote Kugel liefern. Es ist also vernünftig, das Produkt $\frac{1}{2} \cdot \frac{3}{7}$ als Wahrscheinlichkeit des Ereignisses $\{$rr$\}$ anzunehmen. Diese Überlegung führt uns zur

Aufgaben 55

> **1. Pfadregel:** Die Wahrscheinlichkeit eines Elementarereignisses in einem mehrstufigen Zufallsexperiment ist gleich dem Produkt der Wahrscheinlichkeiten auf dem Pfad, der zu diesem Elementarereignis führt.

Mit dieser 1. Pfadregel gewinnen wir für die gesuchte Wahrscheinlichkeitsverteilung P folgende Werte:

ω	rr	rs	rg	sr	ss	sg	gr	gs
$P(\{\omega\})$	$\frac{3}{14}$	$\frac{3}{14}$	$\frac{1}{14}$	$\frac{3}{14}$	$\frac{3}{28}$	$\frac{3}{56}$	$\frac{1}{14}$	$\frac{3}{56}$

Da alle $P(\{\omega\}) \in [0;1]$ sind und die Summe all dieser Wahrscheinlichkeiten 1 ergibt, sind Forderung **1.** und **2.** von Definition 5 erfüllt. Legt man noch zusätzlich $P(\emptyset) := 0$ und $P(A) := \sum_{\omega \in A} P(\{\omega\})$ für alle $A \in \mathfrak{P}(\Omega)$, die von $\emptyset$ verschieden sind, fest, dann erfüllt P auch die restlichen Forderungen **3.** und **4.** von Definition 5, also ist P eine Wahrscheinlichkeitsverteilung auf $\mathfrak{P}(\Omega)$.

Hat ein Experiment mehrere Stufen, so wuchert der Baum in beängstigender Weise. Will man jedoch nur die Wahrscheinlichkeit eines bestimmten Elementarereignisses kennen, so genügt es, den dorthin führenden Pfad zu zeichnen. Ziehen wir z. B. aus der oben genannten Urne 4mal eine Kugel ohne Zurücklegen, so hat die Wahrscheinlichkeit für den Zug rgsr den Wert $P(\{\text{rgsr}\}) = \frac{1}{2} \cdot \frac{1}{7} \cdot \frac{1}{2} \cdot \frac{3}{5} = \frac{3}{140}$, wie Figur 55.1 zeigt.

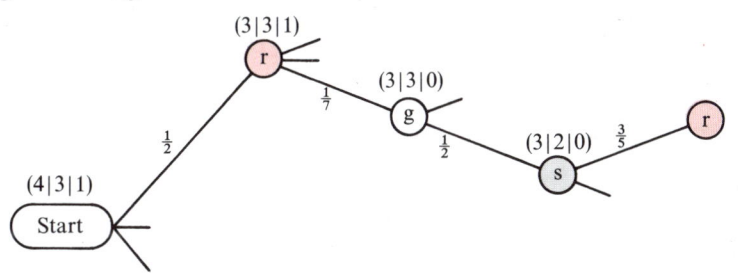

Fig. 55.1 Ausschnitt aus dem Baumdiagramm zum Experiment »4maliges Ziehen einer Kugel aus der Urne von Figur 14.1 ohne Zurücklegen«

Eine besonders wichtige Anwendung der 1. Pfadregel ist die

Drei-Mindestens-Aufgabe: Wie oft muß man einen L-Würfel *mindestens* werfen, damit mit *mindestens* 98% Wahrscheinlichkeit *mindestens* einmal die Sechs fällt?

Lösung: $P(\text{»Bei } n \text{ Würfen mindestens 1mal die Sechs«}) \geq 0{,}98$

$\Leftrightarrow \quad 1 - P(\text{»Bei } n \text{ Würfen keinmal die Sechs«}) \geq 0{,}98$

$\Leftrightarrow \quad 1 - \left(\frac{5}{6}\right)^n \geq 0{,}98 \qquad$ Siehe Figur 56.1.

$\Leftrightarrow \quad \left(\frac{5}{6}\right)^n \leq 0{,}02 \qquad$ Da lg echt monoton steigend:

$\Leftrightarrow \quad n \cdot \lg \frac{5}{6} \leq \lg 0{,}02 \qquad \| : \lg \frac{5}{6} < 0$

$\Leftrightarrow \quad n \geq \dfrac{\lg 0{,}02}{\lg \frac{5}{6}} = 21{,}4\ldots \quad \Rightarrow \quad n_{\min} = 22.$

Man muß also einen L-Würfel mindestens 22mal werfen, um mit einer Sicherheit von mindestens 98% mindestens einmal die Sechs zu erhalten.

$$\text{Start} \xrightarrow{\frac{5}{6}} \text{keine Sechs} \xrightarrow{\frac{5}{6}} \text{keine Sechs} \xrightarrow{\frac{5}{6}} \text{keine Sechs} \xrightarrow{\frac{5}{6}} \cdots \xrightarrow{\frac{5}{6}} \text{keine Sechs} \quad \left(\frac{5}{6}\right)^n$$

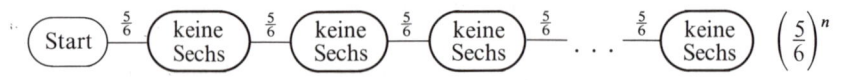

Fig. 56.1 Zur Drei-Mindestens-Aufgabe

Aufgaben

Zu 5.1.

1. Was bedeutet a) $P(E_1 \cup E_2)$ • b) $P(\bigcup_{i=1}^{n} E_i)$ • c) $P(\bigcap_{i=1}^{n} E_i)$?

2. $\Omega = \{\omega_1, \omega_2, \omega_3\}$; $P(\{\omega_1\}) = 0{,}2$; $P(\{\omega_2\}) = 0{,}7$.
   Lege $P(\{\omega_3\})$ so fest, daß P eine Wahrscheinlichkeitsverteilung auf $\mathfrak{P}(\Omega)$ wird. Gib dann die Wahrscheinlichkeit für jedes Ereignis aus $\mathfrak{P}(\Omega)$ an.

3. $\Omega = \{\omega_1, \omega_2, \omega_3, \omega_4\}$;
   $E_1 := \{\omega_1, \omega_2\}$; $P(E_1) = 0{,}2$; $E_2 := \{\omega_3\}$; $P(E_2) = 0{,}5$; $E_3 := \{\omega_4\}$; $P(E_3) = 0{,}5$.
   a) Begründe, daß die Wahrscheinlichkeitsverteilung nicht zulässig ist.
   b) Ändere $P(E_3)$ so ab, daß die Wahrscheinlichkeitsverteilung zulässig ist.
   c) Berechne $P(\{\omega_1\})$ unter der Voraussetzung, daß ω_1 mit einer dreimal so großen Wahrscheinlichkeit auftritt wie ω_2.

4. $\Omega = \{\omega_1, \omega_2, \omega_3, \omega_4\}$; $P(\{\omega_1\}) = 0{,}2$; $P(\{\omega_2\}) : P(\{\omega_3\}) : P(\{\omega_4\}) = 1 : 2 : 7$;
   $E_1 := \{\omega_1, \omega_2, \omega_4\}$; $E_2 := \{\omega_1, \omega_3\}$.
   a) Berechne $P(\{\omega_i\})$; $i = 2, 3, 4$. b) Berechne $P(E_1)$ und $P(E_2)$.
   c) Berechne $P(E_1 \cup E_2)$. d) Berechne $P(E_1 \cap E_2)$. e) Berechne $P(\overline{E}_2)$.

Zu 5.2.

5. a) Berechne aus den ersten 100 Würfen von Tabelle 8.1 die relativen Häufigkeiten $h_{100}(\{1\}), h_{100}(\{2\}), \ldots, h_{100}(\{6\})$.
   b) Nimm diese errechneten relativen Häufigkeiten als Wahrscheinlichkeiten eines stochastischen Modells für den einfachen Wurf mit dem für Tabelle 8.1 verwendeten Würfel. Damit ist eine Wahrscheinlichkeitsverteilung festgelegt. Berechne in diesem Modell die Wahrscheinlichkeit für die Ereignisse
   $A := $ »Die Augenzahl ist gerade«,
   $B := $ »Die Augenzahl ist prim« und
   $C := $ »Die Augenzahl ist mindestens 3«.
   c) Überprüfe die erhaltenen Wahrscheinlichkeiten durch Berechnung der relativen Häufigkeiten $h_{100}(A), h_{100}(B)$ und $h_{100}(C)$, die sich bei den nächsten 100 Würfen aus Tabelle 8.1 ergeben.
   Ist das Modell deiner Meinung nach brauchbar?

6. Interpretiere folgende Formulierungen durch Wahrscheinlichkeiten (im Modell) bzw. durch relative Häufigkeiten (in der Realität).
   a) Bei einem bestimmten Würfel ist die Chance, eine gerade Augenzahl zu werfen, genauso groß wie die einer Primzahl.

b) Es ist wahrscheinlicher, daß A eintritt als daß $\bar{A}$ eintritt.

c) Wirbelwind ist der Favorit bei einem Rennen, bei dem 23 Pferde starten. Zusatz: Wie groß ist mindestens die Wahrscheinlichkeit für das Ereignis »Wirbelwind gewinnt«?

Zu 5.3.

7. Für die Wahrscheinlichkeitsverteilung P bei einem einfachen Würfelwurf gelte die im Beispiel auf Seite 42 angegebene Wertetabelle.

a) Berechne die Wahrscheinlichkeiten folgender Ereignisse:

$A :=$ »Die Augenzahl ist nicht prim«,
$B :=$ »Die Augenzahl ist kleiner als 4«,
$C :=$ »Die Augenzahl ist nicht 6«,
$D :=$ »Die Augenzahl ist ungerade«,
$E :=$ »Die Augenzahl ist sowohl prim als auch gerade«,
$F :=$ »Die Augenzahl ist gerade oder prim«,
$G :=$ »Die Augenzahl ist entweder gerade oder prim«.

b) Gib alle Ereignisse an, deren Wahrscheinlichkeit kleiner als 35,0% ist.

8. Bei einem einfachen Würfelwurf mit $\Omega = \{1, 2, 3, 4, 5, 6\}$ ist bekannt, daß $P(\text{»Augenzahl ist prim«}) = 55\%$ und $P(\{1, 6\}) = 30\%$ sind.

a) Berechne $P(\{4\})$. Erstelle auch eine Vierfeldertafel.

b) Für welche weiteren Elementarereignisse lassen sich die Wahrscheinlichkeiten noch berechnen, wenn man zusätzlich weiß, daß $P(\text{»Augenzahl ist ungerade«}) = 25\%$ und $P(\text{»Augenzahl ist nicht 6«}) = 80\%$ sind? Erstelle auch hierzu eine Mehrfeldertafel.

9. Ein Verein hat gegen einen gleichwertigen Verein ein Pokalspiel auszutragen. Sieg oder Niederlage können daher als gleichwahrscheinlich angesehen werden. Ein Unentschieden führt zu einer Verlängerung, die vielfach eine Entscheidung bringt. Wir nehmen daher an, daß ein Unentschieden trotz Verlängerung nur in $\frac{1}{10}$ aller Pokalspiele auftritt.

a) Wie heißt ein Ergebnisraum Ω?

b) Wie groß ist die Wahrscheinlichkeit für ein Unentschieden?

c) Wie groß ist die Wahrscheinlichkeit dafür, daß der Verein A gewinnt?

d) Wie groß ist die Wahrscheinlichkeit dafür, daß der Verein A nicht verliert?

10. Hans hat drei Freunde, Anton, Benno und Christian. Anton besucht Hans doppelt so oft wie Benno. Christian dagegen besucht ihn nur halb so oft wie Benno. Hans hört das unter ihnen vereinbarte Klingelzeichen an der Türe. Mit welcher Wahrscheinlichkeit ist es

a) Benno, **b)** Anton, **c)** Christian, **d)** Anton oder Benno,

wenn Hans weiß, daß 2 Freunde nie gleichzeitig kommen?

11. Zu einer Wahl stellen sich die drei Kandidaten Huber, Müller und Schmid. Die Wahrscheinlichkeiten für einen Sieg sind beziehungsweise $\frac{2}{3}$, $\frac{2}{15}$ und $\frac{1}{5}$.

a) Gib einen brauchbaren Ergebnisraum an.

b) Gib die Wahrscheinlichkeit aller möglichen Ereignisse an.

Zu 5.4.

Um den Arbeitsaufwand erträglicher zu machen, empfiehlt sich Gruppenarbeit.

●12. Teste Tabelle 51.1. *(Sehr mühsam!)*
  a) Bestimme die relativen Häufigkeiten jeder Ziffer.
  b) Die 1000 Zufallsziffern kann man zu 500 Paaren zusammenfassen. Bestimme die relative Häufigkeit für jedes der 100 möglichen Paare 00, 01, ..., 98, 99.
13. Bestimme zur Figur 52.1 zusätzlich zu den 25 bereits aufgeführten Zufallspunkten die 75 folgenden an Hand von Tabelle 51.1. Berechne damit den Schätzwert $\hat{N}$ sowie Schätzwerte für die Fläche des Viertelkreises und für die Zahl π.
●14. Schätze den Flächeninhalt des Viertelkreises und den Wert der Zahl π mit Hilfe von 100 Zufallspunkten des Hundertstelgitternetzes. Fasse dazu jeweils 4 aufeinanderfolgende Ziffern der Tabelle 51.1 zu $a_1 a_2 b_1 b_2$ zusammen. Der Gitterpunkt hat dann die Koordinaten $x = 0, a_1 a_2$ und $y = 0, b_1 b_2$.
15. Schätze durch 100 Zufallspunkte des Zehntelgitternetzes die Fläche von $\triangle ABC$ mit $A(0|0)$, $B(1|0)$ und $C(1|1)$.
16. Simuliere den Münzenwurf mit Hilfe der Zufallszahlentabelle (Tabelle 51.1) in folgender Weise: ungerade Ziffer $\hat{=}$ Adler, gerade Ziffer $\hat{=}$ Zahl. Bestimme die relativen Häufigkeiten nach 100 Würfen.
17. Simuliere den Würfelwurf mit Hilfe der Zufallszahlentabelle nach Tabelle 51.1. Die Ziffern 1, 2, 3, 4, 5 und 6 entsprechen den Augenzahlen, die Ziffern 7, 8, 9 und 0 werden ignoriert. Berechne die relativen Häufigkeiten der Augenzahlen nach 100 Würfen.

Zu 5.5.

18. Bestimme mit Hilfe eines Baumdiagramms und der 1. Pfadregel die Wahrscheinlichkeitsverteilung für das Zufallsexperiment
  a) zweimaliges Ziehen mit Zurücklegen,
  ●b) dreimaliges Ziehen ohne Zurücklegen aus der Urne von Figur 14.1.
19. Berechne analog zum Vorgehen in Figur 55.1 die Wahrscheinlichkeit für die Zugfolgen rrrr, rsss, rsgr, grsr, grrs und grsg beim Ziehen ohne Zurücklegen aus der Urne von Figur 14.1.
20. Zeichne den Baum für den 3fachen Münzenwurf und bestimme damit die Wahrscheinlichkeitsverteilung.
21. Wurde in Rom mit 3 tesserae (= sechsseitig beschrifteten Würfeln) gespielt, so galt 666 als bester Wurf, der »iactus Veneris« = »Venuswurf« hieß. Schlechtester Wurf war 111 = canis = Hund*. Zeichne die zugehörigen Pfade und bestimme die Wahrscheinlichkeiten für diese Ereignisse unter der Annahme, daß die verwendeten tesserae Laplace-Würfel sind.
22. Beim Würfeln mit 4 Astragali war der schlechteste Wurf »Hund« (κύων, canis*) das Ergebnis 1111. Der beste Wurf »Aphrodite« (Ἀφροδίτης βόλος, iactus Veneris) war das Auftreten aller 4 möglichen Seiten, z. B. das Ergebnis 6314. Am seltensten trat 6666 auf, dessen Namen wir nicht kennen. Ein Wurf,

---

* Davon soll unsere Redewendung »Auf den Hund kommen« herrühren.

bei dem die Augensumme den Wert 8 ergab, war nach dem griechischen Dichter *Stesichoros* (630–555 v. Chr.) benannt, weil sein Grabmal in Himera achteckig war.

a) Zeichne die zu »Hund« und 6666 führenden Pfade und berechne $P(»\text{Hund}«)$ und $P(\{6666\})$ für 4 Astragali mit gleicher Wahrscheinlichkeitsverteilung.

b) Zeichne einen Pfad, der zum Aphrodite-Wurf 6314 führt und berechne $P(\{6314\})$.

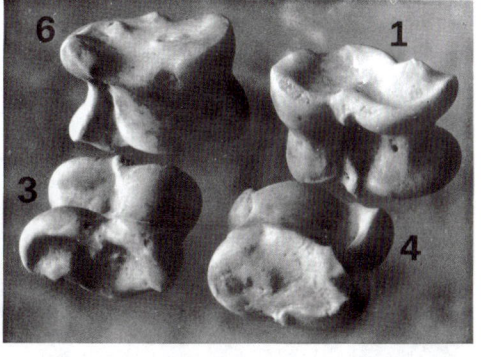

Bild 59.1 Ein »Aphrodite«-Wurf (Vgl. auch Bild 27.1.) Angegeben sind die Werte der *oben* liegenden Flächen.

●c) Aus welchen Ergebnissen besteht das Ereignis »Aphrodite«? Warum sind die Wahrscheinlichkeiten der Elementarereignisse, deren Vereinigung »Aphrodite« ergibt, selbst für jeweils 4 fest gewählte Astragali meist nicht gleich? Wie groß ist $P(»\text{Aphrodite}«)$ aber in dem Fall, daß alle 4 Astragali die gleiche Wahrscheinlichkeitsverteilung besitzen?

●d) Berechne P (»Stesichoros«) für Astragali mit gleicher Wahrscheinlichkeitsverteilung.

23. Florian geht aufs Oktoberfest. Er möchte sich dort am Schießstand eine Rose erschießen. Nüchtern hat er eine Treffsicherheit von 80 %. Nach jeder Maß Bier sinkt seine Treffsicherheit um die Hälfte.
   a) Mit welcher Wahrscheinlichkeit wird er mindestens einmal treffen,
      1) wenn er dreimal schießt, und zwar einmal nüchtern, einmal nach der 1. und einmal nach der 2. Maß,
      2) wenn er sechsmal schießt, und zwar einmal nüchtern, zweimal nach der 1. Maß und dreimal nach der 2. Maß?
   b) Wie oft muß er mindestens schießen, um mit mindestens 99 % Sicherheit mindestens einmal zu treffen,
      1) wenn er noch nüchtern ist, 2) wenn er eine Maß getrunken hat, 3) wenn er zwei Maß getrunken hat?

24. Ein Affe sitzt vor einer Schreibmaschine, deren Tastatur lediglich die 26 Buchstaben des lateinischen Alphabets enthält. Er schlägt wahllos 10mal auf eine Taste. Mit welcher Wahrscheinlichkeit tippt er das Wort *STOCHASTIK*?

25. Urne 1 enthält 4 Kugeln, die die Nummern 1, 2, 6 und 9 tragen. Urne 2 enthält diese Kugeln doppelt, Urne n enthält sie n-fach. Theodor zieht nacheinander 4 Kugeln ohne Zurücklegen aus jeder dieser Urnen.
   a) Mit welcher Wahrscheinlichkeit stellt das gezogene Quadrupel
      1) das Geburtsjahr von *Christiaan Huygens*,
      2) das Todesjahr von *Blaise Pascal* dar?
   ●b) Welche Wahrscheinlichkeiten ergeben sich, wenn die 4 Kugeln nach Beendigung des Ziehens noch umgeordnet werden dürfen?
   c) Welche Wahrscheinlichkeiten ergeben sich bei a) und b) für $n \to \infty$?

6. Additionssätze für Wahrscheinlichkeiten

Fortuna (Plakettenmodell, 4,5 × 6,9 cm) *Joachim Forster* (um 1500–1579) zugeschrieben, Augsburg (?), um 1530–1540. – Museum für Kunst und Gewerbe Hamburg

6.1. Die Wahrscheinlichkeit von Oder-Ereignissen

Für die Wahrscheinlichkeit der Vereinigung zweier unvereinbarer Ereignisse A und B, d.h. $A \cap B = \emptyset$, gilt die Summenformel

$P(A \cup B) = P(A) + P(B)$.

Für mehr als 2 paarweise unvereinbare Ereignisse $A_1, A_2, ..., A_n$ gilt eine analoge Summenformel.

> **Satz 5:** Sind je 2 der Ereignisse $A_1, ..., A_n$ unvereinbar, so gilt
> $$P(A_1 \cup A_2 \cup ... \cup A_n) = P(A_1) + P(A_2) + ... + P(A_n),$$
> kurz:
> $$A_i \cap A_j = \emptyset \text{ für } i \neq j \Rightarrow P(\bigcup_{i=1}^{n} A_i) = \sum_{i=1}^{n} P(A_i)$$

Beweis: Mit $A := A_1 \cup A_2 \cup ... \cup A_n$ (siehe Figur 61.1) gilt auf Grund von Definition 5 (Seite 42)

$$P(A) = \sum_{\omega \in A} P(\{\omega\}) =$$
$$= \sum_{\omega \in A_1} P(\{\omega\}) + \sum_{\omega \in A_2} P(\{\omega\}) + ... +$$
$$+ \sum_{\omega \in A_n} P(\{\omega\}) =$$
$$= P(A_1) + P(A_2) + ... + P(A_n).$$

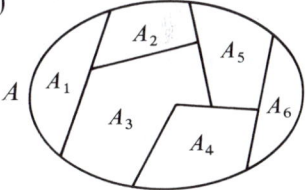

Fig. 61.1 A als Oder-Ereignis paarweise unvereinbarer Ereignisse A_i

Wie berechnet sich nun aber die Wahrscheinlichkeit des Ereignisses »A oder B«, wenn A und B nicht unvereinbar sind, d.h. $A \cap B \neq \emptyset$? Für die relativen Häufigkeiten haben wir das Problem bereits gelöst. Eigenschaft (5) auf Seite 35 besagt:

$h_n(A \cup B) = h_n(A) + h_n(B) - h_n(A \cap B)$.

Auf Grund der Interpretationsregel (vgl. Seite 43) erwarten wir eine analoge Formel für die Wahrscheinlichkeiten.

> **Satz 6:** $P(A \cup B) = P(A) + P(B) - P(A \cap B)$

Beweis: Aus Figur 61.2 erhält man mit Satz 3

$P(A) = P(A \cap B) + P(A \cap \bar{B})$ und
$P(B) = P(A \cap B) + P(\bar{A} \cap B)$

Durch Addition der beiden Gleichungen erhalten wir:

	B	$\bar{B}$	
A	$P(A \cap B)$	$P(A \cap \bar{B})$	$P(A)$
$\bar{A}$	$P(\bar{A} \cap B)$	$P(\bar{A} \cap \bar{B})$	$P(\bar{A})$
	$P(B)$	$P(\bar{B})$	

Fig. 61.2 Mehrfeldertafel der Wahrscheinlichkeiten

$$P(A) + P(B) = P(A \cap B) + \underbrace{P(A \cap \bar{B}) + P(A \cap B) + P(\bar{A} \cap B)}_{P(A \cup B)}$$

Komplizierter wird es, wenn man die Wahrscheinlichkeit der Vereinigung von mehr als zwei Ereignissen berechnen will, die nicht paarweise unvereinbar sind. Eine Formel für $P(A_1 \cup A_2 \cup \ldots \cup A_n)$ hat der englische Mathematiker *J. J. Sylvester* (1814–1897) entwickelt.*

Satz 7: (Formel von Sylvester für $n = 3$)
$$P(A \cup B \cup C) = P(A) + P(B) + P(C) - P(A \cap B) - P(A \cap C) - P(B \cap C) + P(A \cap B \cap C)$$

Beweis: Mit den Bezeichnungen von Figur 62.1 gilt einerseits

$$P(A \cup B \cup C) = p_1 + p_2 + p_3 + p_4 + p_5 + p_6 + p_7.$$

Andererseits gilt auch

$$P(A) + P(B) + P(C) - P(A \cap B) - P(A \cap C) - P(B \cap C) + P(A \cap B \cap C) =$$
$$= (p_1 + p_2 + p_3 + p_4) + (p_1 + p_3 + p_5 + p_7) + (p_3 + p_4 + p_5 + p_6) -$$
$$- (p_1 + p_3) - (p_3 + p_4) - (p_3 + p_5) + p_3 =$$
$$= p_1 + p_2 + p_3 + p_4 + p_5 + p_6 + p_7.$$

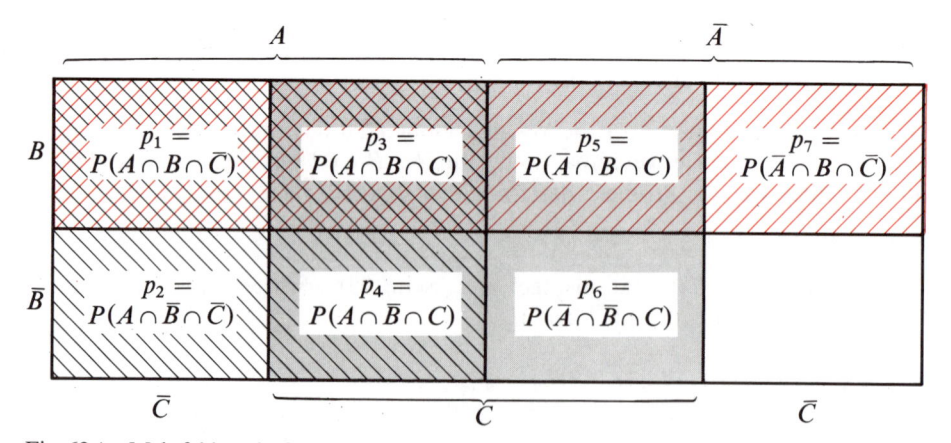

Fig. 62.1 Mehrfeldertafel für 3 Ereignisse

6.2. Wahrscheinlichkeiten bei mehrstufigen Zufallsexperimenten

Wir haben in **5.5.** (Seite 54) gesehen, wie man bei mehrstufigen Zufallsexperimenten Wahrscheinlichkeitsverteilungen finden kann. Auf Grund von Definition 5

---
* Die Formel von *Sylvester* heißt manchmal auch *Siebformel* oder *Ein- und Ausschaltformel*. Siehe auch Seite 208.

6.2 Wahrscheinlichkeiten bei mehrstufigen Zufallsexperimenten

(Seite 42) können wir damit die Wahrscheinlichkeit eines beliebigen Ereignisses in einem derartigen Ergebnisraum berechnen.

Beispiel: Eine Urne enthalte 3 rote, 2 schwarze und 1 grüne Kugel. Wir ziehen 3 Kugeln ohne Zurücklegen. Mit welcher Wahrscheinlichkeit ist die dritte gezogene Kugel rot? Anhand eines Baumdiagramms stellen wir die Wahrscheinlichkeitsverteilung fest (Figur 63.1).

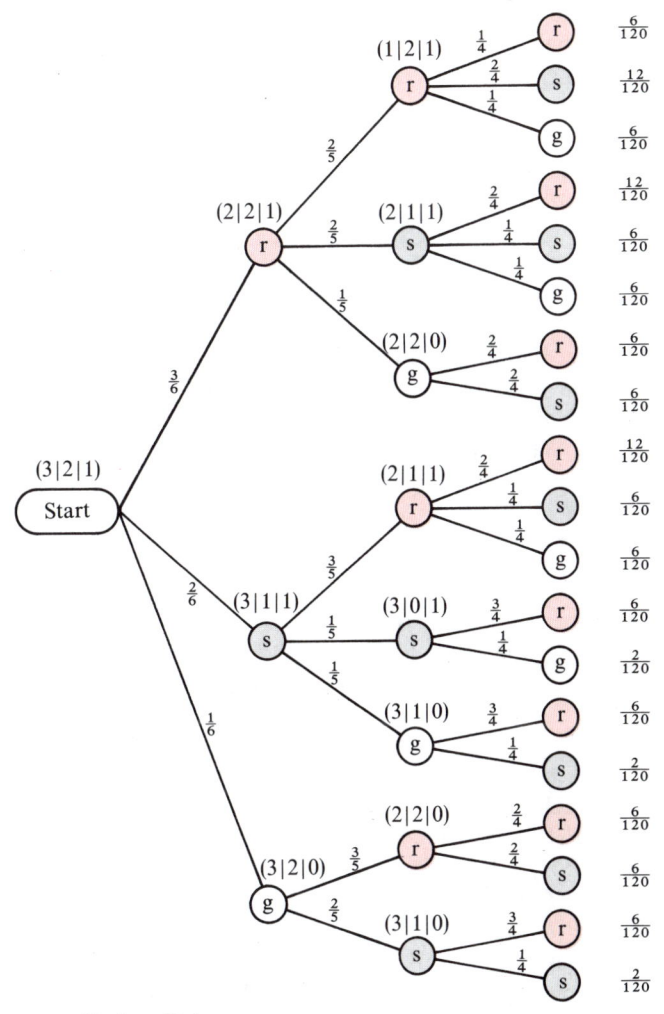

Fig. 63.1 Baumdiagramm zum 3fachen Ziehen ohne Zurücklegen

Die gesuchte Wahrscheinlichkeit errechnet sich nun unter Verwendung von Definition 5 zu
$P(\text{»3. gezogene Kugel ist rot«}) =$

$= P(\{rrr, rsr, rgr, srr, ssr, sgr, grr, gsr\}) =$
$= P(\{rrr\}) + P(\{rsr\}) + P(\{rgr\}) + P(\{srr\}) + P(\{ssr\}) + P(\{sgr\}) +$
$+ P(\{grr\}) + P(\{gsr\}) =$
$= \frac{6}{120} + \frac{12}{120} + \frac{6}{120} + \frac{12}{120} + \frac{6}{120} + \frac{6}{120} + \frac{6}{120} + \frac{6}{120} =$
$= \frac{1}{2}.$

Die Wahrscheinlichkeit dafür, daß die dritte gezogene Kugel rot ist, ist gleich der Wahrscheinlichkeit, daß die erste gezogene Kugel rot ist! Das ist zunächst verwunderlich. Man bedenke aber, daß man alle Möglichkeiten für die ersten beiden Züge berücksichtigen muß, die ja ganz beliebig ausfallen können!
Wir haben die Wahrscheinlichkeit des Ereignisses »Die 3. gezogene Kugel ist rot« auf Grund von Definition 5 errechnet. Diese spezielle Anwendung auf das Baumdiagramm wird oft auch als 2. Pfadregel bezeichnet.

> **2. Pfadregel:** Die Wahrscheinlichkeit eines Ereignisses ist gleich der Summe der Wahrscheinlichkeiten der Pfade, die zu diesem Ereignis führen.

Aus dem Baumdiagramm lassen sich auch die Wahrscheinlichkeiten von komplizierteren Ereignissen ohne viel Mühe mit Hilfe der 2. Pfadregel berechnen. Betrachten wir z.B. das Ereignis $V := $»Die 3 gezogenen Kugeln sind verschiedenfarbig«. Wir erhalten

$P(V) = P(\{rsg, rgs, srg, sgr, grs, gsr\}) =$
$= \frac{6}{120} + \frac{6}{120} + \frac{6}{120} + \frac{6}{120} + \frac{6}{120} + \frac{6}{120} =$
$= \frac{3}{10}.$

Aufgaben

Zu 6.1.

1. Gegeben: $P(E_1) = 0{,}4$; $P(E_2) = 0{,}7$; $P(E_1 \cap E_2) = 0{,}3$.
   Berechne:
   a) $P(\bar{E}_1)$; $P(\bar{E}_2)$.
   b) $P(E_1 \cup E_2)$.
   c) $P(E_1 \cap \bar{E}_2)$.
   d) $P(E_1 \cup \bar{E}_2)$.
2. Drücke die Wahrscheinlichkeit für das Ereignis $E := $»Entweder A oder B« durch die Wahrscheinlichkeiten der Ereignisse A, B und $A \cap B$ aus.
3. Beim Werfen von zwei Würfeln werden folgende Ereignisse definiert:
   $A := $»Die Augensumme ist gerade«
   $B := $»Der erste Würfel zeigt eine gerade Augenzahl«
   Für die Wahrscheinlichkeiten gilt: $P(A) = P(B) = 0{,}5$; $P(A \cap B) = 0{,}25$. Berechne die Wahrscheinlichkeiten von »A oder B« und »Entweder A oder B«.
4. Gegeben $P(A) = \frac{1}{3}$; $P(B) = \frac{2}{3}$; $P(A \cup B) = \frac{4}{5}$.
   Berechne: **a)** $P(A \cap B)$ **b)** $P($»Entweder A oder B«$)$.

5. Ein öffentlicher Münzfernsprecher ist defekt. Jemand wirft 20 Pf ein. Die Wahrscheinlichkeit dafür, daß er eine Verbindung erhält, ist 0,5. Die Wahrscheinlichkeit dafür, daß der Apparat beim Auflegen 20 Pf auswirft, ist $\frac{1}{3}$. Die Wahrscheinlichkeit dafür, daß das Gespräch nicht zustande kommt und das Geld zurückkommt, ist $\frac{1}{6}$.
   a) Gib einen Ergebnisraum an.
   b) Wie groß ist die Wahrscheinlichkeit dafür, daß man ein bezahltes Gespräch führen kann?
   c) Wie groß ist die Wahrscheinlichkeit dafür, daß man weder telefonieren kann noch sein Geld zurückbekommt?
   d) Wie groß ist die Wahrscheinlichkeit dafür, daß man telefoniert und trotzdem sein Geld zurückbekommt?
   e) Wie groß ist die Wahrscheinlichkeit dafür, daß man entweder telefonieren kann oder sein Geld zurückbekommt?

6. Für die Ereignisse A und B gilt: $P(A) + P(B) > 1$.
   Zeige, daß A und B nicht unvereinbar sind.

7. Gegeben: $P(A) = \frac{1}{5}$; $P(\bar{B}) = \frac{1}{3}$; $P(A \cap B) = \frac{1}{6}$.
   Berechne: **a)** $P(A \cup B)$ **b)** $P(\bar{A} \cap \bar{B})$ **c)** $P(\bar{A} \cup B)$.

8. In einem fernen Lande werden in den Schulen die 3 Fremdsprachen Deutsch, Englisch und Französisch angeboten. 40% der Schüler lernen Deutsch, 60% Englisch und 55% Französisch. Manche der Schüler lernen 2 Fremdsprachen, und zwar 30% Englisch und Deutsch, 20% Französisch und Deutsch und 35% Französisch und Englisch. 20% der Schüler wollen später Karriere machen und lernen daher 3 Fremdsprachen. Ein Tourist, der diese 3 Fremdsprachen beherrscht, trifft auf einen Einheimischen. Mit welcher Wahrscheinlichkeit kann er sich mit diesem verständigen? Löse die Aufgabe
   a) mit der Formel von *Sylvester*, **b)** mit Hilfe einer Mehrfeldertafel.

Zu 6.2.

9. Berechne im Beispiel aus **6.2.** (Seite 63) die Wahrscheinlichkeit dafür,
   a) daß die zweite gezogene Kugel rot ist,
   b) daß die ersten beiden gezogenen Kugeln verschiedenfarbig sind,
   c) daß die erste und dritte gezogene Kugel gleichfarbig sind,
   d) daß die erste und dritte gezogene Kugel grün sind.

10. Aus der Urne des Beispiels aus **6.2.** (Seite 63) werden 3 Kugeln mit Zurücklegen gezogen.
   a) Zeichne ein Baumdiagramm.
   b) Berechne die Wahrscheinlichkeit folgender Ereignisse:
   $A :=$ »Die dritte gezogene Kugel ist rot«,
   $B :=$ »Die 3 gezogenen Kugeln sind verschiedenfarbig«,
   $C :=$ »Die zweite gezogene Kugel ist rot«,
   $D :=$ »Die ersten beiden gezogenen Kugeln sind verschiedenfarbig«,
   $E :=$ »Die erste und dritte gezogene Kugel sind gleichfarbig«,
   $F :=$ »Die erste und dritte gezogene Kugel sind grün«.

11. Eine 1-DM-Münze, von der wir annehmen wollen, daß es sich um eine L-Münze handelt, werde 3mal geworfen. Liegt die Eins oben, so werten wir den Wurf als 1, andernfalls als 0.
   a) Zeichne einen Baum.
   b) Ein mögliches Ergebnis ist 101; ihm ordnen wir die Summe $1+0+1=2$ zu. Welche möglichen Summen treten auf? Berechne für jede Summe die zugehörige Wahrscheinlichkeit.

●**12.** Löse Aufgabe **11** für den 4fachen Münzenwurf.

13. In einem Bus sitzt eine Reisegruppe von 20 Personen. Zwei Personen haben Schmuggelware bei sich, einer dieser Schmuggler ist Herr Anton. Ein Zollbeamter ruft der Reihe nach 3 Personen zur Kontrolle aus dem Bus heraus. Wie groß ist die Wahrscheinlichkeit dafür, daß er
   a) Herrn Anton, **b)** mindestens einen der Schmuggler, **c)** beide Schmuggler bei dieser Kontrolle entdeckt?
   Zeichne dazu ein Baumdiagramm mit den Wahrscheinlichkeiten auf den Pfaden.

14. In einer Gruppe sind 5 Franzosen, 10 Briten und 6 Deutsche. Zwei Personen werden ausgelost. Wie groß ist die Wahrscheinlichkeit dafür, daß genau ein Brite ausgelost wird?

15. Aus der Gruppe von Aufgabe **14** werde zunächst eine Person ausgelost. Die zweite Person wird dann aus den Personen anderer Nationalität ausgelost. Wie wahrscheinlich ist unter den Ausgelosten ein Brite?

●**16.** Dorothea und Theodor vereinbaren folgendes Spiel. Dorothea wählt die Ziffernkombination 110, Theodor hingegen 101. Dann wird eine Laplace-Münze mit den Seiten 0 und 1 **a)** 3mal **b)** 4mal geworfen. Gewonnen hat derjenige, dessen Kombination zuerst auftritt. Tritt keine der gewählten Kombinationen auf, so ist das Spiel unentschieden. Mit welcher Wahrscheinlichkeit gewinnt Dorothea, mit welcher Wahrscheinlichkeit Theodor? Wie groß ist die Wahrscheinlichkeit für ein Unentschieden?

●**17.** *Bernoulli-Euler*sches *Problem der vertauschten Briefe**. Unbesehen werden 3 Briefe in die 3 vorbereiteten Umschläge gesteckt, d.h., die Briefe gelangen mit jeweils gleicher Wahrscheinlichkeit in die Umschläge.
   a) Berechne mit Hilfe eines Baumdiagramms die Wahrscheinlichkeit dafür, daß kein Brief im richtigen Umschlag steckt.
   b) Simuliere die Aufgabe durch eine geeignete Urne.

---

* Das Problem geht auf die Untersuchung des Treize-Spiels durch *Montmort* (1678–1719) aus dem Jahre 1708 zurück: 13 Karten werden gut gemischt und eine Karte nach der anderen abgehoben. Wenn kein Kartenwert mit der Ziehungsnummer übereinstimmt, gewinnt der Spieler, andernfalls der Bankhalter. – Verallgemeinerungen dieses Spiels wurden 1710 bis 1713 in einem regen Briefwechsel zwischen *Montmort* einerseits und *Johann I. Bernoulli* (1667–1748) und *Nikolaus I. Bernoulli* (1687–1759) andererseits behandelt.
Das Problem heißt auch Rencontre-Problem nach *Leonhard Eulers* (1707–1783) Arbeit *Calcul de la probabilité dans le jeu de rencontre* von 1751.
Die Idee, *n* Dingen jeweils einen bestimmten Platz zuzuordnen, stammt von *Johann Heinrich Lambert* (1728–1777), als er 1771 in *Examen d'une espece de Superstition ramenée au calcul des probabilités* modellmäßig nachwies, daß es ein dummer Aberglaube sei, aus Almanachen Wettervorhersagen entnehmen zu können. Die schöne Einkleidung der vertauschten Briefe gab dem Problem *Isaac Todhunter* (1820–1884) in *A History of the Mathematical Theory of Probability* 1865. – Biographische Einzelheiten findet man auf den Seiten 192 ff.

7. Die Entwicklung des Wahrscheinlichkeitsbegriffs

Wie wir in **4.1.** gesehen haben, scheint sich die relative Häufigkeit bestimmter Ereignisse bei einer großen Anzahl von Versuchen um einen festen Wert zu stabilisieren. Es liegt also nahe, diesen Wert als Wahrscheinlichkeit eines solchen Ereignisses zu nehmen. Damit kann Wahrscheinlichkeit nur für Ereignisse aus Zufallsexperimenten definiert werden, die beliebig oft unter gleichen Bedingungen wiederholt werden können. Subjektive Wahrscheinlichkeiten wie z. B. die in **5.1.** erwähnte können damit jedoch nicht erfaßt werden. Die Wahrscheinlichkeit eines Ereignisses erscheint bei diesem Vorgehen als eine physikalische Maßzahl, die über die relative Häufigkeit gemessen werden kann. Überlegungen dieser Art liegen der Definition der Wahrscheinlichkeit durch *Richard von Mises* (1883–1953)* zugrunde.

In *Grundlagen der Wahrscheinlichkeitsrechnung* definierte *von Mises* 1919 für die Wahrscheinlichkeit $P(A)$ des Ereignisses A:

$$P(A) := \lim_{n \to +\infty} h_n(A),$$

wobei $h_n(A)$ die relative Häufigkeit des Eintretens von A nach n Versuchen ist. Die so festgelegte Zahl heißt auch *statistische Wahrscheinlichkeit* des Ereignisses A. Die Definition der Wahrscheinlichkeit *a posteriori* (nämlich *nach* dem Ausführen einer langen Reihe von Versuchen) als Grenzwert stieß auf theoretische Schwierigkeiten, da der Limesbegriff sich nicht auf eine vom Zufall beherrschte Folge anwenden ließ. Es ist zum Beispiel nicht möglich, zu einem vorgegebenen ε ein $n_0 \in \mathbb{N}$ anzugeben, so daß $|h_n(A) - P(A)| < \varepsilon$ für *alle* $n > n_0$ ist. Es ist nämlich nicht auszuschließen, daß auch für sehr großes n die relative Häufigkeit $h_n(A)$ sich immer wieder einmal um mehr als ε von dem »Grenzwert« $P(A)$ unterscheidet. Wählt man z. B. für den 800fachen Münzenwurf nach Tabelle 9.1 für $\varepsilon = 1\%$, dann könnte man nach etwa $n_0 = 500$ Würfen zur Meinung kommen, daß die relativen Häufigkeiten den ε-Streifen um den »Grenzwert« 50% nicht mehr verlassen wer-

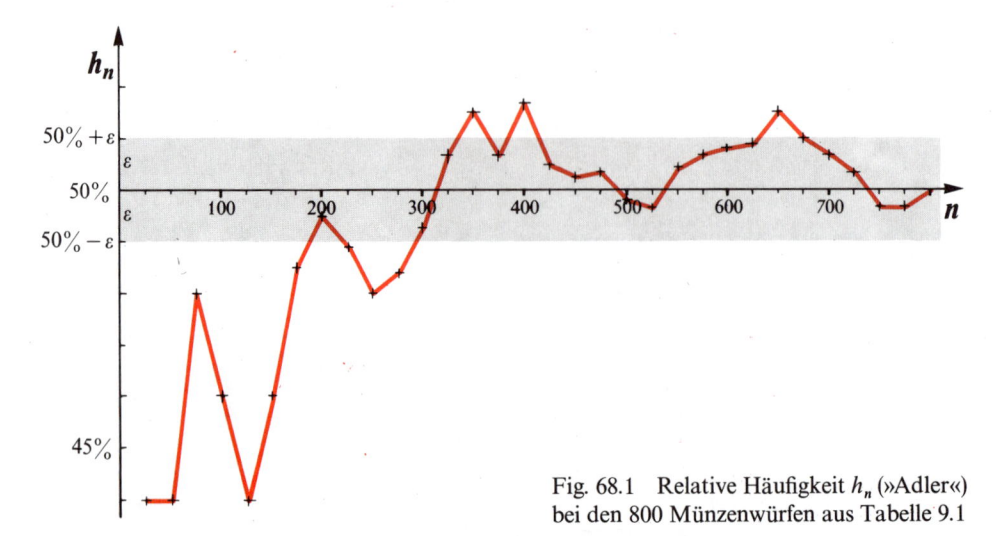

Fig. 68.1 Relative Häufigkeit h_n (»Adler«) bei den 800 Münzenwürfen aus Tabelle 9.1

---

* Biographische Einzelheiten über die in diesem Abschnitt erwähnten Mathematiker findet man auf Seite 192 ff.

7. Die Entwicklung des Wahrscheinlichkeitsbegriffs

den. Für $n = 650$ erhält man jedoch h_{650}(»Adler«) $= 51,4\%$, weil zwischen 525 und 650 Würfen »Adler« sehr viel häufiger eintrat als »Zahl«. (Vergleiche dazu Figur 68.1.) Es gilt ja auch für jedes noch so große n, daß die relative Häufigkeit $h_n(A)$ eines Ereignisses A jeden der $n + 1$ Werte $0, \frac{1}{n}, \frac{2}{n}, \ldots, 1$ annehmen kann, wenn auch Figur 33.1 zeigt, daß eine gewisse »Konzentration« der relativen Häufigkeiten mit wachsendem n zu beobachten ist.

Ein ganz anderer Weg zur Definition der Wahrscheinlichkeit $P(A)$ eines Ereignisses A entsprang aus Überlegungen zu Glücksspielen. Im Jahre 1654 beschwerte sich *Antoine Gombaud Chevalier de Méré, Sieur des Baussay* (1607–1684) bei *Blaise Pascal* (1623–1662) über die Mathematik: Man wußte damals nämlich aus langer Erfahrung und auch durch Rechnung, daß es günstig war, darauf zu setzen, daß bei 4 Würfen mit einem Würfel mindestens einmal die Sechs erscheint. Andererseits konnte *de Méré* ebenso wie einige andere mathematisch Versierte errechnen, daß man nicht darauf setzen dürfe, daß bei 24 Würfen mit zwei Würfeln mindestens einmal die Doppelsechs erscheine, obwohl sich 24 zu 36 (Anzahl der Ergebnisse bei 2 Würfeln) wie 4 zu 6 (Anzahl der Ergebnisse bei 1 Würfel) verhält, »was ihn ausrufen ließ, daß die Lehrsätze nicht sicher seien, und – *que l'Arithmetique se dementoit* – daß die Arithmetik sich widerspreche«, wie *Pascal* am Mittwoch, dem 29. Juli 1654 an *Pierre de Fermat* (1601–1665) schrieb. Die Lösung dieses Problems teilt er nicht mit, da sie leicht zu erhalten sei (Aufgabe 108/**65**). Im selben Brief beschäftigt sich aber *Pascal* noch mit einer weiteren, weitaus bedeutenderen Aufgabe, die ihm *de Méré* vorgelegt hatte. Es handelt sich um die gerechte Verteilung des Einsatzes bei vorzeitig abgebrochenem Spiel (problème des partis), also um die alte Aufgabe von *Luca Pacioli* (17/**10**). Hierüber entwickelte sich ein reger Briefwechsel mit *Fermat*. Im selben Jahre kündigte *Pascal* in einer lateinisch geschriebenen Adresse der damals privaten Pariser Akademie der Wissenschaften eine Abhandlung über dieses Problem an und

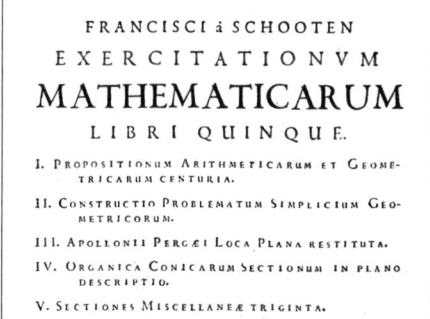

Bild 69.1 Titelblatt der lateinischen bzw. der holländischen Ausgabe der *Mathematischen Übungen* des *Frans van Schooten*, denen *Huygens'* berühmter *Traktat über Berechnungen bei Glücksspielen* angefügt wurde.

spricht von einem »bis heute unerforschten Gebiet«, das Experimenten lange widerstanden habe, jetzt aber dem Reich der Vernunft nicht mehr entfliehen könne. Durch die Mathematik habe er daraus eine exakte Wissenschaft gemacht; und da sich mathematische Beweismethoden mit der Unsicherheit des Zufalls vereinigten und so sich anscheinend Gegensätzliches versöhne, werde diese Wissenschaft sich selbst den verblüffenden Namen *aleae Geometria* – Mathematik des Zufalls – geben.*

Christiaan Huygens (1629–1695) hört während seines Pariser Studienaufenthalts (Mitte Juli bis Ende November 1655) vom Briefwechsel zwischen *Pascal* und *Fermat*. Da diese aber, so berichtet er, die Lösungsmethoden geheimhielten, habe er die Dinge selbst von Grund auf angehen müssen. In seiner Abhandlung *Van Reeckening in Speelen van Geluck* löst er das problème des partis und entwickelt dann Lösungen für teilweise recht komplizierte Spiele. Sein Lehrer *Frans van Schooten* (um 1615–1660) übersetzte diesen Traktat ins Lateinische und fügte ihn 1657 unter dem Titel *Tractatus de Ratiociniis in Aleae Ludo* seinem eigenen Werk *Exercitationum Mathematicarum Libri Quinque* an, das 1660 auch auf holländisch erschien. Welche Bedeutung *Huygens* diesem neuen mathematischen Gebiet zumißt, geht aus seinem Vorwort hervor: »Ich zweifle auf keinen Fall, daß derjenige, der tiefer das von uns Dargebotene zu untersuchen beginnt, sofort entdecken wird, daß es hier nicht, wie es scheint, um Spiel und Kurzweil geht, sondern daß die Grundlagen für eine schöne und überaus tiefe Theorie entwickelt werden.«**
Für ein halbes Jahrhundert blieb *Huygens'* Arbeit *das* Lehrbuch der Wahrscheinlichkeitsrechnung.

Jakob Bernoulli (1655–1705) druckt *Huygens'* Schrift im 1. Teil seiner *Ars conjectandi* ab, versieht sie mit Kommentaren und löst die darin zum Schluß gestellten 5 Aufgaben. Aber der Titel *Ars conjectandi*, zu deutsch *Mutmaßungskunst*, zeigt den neuen Standpunkt. Es geht nicht mehr nur um Spiele. Spiele kann man lassen, aber Mutmaßen ist eine unentbehrliche Tätigkeit; denn alle Entscheidungen und alle Strategien gründen sich auf Mutmaßungen. *Jakob Bernoulli* hat die Wahrscheinlichkeitsrechnung vom Odium befreit, nur eine Lehre von den Chancen im Glücksspiel zu sein.

Einen vorläufigen Abschluß fand dann die Theorie der Wahrscheinlichkeit 1812 durch *Pierre Simon Marquis de Laplace* (1749–1827) in seiner *Théorie analytique des probabilités*. *Laplace* bezeichnete ein Ergebnis ω als günstig für ein Ereignis A, wenn sein Auftreten das Ereignis A zur Folge hat (in unserer Sprechweise bedeutet das $\omega \in A$) und definierte als Wahrscheinlichkeit $P(A)$ des Ereignisses A den Quotienten

$$P(A) := \frac{\text{Anzahl der für } A \text{ günstigen Ergebnisse}}{\text{Anzahl aller möglichen Ergebnisse, sofern sie gleichwahrscheinlich sind}}.$$

Die so festgelegte Zahl heißt auch *klassische Wahrscheinlichkeit* des Ereignisses A. Im Gegensatz zur statistischen Wahrscheinlichkeit, die a posteriori aus der Er-

---

* alea bezeichnet zunächst den Würfel als Spielgerät, unabhängig von seiner Gestalt, ist also gewissermaßen ein Oberbegriff zu *astragalus* und *tessera* (siehe Seite 45 f). Es bedeutet aber auch das Glücksspiel und schließlich allgemein den blinden Zufall. – Die angekündigte Abhandlung erschien erst posthum 1665 unter dem Titel *Traité du triangle arithmétique*.

** Quanquam, si quis penitius ea quae tradimus examinare caeperit, non dubito quin continuo reperturus sit, rem non, ut videtur, ludicram agi, sed pulchrae subtilissimaeque contemplationis fundamenta explicari.

fahrung gewonnen wird, ist die klassische Wahrscheinlichkeit eine *Wahrscheinlichkeit a priori*. Sie wird nämlich unabhängig von der Erfahrung allein durch logische Schlüsse (z. B. durch Symmetrieüberlegungen) gewonnen.
Bei der von *Laplace* eingeführten Definition der Wahrscheinlichkeit wird der Begriff der *Gleichwahrscheinlichkeit* undefiniert vorausgesetzt. Um diese Definition anwenden zu können, müßte man daher wissen, daß alle Ergebnisse des Experiments tatsächlich »gleichwahrscheinlich« sind. Da man dies aber nie völlig sicher feststellen kann, hat *Laplace* diese Bedingung sinngemäß folgendermaßen ausgedrückt: »... sofern nichts unserer Überzeugung entgegensteht, daß alle Ergebnisse *gleichmöglich* sind«.* Für *Laplace* war daher die Wahrscheinlichkeit nur ein Notbehelf des Menschen in unübersichtlichen Situationen und nicht – wie heute allgemein angenommen – eine objektive Eigenschaft des Naturgeschehens. Wie schwierig das Erkennen der Gleichwahrscheinlichkeit ist, zeigt folgendes Problem. Glücksspieler beobachten, daß die Augensumme 10 beim gleichzeitigen Wurf dreier Würfel häufiger auftrat als die Augensumme 9, obwohl ihrer Ansicht nach diese Augensummen gleichwertig sein sollten, da es für 10 die 6 Kombinationen 1|3|6, 1|4|5, 2|2|6, 2|3|5, 2|4|4 und 3|3|4 und für 9 ebenfalls 6 Kombinationen, nämlich 1|2|6, 1|3|5, 1|4|4, 2|2|5, 2|3|4 und 3|3|3 gibt. *Galileo Galilei* (1564–1642) klärte in seiner *Considerazione sopra il Giuoco dei Dadi* (erschienen 1718) den Fehlschluß auf, indem er zeigte, daß die Kombinationen nicht gleichwertig sind; so ist z. B. 2|3|4 sechsmal so häufig wie 3|3|3. (Vgl. Aufgabe **11**, Seite 100). Aber nicht nur Glücksspieler irrten sich. Schrieb doch selbst *Gottfried Wilhelm Leibniz* (1646–1716) am 22.3.1714 an *Louis Bourguet* (1678–1742), daß es ebenso leicht sei, mit 2 Würfeln die Augensumme 12 wie die Augensumme 11 zu erreichen, weil beide nur auf eine Art zustande kämen, daß die 7 hingegen 3mal so häufig sei wie die 12. (Vgl. Aufgabe **10** auf Seite 100.)**
*Laplace*ns Einfluß auf seine Mit- und Nachwelt war so groß, daß ihm allgemein das Verdienst zugeschrieben wird, als erster Wahrscheinlichkeit genau explizit definiert zu haben. Unausgesprochen taucht dieser klassische Wahrscheinlichkeitsbegriff schon viel früher auf. So gibt *Geronimo Cardano* (1501–1576) in seinem *Liber de ludo aleae* (gedruckt erst 1663), dem ältesten Buch über Wahrscheinlichkeitsrechnung, die Anzahl der möglichen Würfe für eine bestimmte Augensumme an und teilt sie durch die Anzahl aller möglichen Würfe. *Pascal* und *Fermat* sprechen von günstigen und möglichen Fällen. *Jakob Bernoulli* bildet im 1. Teil seiner 1713 posthum erschienenen *Ars conjectandi* den Quotienten $\frac{p}{p+q}$, wobei p die Anzahl der Fälle angibt, in denen man etwas gewinnen kann, und q die Anzahl der Fälle, in denen man nichts gewinnt. Im 4. Kapitel des 4. Teils schreibt er jedoch: »Und hier scheint uns gerade die Schwierigkeit zu liegen, da nur für die wenigsten Erscheinungen und fast nirgends anders als in Glücksspielen dies möglich ist; die

---

* ... »la probabilité d'un événement, est le rapport du nombre des cas qui lui sont favorables, au nombre de tous les cas possibles; lorsque rien ne porte à croire que l'un de ces cas doit arriver plutôt que les autres, ce qui les rend pour nous, également possibles. La juste appréciation de ces cas divers, est un des points les plus délicats de l'analyse des hasards.«
** Häufigkeiten von Augensummen stellten wohl schon immer ein Problem dar. Überraschenderweise berechnet *Richard de Fournival* (?) (1201–1260), Kanzler der Kathedrale von Amiens, die Häufigkeiten der Augensummen für 3 Würfel richtig in seinem Epos *De Vetula*. Dagegen behauptet ein 1477 in Venedig gedruckter Kommentar zu *Dantes Divina Commedia*, daß die Augensummen 3, 4, 17 und 18 mit 3 Würfeln nur auf eine Art zu erzeugen seien. Solche Würfe hießen *azari*, was vom arabischen *asar* = schwierig abstammt. Daraus könnte *hasard*, das französische Wort für Glücksspiel, abgeleitet sein, das andere von *az-zahr*, dem arabischen Wort für Würfelspiel, herleiten.

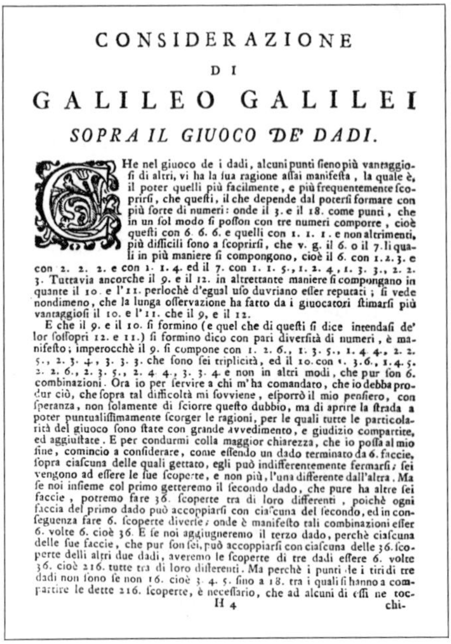

CONSIDERAZIONE

DI

GALILEO GALILEI

SOPRA IL GIUOCO DE' DADI.

CHe nel giuoco de i dadi, alcuni punti sieno più vantaggiosi di altri, vi ha la sua ragione assai manifesta, la quale è, il poter quelli più facilmente, e più frequentemente scoprirsi, che questi, il che depende dal potersi formare con più sorte di numeri: onde il 3. e il 18. come punti, che in un sol modo si posson con tre numeri comporre, cioè questi con 6. 6. 6. e quelli con 1. 1. 1. e non altrimenti, più difficili sono a scoprirsi, che v. g. il 6. o il 7. li quali in più maniere si compongono, cioè il 6. con 1. 2. 3. e con 2. 2. 2. e con 1. 1. 4. ed il 7. con 1. 1. 5., 1. 2. 4., 1. 3. 3., 2. 2. 3. Tuttavia ancorche il 9. e il 12. in altrettante maniere si compongano in quante il 10. e l' 11. perlochè d'egual uso duvriano esser reputati; si vede nondimeno, che la lunga osservazione ha fatto da i giuocatori stimarsi più vantaggiosi il 10. e l' 11. che il 9, e il 12.

E che il 9. e il 10. si formino (e quel che di questi si dice intendasi de' lor sossopri 12. e 11.) si formino dico con pari diversità di numeri, è manifesto; imperocchè il 9. si compone con 1. 2. 6., 1. 3. 5., 1. 4. 4., 2. 2. 5., 2. 3. 4., 3. 3. 3. che sono sei triplicità, ed il 10. con 1. 3. 6., 1. 4. 5. 2. 2. 6., 2. 3. 5., 2. 4. 4., 3. 3. 4. e non in altri modi, che pur son 6. combinazioni. Ora io per servire a chi m' ha comandato, che io debba produr ciò, che sopra tal difficoltà mi sovviene, esporrò il mio pensiero, con speranza, non solamente di sciorre questo dubbio, ma di aprire la strada a poter puntualissimamente scorger le ragioni, per le quali tutte le particolarità del giuoco sono state con grande avvedimento, e giudizio compartite, ed aggiustate. E per condurmi colla maggior chiarezza, che io possa al mio fine, comincio a considerare, come essendo un dado terminato da 6. faccie, sopra ciascuna delle quali gettato, egli può indifferentemente fermarsi; sei vengono ad essere le sue scoperte, e non più, l'una differente dall'altra. Ma se noi insieme col primo getteremo il secondo dado, che pure ha altre sei faccie, potremo fare 36. scoperte tra di loro differenti, poichè ogni faccia del primo dado può accoppiarsi con ciascuna del secondo, ed in conseguenza fare 6. scoperte diverse; onde è manifesto tali combinazioni esser 6. volte 6. cioè 36. E se noi aggiugneremo il terzo dado, perchè ciascuna delle sue faccie, che pur son sei, può accoppiarsi con ciascuna delle 36. scoperte delli altri due dadi, averemo le scoperte di tre dadi essere 6. volte 36. cioè 216. tutte tra di loro differenti. Ma perchè i punti de i tiri di tre dadi non sono se non 16. cioè 3. 4. 5. fino a 18. tra i quali si hanno a compartire le dette 216. scoperte, è necessario, che ad alcuni di essi ne toc-

H 4 chi-

Bild 72.1 Erste Seite der *Considerazione sopra il Giuoco dei Dadi* des *Galileo Galilei* (1564 bis 1642), entstanden zwischen 1613 und 1623, erschienen in Florenz 1718. *Galilei* selbst gab nur den Titel *Sopra le scoperte de i Dadi.*

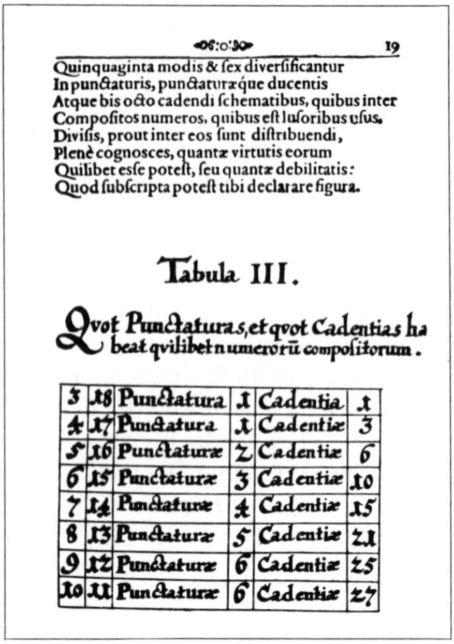

19

Quinquaginta modis & sex diversificantur
In punctaturis, puncturæque ducentis
Atque bis octo cadendi schematibus, quibus inter
Compositos numeros, quibus est lusoribus usus.
Divisis, prout inter eos sunt distribuendi,
Plenè cognosces, quantæ virtutis eorum
Quilibet esse potest, seu quantæ debilitatis:
Quod subscripta potest tibi declarare figura.

Tabula III.

Qvot Punctaturas, et qvot Cadentias habeat qvilibet numerorū compositorum.

3	18	Punctatura	1	Cadentia	1
4	17	Punctatura	1	Cadentiæ	3
5	16	Punctaturæ	2	Cadentiæ	6
6	15	Punctaturæ	3	Cadentiæ	10
7	14	Punctaturæ	4	Cadentiæ	15
8	13	Punctaturæ	5	Cadentiæ	21
9	12	Punctaturæ	6	Cadentiæ	25
10	11	Punctaturæ	6	Cadentiæ	27

Bild 72.2 Augensummen bei 3 Würfeln und deren Häufigkeiten aus *Richard de Fournival*s (?) (1201–1260) *De Vetula*, gedruckt 1662 in Wolfenbüttel

Glücksspiele [...] wurden aber so eingerichtet, daß die Zahlen der Fälle, in welchen sich Gewinn oder Verlust ergeben muß, im voraus bestimmt und bekannt sind, und daß alle Fälle mit gleicher Leichtigkeit eintreten können. Bei den weitaus meisten anderen Erscheinungen aber, welche von dem Walten der Natur oder von der Willkür der Menschen abhängen, ist dies keineswegs der Fall.«

Der klassische Wahrscheinlichkeitsbegriff bewährt sich also sehr bei der Analyse von Glücksspielen, ist aber kaum tragfähig für Probleme aus Technik und Wirtschaft, bei denen es praktisch unmöglich ist, die Ergebnisse so festzulegen, daß sie uns als »gleichwahrscheinlich« erscheinen. Auch bei der bereits von *Jakob Bernoulli* vorgenommenen Anwendung der Wahrscheinlichkeitsrechnung auf Krankheiten und Todesfälle lassen sich »gleichmögliche« Fälle nicht auszählen. Die Schwierigkeiten bei den angeführten Definitionen der Wahrscheinlichkeit rühren unter anderem davon her, daß sie die Wahrscheinlichkeit durch eine explizite Definition inhaltlich erfassen wollten. In der modernen Mathematik geht man solchen Schwierigkeiten dadurch aus dem Weg, daß man die Theorie axiomatisch begründet und die Begriffe darin implizit definiert. So treibt man Geometrie mit Punkten und Geraden, ohne explizit definiert zu haben, was Punkte und Gerade sind. Wichtig sind ihre Eigenschaften, die in den Axiomen der Geometrie festgelegt sind. Für die Wahrscheinlichkeitstheorie wurde ein solcher axiomatischer Aufbau von *Andrei Nikolajewitsch Kolmogorow** (1903–1987) in

*Колмогоров (sprich: kɐlmɐgórɐf).

7. Die Entwicklung des Wahrscheinlichkeitsbegriffs

seiner 1933 in Berlin erschienenen Arbeit *Grundbegriffe der Wahrscheinlichkeitsrechnung* vorgeschlagen. Die mathematische Festlegung des Wahrscheinlichkeitsbegriffs orientiert sich dabei an der experimentell zugänglichen relativen Häufigkeit. *Kolmogorow* hat gezeigt, daß 3 geeignet ausgewählte Eigenschaften der relativen Häufigkeit genügen, um »Wahrscheinlichkeit« so zu definieren, daß damit eine tragfähige Grundlage für eine in der Praxis brauchbare Theorie aufgebaut werden kann. Nach *Kolmogorow* wird auf der Ereignisalgebra die Wahrscheinlichkeit $P(A)$ eines Ereignisses A als Funktionswert einer reellwertigen Funktion P definiert. Ist der Ergebnisraum Ω endlich, so lassen sich die Forderungen von *Kolmogorow* wie folgt formulieren:

> Eine Funktion $P: A \mapsto P(A)$ mit $A \in \mathfrak{P}(\Omega)$ und $P(A) \in \mathbb{R}$ heißt *Wahrscheinlichkeitsverteilung*, wenn sie folgenden Bedingungen genügt:
> **Axiom I:** $P(A) \geq 0$ (Nichtnegativität)
> **Axiom II:** $P(\Omega) = 1$ (Normierung)
> **Axiom III:** $A \cap B = \emptyset \;\Rightarrow\; P(A \cup B) = P(A) + P(B)$ (Additivität)

Nichtnegativität und Normierung entsprechen den Eigenschaften (1) und (4) für relative Häufigkeiten aus **4.2**. Dem Additionsaxiom für unvereinbare Ereignisse liegt die entsprechende Eigenschaft (6) für relative Häufigkeiten zugrunde.
Wir haben auf Seite 42 in Definition 5 die Wahrscheinlichkeit ebenfalls axiomatisch definiert. Die daraus gefolgerten Sätze 1, 2 und 3 auf Seite 44 sind gerade die drei Axiome von *Kolmogorow*. Umgekehrt läßt sich auch zeigen, daß aus den drei *Kolmogorow*-Axiomen unsere Definition 5 ableitbar ist. Für endliche Ergebnisräume sind die beiden Definitionen demnach äquivalent. Wir haben Definition 5 gewählt, weil das Belegen der Elementarereignisse mit Wahrscheinlichkeiten ein sehr anschaulicher Vorgang ist, ebenso wie das Zusammensetzen der Wahrscheinlichkeit eines Ereignisses aus den Wahrscheinlichkeiten seiner Elementarereignisse. Die Definition von *Kolmogorow* hat den Vorteil, daß sie sich so verallgemeinern läßt, daß sie auch für unendliche Ergebnisräume brauchbar wird. Das haben wir in diesem Buch aber nicht vor.
Die Festlegung der Funktionswerte $P(A)$, d.h. der Wahrscheinlichkeiten der Ereignisse, ist im Rahmen dieser Axiome völlig willkürlich. Man wird jedoch die Werte so festlegen, daß sie den jeweiligen Verhältnissen angepaßt sind. So wird man bei einem idealen Würfel auf Grund der Symmetrie für jede Augenzahl die Wahrscheinlichkeit $\frac{1}{6}$ a priori festlegen. Bei einem realen Würfel hingegen empfiehlt es sich, wie im Beispiel auf Seite 42 durchgeführt, die relativen Häufigkeiten der Augenzahlen in einer möglichst langen Versuchsserie zu bestimmen und diese relativen Häufigkeiten als Wahrscheinlichkeiten der Augenzahlen a posteriori zu verwenden. Dann ist nämlich die Interpretationsregel für Wahrscheinlichkeiten (Seite 43) anwendbar, wie *Jakob Bernoulli* im Hauptsatz seiner *Ars conjectandi*, dem »Gesetz der großen Zahlen«, gezeigt hat.

8. Laplace-Experimente

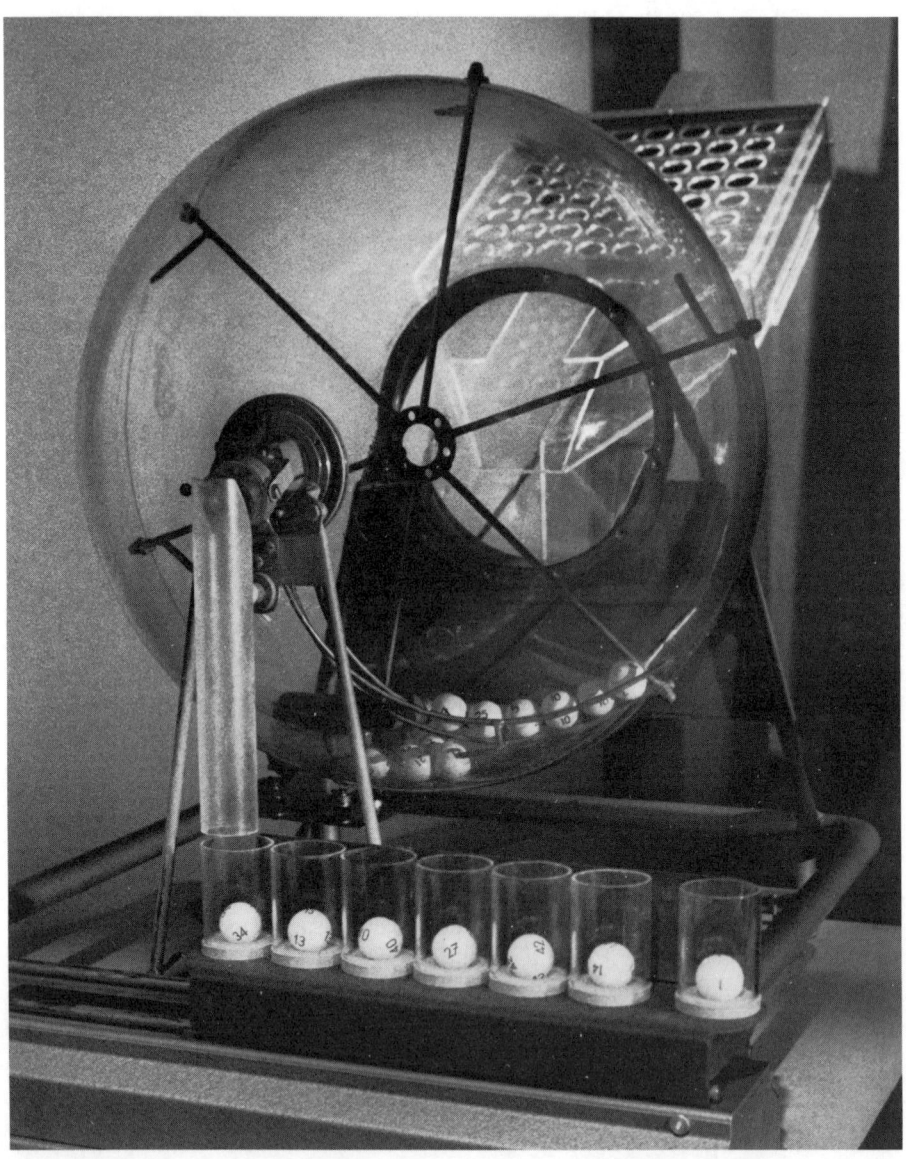

Das preußische General-Ober-Finanz-Krieges- und Domainen-Directorium hat 1757 die Einrichtung einer Lotterie abgelehnt, »da die jetzigen Zeitläufte nicht so beschaffen, daß denen Königlichen Unterthanen noch mehrere Gelegenheit zu geben, sich vom Gelde zu entblößen«. Am 8.2.1763 unterzeichnete *Friedrich II.* das Patent zur Errichtung der Kgl. Preußischen Lotterie.

8.1. Definition und einfache Beispiele

Es gibt reale Experimente, bei denen man geneigt ist anzunehmen, daß die Ergebnisse gleich häufig auftreten. So erwartet man bei einem symmetrischen Würfel, daß die Augenzahlen 1, 2, 3, 4, 5 und 6 etwa gleich häufig auftreten.
Im zugehörigen stochastischen Modell ist es dann sinnvoll, den Ergebnisraum Ω und die Wahrscheinlichkeitsverteilung P so zu wählen, daß die Elementarereignisse $\{\omega_i\}$ gleiche Wahrscheinlichkeit p haben.

> **Definition 6:** Eine Wahrscheinlichkeitsverteilung heißt *gleichmäßig*, wenn alle Elementarereignisse gleiche Wahrscheinlichkeit haben.

Laplace hat bei seinen Überlegungen zur Wahrscheinlichkeitstheorie vor allem mit solchen gleichmäßigen Wahrscheinlichkeitsverteilungen gearbeitet.
Wir definieren daher:

> **Definition 7:** Ein stochastisches Experiment heißt *Laplace-Experiment*, wenn die zugehörige Wahrscheinlichkeitsverteilung gleichmäßig ist.

In der Praxis wird man so vorgehen, daß man zunächst diese Laplace-Annahme macht und sie dann in Versuchen überprüft. Stimmen die so erhaltenen Resultate nicht mit den unter der Laplace-Annahme berechneten überein, dann wird man das stochastische Modell abändern. Entweder wählt man eine andere (nicht gleichmäßige) Wahrscheinlichkeitsverteilung P^* auf Ω oder man nimmt einen anderen Ergebnisraum Ω', für den man wieder die Laplace-Annahme macht. Dazu betrachten wir folgendes
Beispiel: In einer Urne liegen eine rote und eine schwarze Kugel. Wir ziehen zweimal eine Kugel mit Zurücklegen.
Zu diesem realen Experiment lassen sich verschiedene stochastische Modelle konstruieren.

1. Stochastisches Modell:

$\Omega := \{\omega_1, \omega_2, \omega_3\}$

mit $\omega_1 :=$ »Beide Kugeln sind rot«
$\omega_2 :=$ »Beide Kugeln sind schwarz«
$\omega_3 :=$ »Die Kugeln sind verschiedenfarbig«

Die Laplace-Annahme führt zu folgender Wahrscheinlichkeitsverteilung:

ω	ω_1	ω_2	ω_3
$P(\{\omega\})$	$\frac{1}{3}$	$\frac{1}{3}$	$\frac{1}{3}$

Dieses stochastische Modell bewährt sich in der Praxis nicht. ω_3 tritt nämlich etwa doppelt so häufig auf wie ω_1 bzw. ω_2. Der Grund dafür ist leicht einzusehen. Bei den zwei Zügen kann die Verschiedenfarbigkeit auf zwei Arten entstehen:

Zuerst »rot« und dann »schwarz« oder umgekehrt. Für »rot-rot« bzw. »schwarz-schwarz« gibt es jedoch nur je eine Möglichkeit.

Um das stochastische Modell der Realität anzupassen, können wir entweder eine nicht gleichmäßige Wahrscheinlichkeitsverteilung P^* wählen oder einen anderen Ergebnisraum Ω' konstruieren, auf dem eine gleichmäßige Wahrscheinlichkeitsverteilung zu realistischen Werten führt.

2. Stochastisches Modell:

Man behält den Ergebnisraum Ω bei und wählt als neue Wahrscheinlichkeitsverteilung P^*:

ω	ω_1	ω_2	ω_3
$P^*(\{\omega\})$	$\frac{1}{4}$	$\frac{1}{4}$	$\frac{1}{2}$

3. Stochastisches Modell:

Man wählt einen Ergebnisraum Ω', der die Reihenfolge der Kugeln berücksichtigt:

$\Omega' := \{\omega'_1, \omega'_2, \omega'_3, \omega'_4\}$

mit $\omega'_1 :=$ »rot-rot«
$\omega'_2 :=$ »rot-schwarz«
$\omega'_3 :=$ »schwarz-rot«
$\omega'_4 :=$ »schwarz-schwarz«.

Auf Ω' legt man die gleichmäßige Wahrscheinlichkeitsverteilung P' fest:

ω'	ω'_1	ω'_2	ω'_3	ω'_4
$P'(\{\omega'\})$	$\frac{1}{4}$	$\frac{1}{4}$	$\frac{1}{4}$	$\frac{1}{4}$

Das 2. und das 3. stochastische Modell geben das reale Experiment zufriedenstellend wieder. Das 1. und das 3. stochastische Modell sind Laplace-Experimente, nicht jedoch das 2. stochastische Modell.

Laplace-Experimente haben den Vorteil, daß für die Berechnung der Wahrscheinlichkeiten von Ereignissen eine besonders einfache Formel gilt. Zu ihrer Herleitung berechnen wir zunächst die Wahrscheinlichkeit p eines Elementarereignisses $\{\omega_i\}$.

Nach Definition 5, **2)** auf Seite 42 gilt mit $\Omega = \{\omega_1, \omega_2, \ldots, \omega_n\}$:

$$1 = \sum_{i=1}^{n} P(\{\omega_i\}) = n \cdot p, \quad \text{also} \quad p = \frac{1}{n} = \frac{1}{|\Omega|}.$$

Für ein beliebiges Ereignis A, das aus k Ergebnissen besteht, ergibt sich damit

$$P(A) = \sum_{\omega_i \in A} P(\{\omega_i\}) = \underbrace{\frac{1}{n} + \frac{1}{n} + \ldots + \frac{1}{n}}_{k\text{-mal}} = \frac{k}{n} = \frac{|A|}{|\Omega|}.$$

8.1 Definition und einfache Beispiele

Also gilt $P(A) = \dfrac{|A|}{|\Omega|}$.

Die so berechneten Wahrscheinlichkeiten nennt man auch *Laplace-Wahrscheinlichkeiten*.

Da A genau dann eintritt, wenn sich ein Ergebnis ω mit $\omega \in A$ einstellt, nennt man diese ω die für A günstigen Ergebnisse. Man kann daher die letzte Formel folgendermaßen in Worte fassen:

> **Satz 8:** Wahrscheinlichkeit $P(A)$ des Ereignisses A bei einem Laplace-Experiment $= \dfrac{\text{Anzahl der für } A \text{ günstigen Ergebnisse}}{\text{Anzahl der möglichen gleichwahrscheinlichen Ergebnisse}} = \dfrac{|A|}{|\Omega|}$

Man sieht leicht ein, daß durch die Laplace-Annahme eine zulässige Wahrscheinlichkeitsverteilung definiert wird. (Siehe Aufgabe **1**, Seite 99) An drei Beispielen wollen wir die Berechnung von Laplace-Wahrscheinlichkeiten vorführen.

Beispiel 1: Würfelwurf mit einem Würfel

$\Omega := \{1, 2, 3, 4, 5, 6\}$, $A := $ »Augenzahl ist prim«, $P(A) = \dfrac{|\{2, 3, 5\}|}{|\Omega|} = \dfrac{3}{6} = \dfrac{1}{2}$.

Beispiel 2: Würfelwurf mit zwei Würfeln

$\Omega := \{(1|1), (1|2), \ldots, (2|1), \ldots, (6|6)\}$, $A := $ »Augensumme ist mindestens 10«,

$P(A) = \dfrac{|\{(6|6), (6|5), (6|4), (5|6), (5|5), (4|6)\}|}{|\Omega|} = \dfrac{6}{36} = \dfrac{1}{6}$.

Beispiel 3: Ziehen einer Karte aus einem Bridgespiel* (Bild 78.1)

$\Omega = \{$Kreuz-As, Kreuz-2, ..., Pik-König$\}$
$A := $ »Die gezogene Karte ist eine Dame«

$P(A) = \dfrac{|\{\text{Kreuz-Dame, Pik-Dame, Herz-Dame, Karo-Dame}\}|}{|\Omega|} = \dfrac{4}{52} = \dfrac{1}{13}$.

---

* Bridge ist um 1896 aus dem über 300 Jahre alten englischen Whist hervorgegangen, wenngleich in Griechenland und auch in Konstantinopel schon vor 1870 ein ähnliches Kartenspiel unter dem Namen Khedive oder auch Biritch gespielt wurde. Das Bridge ist ein 4-Personen-Spiel von 52 Blatt. Verwendet werden die sog. französischen Karten. Je 13 Karten in der aufsteigenden Reihenfolge 2, 3, 4, 5, 6, 7, 8, 9, 10, Bube, Dame, König, As bilden eine der 4 »Farben«, deren Symbole und Namen nachstehend in aufsteigender Wertfolge wiedergegeben sind.

französisch:	trèfle	carreau	cœur	pique
deutsch:	Kreuz; Treff	Karo	Herz	Pik

Die Eins im Kartenspiel (und auch im Würfelspiel) heißt As. Im Lateinischen bedeutet as »Das Ganze als Einheit«; dementsprechend wurde mit as die Einheit des Längen-, des Flächen- und auch des Gewichtsmaßes bezeichnet. Seit etwa 289 v. Chr. wurde as in Rom auch als Münzeinheit verwendet.
Bis heute ist unbekannt, wann und wo die Spielkarten entstanden sind. Weder *Dante* (1265–1321) noch *Boccaccio* (1313–1375) und auch nicht *Chaucer* (1340–1400) erwähnten Spielkarten. Aber wir wissen, daß nach einer kurz vor 1398 erstellten Abschrift die Stadt Bern am 24.3.1367 das Kartenspiel verbot. Im Original erhalten sind die Verbote von Florenz vom 23. und 24. März 1377. Es folgen 1377 Siena, 1378 Regensburg, 1379 St. Gallen und Konstanz, 1380 Nürnberg und Perpignan.

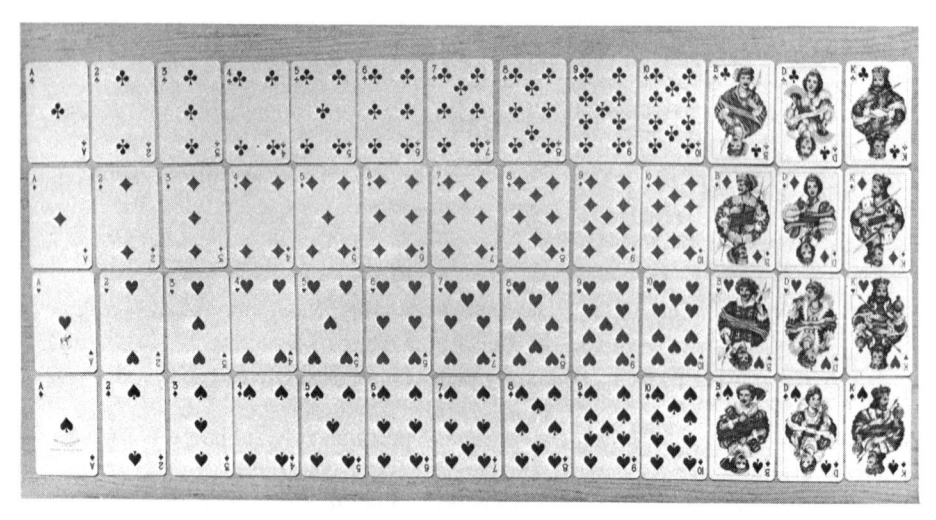

Bild 78.1 Die 52 französischen Karten des Bridgespiels

Das Problem bei der Berechnung von Laplace-Wahrscheinlichkeiten besteht darin, die Anzahlen $|A|$ und $|\Omega|$ zu bestimmen. Dies ist bei großen Anzahlen nicht immer durch Abzählen in vernünftiger Zeit möglich. Wir wollen daher im nächsten Abschnitt Hilfsmittel entwickeln, durch die dieses mühsame Abzählen erleichtert wird.

8.2. Kombinatorische Hilfsmittel

Die wichtigste Art, Anzahlen abzuzählen, lernen wir in folgender **Aufgabe** kennen: Berechne die Wahrscheinlichkeit dafür, daß eine willkürlich aus dem Intervall [100; 999] herausgegriffene natürliche Zahl lauter verschiedene Ziffern hat.
Es liegt ein Laplace-Experiment vor. Zur Berechnung der Wahrscheinlichkeit des Ereignisses A müssen wir also die Anzahl der Elemente von $\Omega = \{100, 101, \ldots, 998, 999\}$ und von $A = \{102, 103, \ldots, 986, 987\}$ bestimmen. Die Elemente von Ω und A sind 3-Tupel, auch Tripel genannt. Für das Abzählen von Tupeln eignet sich das folgende Zählverfahren.
Wir zählen zunächst Ω ab:
Für die 1. Stelle des Tupels gibt es 9 Möglichkeiten, nämlich 1, 2, ..., 9. Für die 2. Stelle des Tupels gibt es 10 Möglichkeiten, nämlich 0, 1, 2, ..., 9. Für die 3. Stelle des Tupels gibt es 10 Möglichkeiten, nämlich 0, 1, 2, ..., 9. Zu jeder der 9 Möglichkeiten für die 1. Stelle gibt es 10 Möglichkeiten an der 2. Stelle. Das ergibt $9 \cdot 10$ Fälle. Zu jedem dieser $9 \cdot 10$ Fälle gibt es wieder 10 Möglichkeiten, die 3. Stelle zu besetzen. Das ergibt insgesamt $9 \cdot 10 \cdot 10 = 900$ Möglichkeiten. Wir erhalten somit $|\Omega| = 900$.
Die Mächtigkeit von Ω hätten wir in diesem Beispiel natürlich durch die Subtraktion $999 - 99 = 900$ erhalten können! Auf eine so einfache Methode können

wir aber zur Berechnung von $|A|$ nicht zurückgreifen. Dagegen hilft unser oben verwendetes Abzählverfahren auch hier.

Wir zählen nun A ab:

Für die 1. Stelle des Tupels gibt es 9 Möglichkeiten, nämlich 1, 2, ..., 9. Für die 2. Stelle des Tupels gibt es 9 Möglichkeiten, nämlich die Ziffern 0, 1, 2, ..., 9 außer der Ziffer an der 1. Stelle. Für die 3. Stelle des Tupels gibt es 8 Möglichkeiten, nämlich die Ziffern 0, 1, 2, ..., 9 außer den Ziffern an der 1. und 2. Stelle. Das ergibt insgesamt $9 \cdot 9 \cdot 8 = 648$ Elemente von A. Somit ist die gesuchte Wahrscheinlichkeit $P(A) = \frac{|A|}{|\Omega|} = \frac{648}{900} = 72\%$.

Das vorgeführte Verfahren ist zum Abzählen von Tupeln oft hilfreich. Es ist unter den Namen *Produktregel* und *Zählprinzip* bekannt. Ein k-Tupel ist bekanntlich eine Anordnung $(a_1 | a_2 | ... | a_k)$ oder kurz $a_1 a_2 ... a_k$; dabei sind zwei k-Tupel genau dann gleich, wenn sie an jeder Stelle übereinstimmen. Die Anzahl der Elemente einer Menge von k-Tupeln bestimmt man mit Hilfe der

Produktregel:
Für die Besetzung der 1. Stelle a_1 des k-Tupels gebe es n_1 Möglichkeiten; für die Besetzung der 2. Stelle a_2 des k-Tupels gebe es, gegebenenfalls unter Berücksichtigung der Wahl von a_1, dann n_2 Möglichkeiten; für die Besetzung der 3. Stelle a_3 des k-Tupels gebe es, gegebenenfalls unter Berücksichtigung der Wahl von a_1 und a_2, dann n_3 Möglichkeiten;
....;
für die Besetzung der k-ten Stelle a_k des k-Tupels gebe es, gegebenenfalls unter Berücksichtigung der ersten $(k-1)$ Belegungen, dann n_k Möglichkeiten. Dann enthält die Menge $n_1 \cdot n_2 \cdot ... \cdot n_k$ k-Tupel.

Einige weitere Beispiele sollen die Tragfähigkeit der Produktregel aufzeigen.

Beispiel 1: In einer Schule gibt es 17 Unterstufenklassen, 13 Mittelstufenklassen und 9 Oberstufenklassen. Zu einer Sitzung soll aus jeder Stufe ein Klassensprecher erscheinen.
Nach der Produktregel gibt es $17 \cdot 13 \cdot 9 = 1989$ Möglichkeiten für die Zusammenstellung eines solchen 3-Tupels oder Tripels.

Beispiel 2: Beim Würfeln mit 4 Würfeln gibt es $6 \cdot 6 \cdot 6 \cdot 6 = 6^4 = 1296$ Quadrupel als Ergebnisse. (4-Tupel heißen auch Quadrupel.)

Beispiel 3: An einem Pferderennen nehmen 20 Pferde teil. Bei einem Wettabschluß sollen die ersten drei Plätze richtig angegeben werden (Dreierwette). Wie viele Möglichkeiten gibt es für die Besetzung der ersten drei Plätze?
Nach der Produktregel erhalten wir $20 \cdot 19 \cdot 18 = 6840$ Möglichkeiten.
Wenn alle Pferde ans Ziel kommen, ist das Ergebnis des Rennens ein 20-Tupel. Dafür gibt es nach der Produktregel $20 \cdot 19 \cdot 18 \cdot ... \cdot 2 \cdot 1 = 2\,432\,902\,008\,176\,640\,000$ Möglichkeiten.

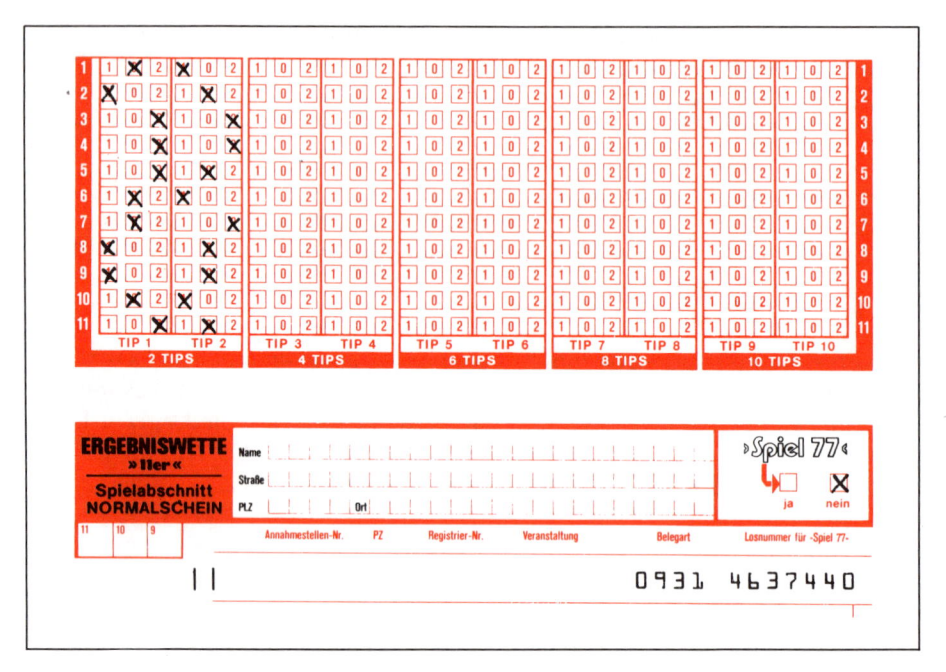

Bild 80.1 Totoschein mit 2 ausgefüllten Tippreihen

Beispiel 4: In der Elferwette beim Fußballtoto* gibt es $3 \cdot 3 \cdot \ldots \cdot 3 = 3^{11} = 177\,147$ Möglichkeiten für eine Tippreihe (siehe Bild 80.1).

Sehr häufig benötigt man die Anzahl der n-Tupel, die man aus n verschiedenen Elementen so bilden kann, daß jedes Element genau einmal auftritt. Jedes solche n-Tupel heißt eine *Permutation*** der gegebenen n Elemente. Mit der Produktregel ergeben sich $n \cdot (n-1) \cdot (n-2) \cdot \ldots \cdot 2 \cdot 1$ Möglichkeiten, solche n-Tupel zu bilden. Das hier auftretende Produkt der ersten n natürlichen Zahlen spielt in der Mathematik öfters eine Rolle. 1808 hat der Mathematiker *Christian Kramp* (1761–1826) vorgeschlagen, dieses Produkt mit $n!$, gesprochen n *Fakultät*, abzukürzen. $1!$ und $0!$ sind dadurch noch nicht definiert. Für $n \geq 3$ gilt die Rekursionsformel $n! = (n-1)! \cdot n$. Setzt man hier $n = 2$ bzw. $n = 1$, so erhält man formal $2! = 1! \cdot 2$ bzw. $1! = 0! \cdot 1$, was die Festlegungen $1! = 1$ und $0! = 1$ nahelegt. Wir fassen die Überlegungen zusammen in

---

Definition 8: $0! = 1$
$1! = 1$
$n! = 1 \cdot 2 \cdot \ldots \cdot n$ für alle natürlichen Zahlen > 1

Damit gilt

---

* Toto ist eine Abkürzung für Totalisator, womit der amtliche Wettbetrieb im Pferdesport erstmals 1871 in Frankreich bezeichnet wurde. 1921 wurde ein Fußballtoto in England eingeführt; 1948 ließen Baden-Württemberg, Bayern, Bremen und Schleswig-Holstein ein Fußballtoto zu, 1953 die DDR.
** Der Ausdruck *Permutation* wurde von *Jakob Bernoulli* (1655–1705) geprägt.

8.2 Kombinatorische Hilfsmittel

Satz 9: Zu jeder Menge von n Elementen gibt es $n!$ Permutationen.

Zur Menge {a, b, c} gibt es also $3! = 6$ Permutationen, nämlich abc, acb, bac, bca, cab und cba.

Als Anwendung von Satz 9 betrachten wir folgendes Problem. Bei Schwimmwettkämpfen sind die Bahnen nicht ganz gleichwertig. Außerdem spielt es eine Rolle, wer in den benachbarten Bahnen schwimmt. Um diese Ungerechtigkeit zu beseitigen, müßte man eigentlich die 8 Teilnehmer so oft schwimmen lassen, bis alle möglichen Bahnbesetzungen aufgetreten sind. Das ergäbe allerdings an Stelle eines Wettkampfes $8! = 40320$ Wettkämpfe! Um einen 1500 m-Kraulwettkampf entscheiden zu können, müßte man dann über 1 Jahr Tag und Nacht schwimmen. Das dürfte der Grund sein, warum der Weltschwimmverband diese Art der Entscheidung noch nicht eingeführt hat.

Kombinatorische Fragestellungen sind sehr vielfältig und oft nur trickreich zu bewältigen. Wir wollen uns hier nur mit den einfachsten Fällen beschäftigen. Dazu betrachten wir eine Menge von n unterscheidbaren Elementen, kurz n-Menge genannt. Aus ihr wollen wir k Elemente auswählen. Auf wie viele Arten kann eine solche Auswahl getroffen werden?

Zur Beantwortung dieser Frage müssen wir zwei Vorfragen klären.

1) Spielt die Reihenfolge eine Rolle, in welcher die k Elemente ausgewählt werden? Kommt es auf die Reihenfolge an, dann ist das Ergebnis der Auswahl ein *k-Tupel**; spielt hingegen die Reihenfolge keine Rolle, so ist das Ergebnis der Auswahl eine *k-Kombination***.

Beispiel 5: Bei der Ziehung der 6 Lottozahlen entsteht ein 6-Tupel (= Sextupel), etwa (34|13|40|27|42|14). Da es beim Lotto aber nicht auf die Reihenfolge der gezogenen 6 Zahlen ankommt, wird das Ergebnis als 6-Kombination {13, 14, 27, 34, 40, 42} veröffentlicht.

---

* Früher nannte man die k-Tupel auch *Variationen zur k-ten Klasse* bzw. *Variationen der Länge k*.

** Früher sagte man dafür auch *Kombination zur k-ten Klasse* oder *Kombination der Länge k*. – *Kombination* bedeutet eigentlich eine Zusammenfassung von je 2 Elementen (bini = je 2), so wie *Konternation* eine von je 3 (= terni). Wenn auch bereits *Jakob Bernoulli* das Wort „Kombination" im heutigen Sinne verwendet, so verdrängt erst *Karl Friedrich Hindenburg* (1741–1808) das für „Zusammenfassung" 1666 von *Leibniz* geprägte „Komplexion" durch „Kombination".

Bild 81.1 Ziehung beim Lotto »6 aus 49«
oben: 6-Menge, natürlich geordnet
unten: ursprünglich gezogenes 6-Tupel

2) Kann jedes Element nur einmal bei der Auswahl auftreten oder kann es auch beliebig oft ausgewählt werden?

Im ersten Fall spricht man von *Auswahl ohne Wiederholung*, im zweiten Fall von *Auswahl mit Wiederholung*. Man erkennt sofort, daß k-Kombinationen ohne Wiederholung nichts anderes als k-Mengen sind. Wir werden im folgenden für diesen Fall die Bezeichnung *k-Menge* der Bezeichnung *k-Kombination ohne Wiederholung* vorziehen, weil sie suggestiver ist.

Bei k-Tupeln ist Auswahl mit Wiederholung zugelassen. Ist jedoch bei der Auswahl der Elemente keine Wiederholung von Elementen zugelassen, so wollen wir die entstehenden *k-Tupel ohne Wiederholung* kürzer als *k-Permutationen* bezeichnen. Ist dabei überdies $k = n$, so spricht man üblicherweise nicht von einer n-Permutation, sondern nur von einer Permutation (der n gegebenen Elemente), wie wir es bereits auf Seite 80 eingeführt hatten.

Beispiel 6: Das Ziehen der 6 Lottozahlen liefert zunächst ein Sextupel ohne Wiederholung, also eine 6-Permutation, die als natürlich geordnete 6-Menge veröffentlicht wird. Beim Fußballtoto hingegen ist eine Tippreihe ein 11-Tupel (mit Wiederholung), das aus der 3-Menge $\{0, 1, 2\}$ ausgewählt wird.

Für den noch fehlenden Fall einer k-Kombination mit Wiederholung betrachten wir folgendes

Beispiel 7: Eine Gruppe von 6 Personen möchte ins Theater gehen und läßt sich 6 Karten der teuersten Preisklasse schicken. Die Plätze dieser Preisklasse liegen in den ersten 3 Reihen. Eine Möglichkeit der Auswahl besteht dann aus 6 Karten, von denen jede entweder für die erste, die zweite oder die dritte Reihe gilt.

In einer Übersicht stellen wir die vier genannten Fälle noch einmal zusammen.

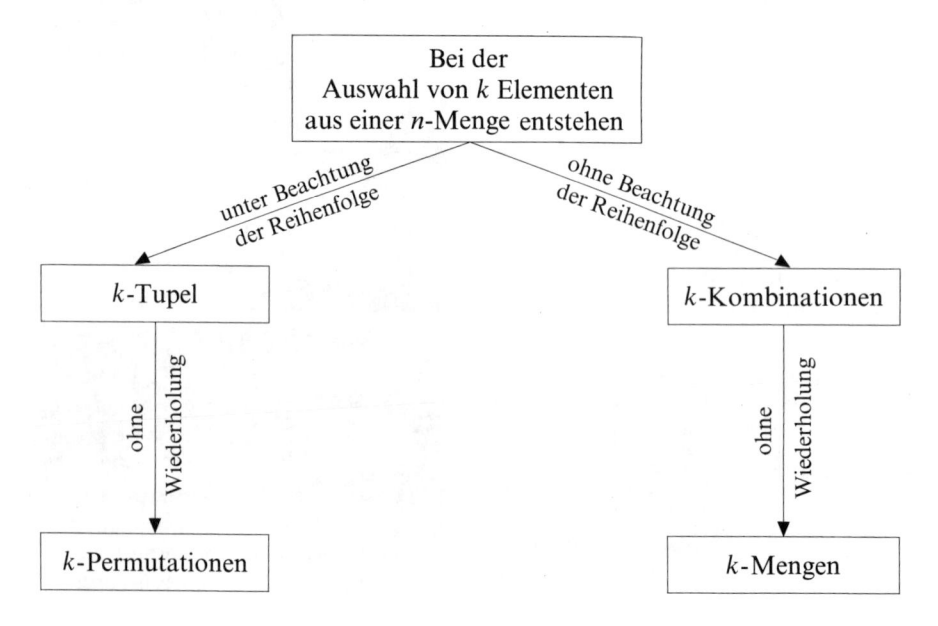

```
              ┌─────────────────────────┐
              │        Bei der          │
              │ Auswahl von k Elementen │
              │ aus einer n-Menge entstehen │
              └─────────────────────────┘
           unter Beachtung       ohne Beachtung
           der Reihenfolge       der Reihenfolge
           ↙                              ↘
   ┌──────────┐                    ┌──────────────┐
   │ k-Tupel  │                    │k-Kombinationen│
   └──────────┘                    └──────────────┘
        │ ohne                            │ ohne
        │ Wiederholung                    │ Wiederholung
        ↓                                 ↓
   ┌──────────────┐               ┌──────────┐
   │k-Permutationen│               │ k-Mengen │
   └──────────────┘               └──────────┘
```

Zur Illustration dieser Übersicht betrachten wir die Auswahl von 2 Elementen aus einer Menge von 3 Elementen.

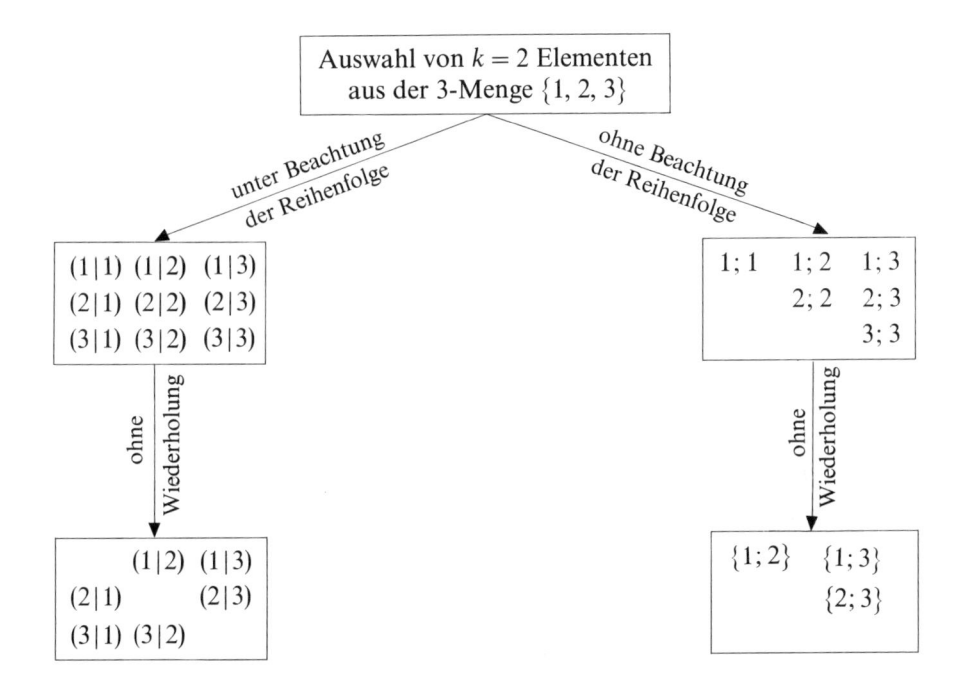

```
                  Auswahl von k = 2 Elementen
                   aus der 3-Menge {1, 2, 3}
         unter Beachtung              ohne Beachtung
          der Reihenfolge              der Reihenfolge
```

(1|1) (1|2) (1|3)
(2|1) (2|2) (2|3)
(3|1) (3|2) (3|3)
	1; 1 1; 2 1; 3
	     2; 2 2; 3
	          3; 3

ohne Wiederholung ↓ ↓ ohne Wiederholung

(1|2) (1|3) (2|1) (2|3) (3|1) (3|2)	{1; 2} {1; 3} {2; 3}

Gibt es für die Elemente der Menge, aus der ausgewählt wird, eine »natürliche« Anordnung, so schreibt man die Kombinationen bzw. Mengen in dieser natürlichen Anordnung, um die Darstellung übersichtlicher zu machen.

Im Folgenden wollen wir Formeln für die Anzahl der jeweils möglichen Auswahlen entwickeln.

A. Anzahl der k-Permutationen aus einer n-Menge ($k \leqq n$)

Mit Hilfe des Zählprinzips überlegen wir uns: Für die 1. Stelle der k-Permutation gibt es n Möglichkeiten, für die 2. Stelle nur mehr $(n-1)$ Möglichkeiten, ..., für die k-te Stelle schließlich nur mehr $[n-(k-1)]$ Möglichkeiten. Also kann man auf $n(n-1) \cdot \ldots \cdot (n-k+1)$ Arten k-Permutationen aus einer n-Menge auswählen.

Mit Hilfe der Fakultät läßt sich diese Anzahl auch schreiben als $\frac{n!}{(n-k)!}$. Es gibt demnach $\frac{49!}{(49-6)!} = 10\,068\,347\,520$ 6-Permutationen aus den 49 Lottozahlen.

B. Anzahl der k-Mengen aus einer n-Menge ($k \leqq n$)

Jeweils $k!$ der in **A.** erzeugten k-Permutationen unterscheiden sich nur durch die Reihenfolge ihrer Elemente. Da wir beim jetzigen Auswahlverfahren aber von der Reihenfolge absehen wollen, liefern alle diese $k!$ k-Permutationen dieselbe

k-Menge. Man erhält also die Anzahl der k-Mengen, indem man die Anzahl der k-Permutationen durch $k!$ dividiert. Das ergibt $\dfrac{n!}{k!(n-k)!}$ verschiedene k-Mengen aus einer n-Menge. Beim Lotto »6 aus 49« gibt es somit $\dfrac{49!}{6!(49-6)!} = 13\,983\,816$ verschiedene Ergebnisse.

Die Anzahl der k-Mengen aus einer n-Menge drückt man durch das Symbol $\binom{n}{k}$ aus, das wir »k aus n« lesen. Da diese Anzahlen $\binom{n}{k}$ bei der Berechnung von $(a+b)^n$, d. h. der n-ten Potenz des Binoms $(a+b)$, als Koeffizienten auftreten, heißen sie *Binomialkoeffizienten**. Zweckmäßigerweise definiert man allgemein:

Definition 9: $\binom{n}{k} := \begin{cases} \dfrac{n!}{k!(n-k)!} & \text{, falls } 0 \leq k \leq n \\ 0 & \text{, falls } k > n \end{cases}$

Merkregel von *Hérigone* für die Berechnung von $\binom{n}{k}$:

Aus $\binom{n}{k} = \dfrac{n!}{k!(n-k)!} = \dfrac{n \cdot (n-1) \cdot \ldots \cdot (n-(k-1))}{1 \cdot 2 \cdot \ldots \cdot k}$ erkennt man:

Zähler und Nenner enthalten je k Faktoren; der Zähler von n an abwärts und der Nenner von 1 an aufwärts.**

C. Anzahl der k-Tupel aus einer n-Menge

Für jede der k Stellen des k-Tupels stehen alle n Elemente der n-Menge zur Verfügung. Das ergibt nach der Produktregel n^k Möglichkeiten der Auswahl.

Im Fußballtoto gibt es also $3^{11} = 177\,147$ Möglichkeiten für eine Tippreihe.

D. Anzahl der k-Kombinationen aus einer n-Menge

Für diese Anzahl ergibt sich der Wert $\binom{n+k-1}{k}$.

---

* Erfunden hat die Binomialkoeffizienten in Europa *Michael Stifel* (1487?–1567) bei der Lösung der Aufgabe, die n-te Wurzel aus einer beliebigen Zahl zu ziehen. Veröffentlicht hat er seine Erfindung, auf die er stolz war, 1544 in seiner *Arithmetica integra*. Namen gab er diesen Zahlen jedoch nicht. *Girolamo Cardano* (1501–76) nannte sie 1570 einfach *multiplicandi*. *Blaise Pascal* (1623–62) nannte sie *Zahlen n-ter Ordnung*, *Pierre de Fermat* (1601–1665) und *Jakob Bernoulli* (1655–1705) nannten sie *figurierte Zahlen*, ein Begriff, den die *Pythagoreer* (5. Jh. v. Chr.) einführten, weil sich die auftretenden Zahlenfolgen in Figuren anordnen lassen. So bilden z. B. die Zahlen 1, 3, 6, 10 ... der 2. Spalte in der Anordnung von *Stifel* (siehe Bild 105.1) Dreiecke: • •• ••• ••••

William Oughtred (1574–1660) nannte sie 1631 *unciae*, eine Bezeichnung, die auch *Leonhard Euler* (1707–1783) noch verwendet. Die früheste Belegstelle für den Namen »Binomialkoeffizient«, die wir entdecken konnten, sind die *Anfangsgründe der Mathematik*, III, 1, Seite 414, von *Abraham Gotthelf Kästner* (1719–1800) aus dem Jahre 1759. *Leonhard Euler* verwendete für die Binomialkoeffizienten 1778 das Symbol $\left(\tfrac{n}{k}\right)$, 1781 dann $\left[\tfrac{n}{k}\right]$. Das heute übliche $\binom{n}{k}$ führte 1826 *Andreas von Ettingshausen* (1796–1878) in *Die combinatorische Analysis* ein.

** In dieser Form gab *Pierre Hérigone* († ca. 1643) als erster in seinem *Cursus mathematicus nova, brevi, et clara methodo demonstratus* (1634) die allgemeine Formel zur Bestimmung der Anzahl der k-Mengen aus einer n-Menge an.

Unsere Theaterfreunde haben somit $\binom{3+6-1}{6} = 28$ Möglichkeiten für die Verteilung der 6 Karten auf die 3 Reihen.

Der **Beweis** der oben angegebenen Formel ist leider komplizierter als in den drei anderen Fällen. Für den interessierten Leser werde er im Folgenden entwickelt.

Durch $n-1$ Trennstriche erzeugen wir zunächst für jedes der n Elemente der n-Menge $\{a_1, a_2, ..., a_n\}$ ein Feld.

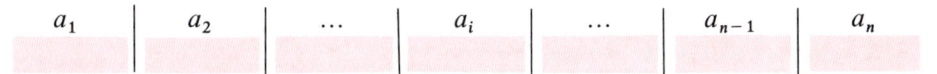

| a_1 | a_2 | ... | a_i | ... | a_{n-1} | a_n |

Ziehen wir beim Auswahlverfahren das Element a_i, so schreiben wir in das Feld a_i ein Kreuz $+$. Es entsteht dadurch eine Folge von $n+k-1$ Zeichen, nämlich von $n-1$ Strichen und k Kreuzen. Hat man z.B. aus der 4-Menge $\{a_1, a_2, a_3, a_4\}$ das Element a_1 dreimal, das Element a_3 einmal und das Element a_4 zweimal gezogen, so entsteht die Folge $+++\|+\|++$. Man erhält alle Möglichkeiten für solche Folgen, wenn man sich überlegt, auf wie viele Arten man die k Kreuze auf die $n+k-1$ Zeichenstellen verteilen kann. (Die restlichen $n-1$ Stellen werden durch die $n-1$ Striche belegt.) Das geht aber nach **B.** auf $\binom{n+k-1}{k}$ Arten.

Wir fassen unsere Ergebnisse übersichtlich zusammen in Figur 85.1 und

Satz 10: Für die Auswahl von k Elementen aus einer n-Menge ergeben sich, abhängig vom Auswahlverfahren, folgende Anzahlen:

	mit Beachtung der Reihenfolge	ohne Beachtung der Reihenfolge
mit Wiederholung ($k \in \mathbb{N}_0$)	n^k	$\binom{n+k-1}{k}$
ohne Wiederholung ($k \leq n$)	$\dfrac{n!}{(n-k)!}$	$\binom{n}{k}$

Menge aller k-Tupel — Menge aller k-Kombinationen

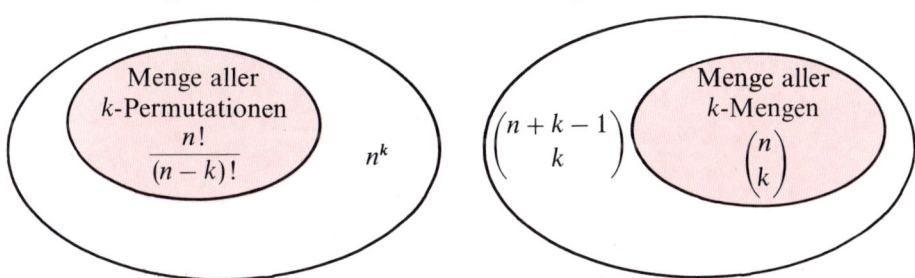

Fig. 85.1 Verschiedene Möglichkeiten, k Elemente aus einer n-Menge auszuwählen. Es ist jeweils angegeben, wie viele Möglichkeiten es dafür gibt.

8. Laplace-Experimente

Bemerkung:
Für diese Anzahlen gibt es verschiedene Bezeichnungsweisen. Einige geläufige geben wir hier an:

Anzahl der k-Tupel ($=k$-Variationen) mit Wiederholung aus einer n-Menge $=$
$= V_{mW}(n;k) = {}^{W}V_{n}^{k}$.

Anzahl der k-Tupel ($=k$-Variationen) ohne Wiederholung aus einer n-Menge $=$
$= V_{oW}(n;k) = V_{n}^{k}$.

Anzahl der k-Kombinationen mit Wiederholung aus einer n-Menge $=$
$= K_{mW}(n;k) = {}^{W}C_{n}^{k}$.

Anzahl der k-Mengen ($=k$-Kombinationen ohne Wiederholung) aus einer n-Menge $= K_{oW}(n;k) = C_{n}^{k}$.

Zusammenfassend illustrieren wir die vier unterschiedlichen Abzählprobleme.

Beispiel 8: Einer Gruppe von 15 Schülern werden 3 Theaterkarten angeboten. Auf wie viele Arten können die Karten verteilt werden, wenn sie
a) 3 numerierte Sitzplätze sind,
b) 3 unnumerierte Stehplätze sind?
Dabei müssen wir noch jeweils unterscheiden, ob ein Schüler
α) genau eine Karte oder
β) mehrere Karten nehmen kann.

Lösung:
a α) Jede Verteilung der 3 unterschiedlichen Karten auf die 15 Schüler stellt eine 3-Permutation aus den 15 Schülern dar. Es gibt also $\dfrac{15!}{(15-3)!} = 15 \cdot 14 \cdot 13 = 2730$ Möglichkeiten.

a β) Jede Verteilung der 3 unterschiedlichen Karten auf die 15 Schüler stellt ein Schülertripel dar. Es gibt also $15^3 = 3375$ Möglichkeiten.

b α) Jede Verteilung der 3 gleichwertigen Karten auf die 15 Schüler stellt eine Menge von 3 Schülern ($=$ 3-Kombination ohne Wiederholung) dar. Es gibt also $\binom{15}{3} = \dfrac{15!}{3!\,12!} = \dfrac{15 \cdot 14 \cdot 13}{1 \cdot 2 \cdot 3} = 455$ Möglichkeiten.

b β) Jede Verteilung der 3 gleichwertigen Karten auf die 15 Schüler stellt eine Kombination von 3 Schülern (mit Wiederholung) dar. Es gibt also
$\binom{15+3-1}{3} = \binom{17}{3} = 680$ Möglichkeiten.

8.3. Berechnung von Laplace-Wahrscheinlichkeiten

Mit den in **8.2.** erarbeiteten kombinatorischen Hilfsmitteln können wir jetzt Laplace-Wahrscheinlichkeiten auch in komplizierteren Fällen berechnen.

Beispiel 1: In einem Studentenheim ist es Brauch, daß jeder an seinem Geburtstag alle Mitbewohner zu einer Geburtstagsfeier einlädt.
Wie groß ist die Wahrscheinlichkeit dafür, daß an einem Tag mehr als eine Feier stattfindet, wenn im Heim **a)** 10 Studenten, **b)** n Studenten wohnen?*
Zur Vereinfachung wollen wir annehmen, daß unser Kalender keine Schalttage kennt und daß die Geburten gleichmäßig übers Jahr verteilt sind, d. h., daß jeder Tag mit gleicher Wahrscheinlichkeit $\frac{1}{365}$ als Geburtstag für eine bestimmte Person in Frage kommt.

Lösung:
a) Ein möglicher Ergebnisraum Ω ist die Menge aller 10-Tupel aus den 365 Tagen des Jahres. Also gilt $|\Omega|$ = Anzahl der 10-Tupel aus einer 365-Menge = 365^{10}. Das Ereignis $A :=$ »Mindestens zwei Feiern finden am gleichen Tag statt« besteht aus allen 10-Tupeln, in denen mindestens zwei gleiche Elemente sind. Dieses Ereignis läßt sich nur schwer abzählen. Sehr viel einfacher bestimmt man dagegen die Mächtigkeit des Gegenereignisses $\bar{A}$ = »Alle Feste finden an verschiedenen Tagen statt«. $\bar{A}$ besteht aus allen 10-Tupeln, in denen alle 10 Elemente verschieden sind. $|\bar{A}|$ ist also die Anzahl der 10-Permutationen aus einer 365-Menge =
$$= \frac{365!}{(365-10)!} = 365 \cdot 364 \cdot \ldots \cdot 356.$$
Damit ergibt sich $P(A) = 1 - P(\bar{A}) = 1 - \frac{|\bar{A}|}{|\Omega|} = 1 - \frac{365 \cdot 364 \cdot \ldots \cdot 356}{365^{10}} = 11,7\%$

b) Im allgemeinen Fall haben wir anstelle der 10-Tupel jeweils die n-Tupel zu nehmen.
Wir erhalten $P(A) = 1 - \frac{365!}{(365-n)! \cdot 365^n}$, falls $0 \leq n \leq 365$.

Tabelle 87.1 und Figur 88.1 zeigen den Verlauf dieser Wahrscheinlichkeit in Abhängigkeit von n.
Erstaunlicherweise ist $P(A) > \frac{1}{2}$ bereits für $n = 23$.
In einer Klasse mit 30 Schülern kann man schon mit einer Wahrscheinlichkeit von 71 % damit rechnen, daß mindestens zwei Schüler am selben Tag Geburtstag haben.
Für den noch ausstehenden Fall, daß $n > 365$ ist, gilt selbstverständlich $P(A) = 1$.

n	$P(A)$	n	$P(A)$
0	0,000	40	0,891
5	0,027	45	0,941
10	0,117	50	0,970
15	0,253	55	0,986
20	0,411	60	0,994
25	0,569	65	0,998
30	0,706	70	0,999
35	0,814	75	1,000

Tab. 87.1 $P(A)$ ist die Wahrscheinlichkeit dafür, daß unter n Personen mindestens 2 am gleichen Tag Geburtstag haben.

---
* Das Problem geht auf eine 1939 veröffentlichte Arbeit *Richard v. Mises'* (1883–1953) zurück.

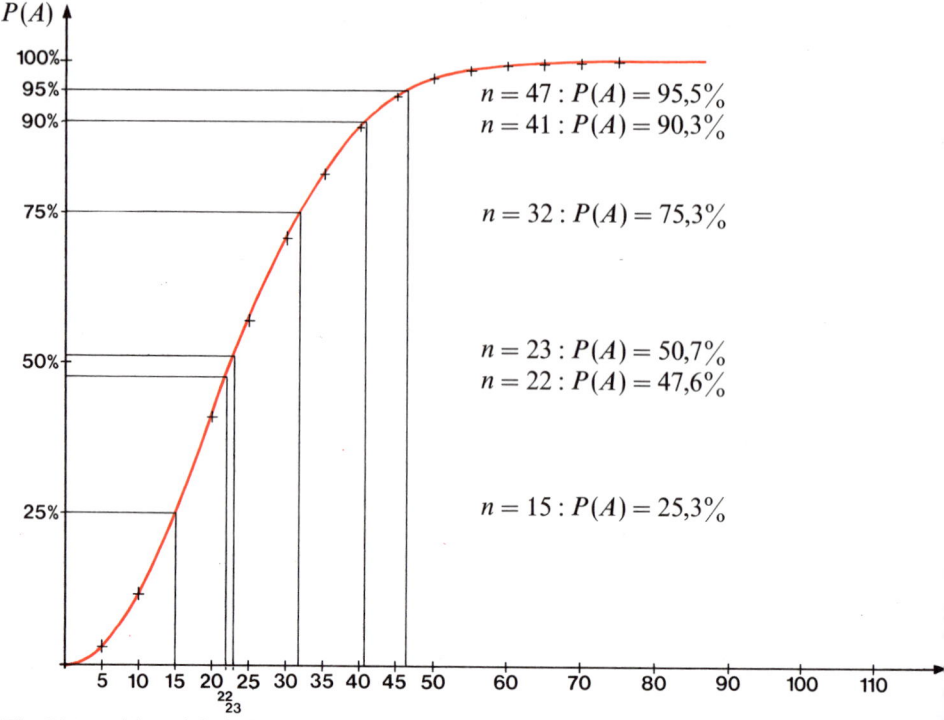

Fig. 88.1 Abhängigkeit der Wahrscheinlichkeit für das Zusammenfallen mindestens zweier Geburtstage von der Anzahl n der Personen

Beispiel 2: Wie groß ist die Wahrscheinlichkeit, beim Lotto »6 aus 49« mit einer Tippreihe
a) genau 4 Richtige, **b)** mindestens 4 Richtige zu haben?

Lösung:
Ein möglicher Ergebnisraum Ω ist die Menge aller 6-Mengen aus der 49-Menge $\{1, 2, \ldots, 48, 49\}$. $|\Omega|$ ist also die Anzahl der 6-Mengen, die man aus der 49-Menge bilden kann, also $|\Omega| = \binom{49}{6} = 13\,983\,816$. Da keine Veranlassung besteht anzunehmen, daß eine dieser 6-Mengen vor irgendeiner anderen ausgezeichnet ist, nehmen wir auf Ω eine gleichmäßige Wahrscheinlichkeitsverteilung an.

a) Das betrachtete Ereignis $A :=$ »Genau 4 Richtige« besteht aus den Ziehungen von 6 Kugeln, bei denen genau 4 Kugelnummern mit 4 von den 6 auf dem Tippschein angekreuzten Zahlen übereinstimmen (siehe Bild 89.1). Zur Berechnung der Anzahl dieser günstigen Ergebnisse verwenden wir das Zählprinzip. Zunächst gibt es $\binom{6}{4}$ Möglichkeiten, die 4 Treffer auf die 6 angekreuzten Zahlen zu verteilen. Dann aber gibt es noch $\binom{43}{2}$ Möglichkeiten, die beiden weiteren gezogenen Kugelnummern auf die 43 nicht angekreuzten Zahlen zu verteilen. Man erhält somit

$|A| = \binom{6}{4} \cdot \binom{43}{2} = 13\,545$ und damit für

$$P(A) = \frac{|A|}{|\Omega|} = \frac{13\,545}{13\,983\,816} = 0{,}000\,968\,6 \approx 0{,}097\% \approx 1\,^0\!/_{00}.$$

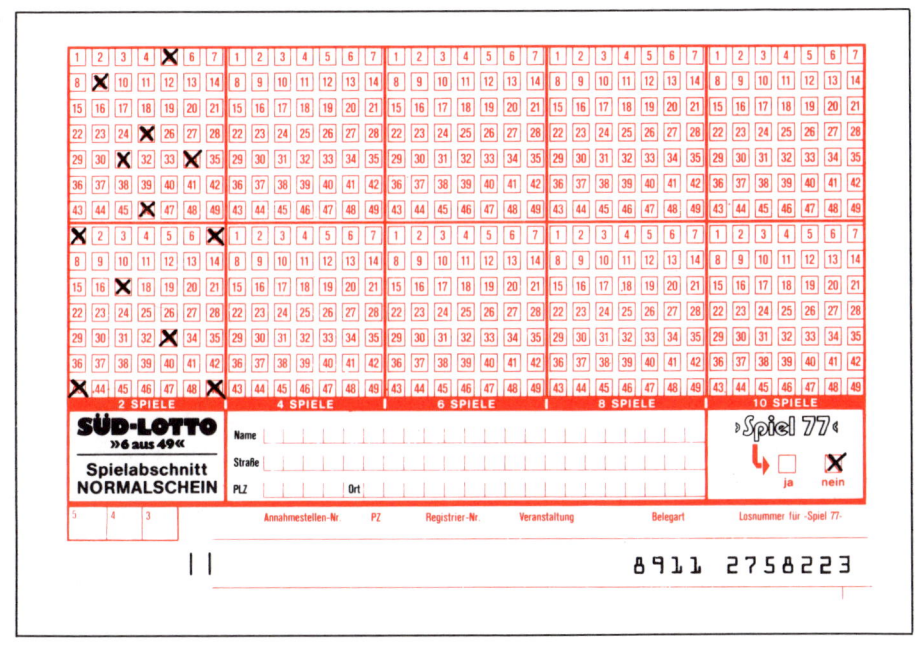

8.3 Berechnung von Laplace-Wahrscheinlichkeiten

Bild 89.1   Lottoschein mit 2 ausgefüllten Spielfeldern

b) Hier sind auch noch die Ergebnisse günstig, die genau 5 bzw. 6 Treffer enthalten. Da die Ereignisse A, $B := $»Genau 5 Richtige« und $C := $»Genau 6 Richtige« unvereinbar sind, gilt auf Grund von Satz 5 (Seite 61):

$P($»Mindestens 4 Richtige«$) = P(A \cup B \cup C) = P(A) + P(B) + P(C) =$

$$= \frac{\binom{6}{4}\binom{43}{2}}{\binom{49}{6}} + \frac{\binom{6}{5}\binom{43}{1}}{\binom{49}{6}} + \frac{\binom{6}{6}\binom{43}{0}}{\binom{49}{6}} =$$

$$= \frac{13\,545 + 258 + 1}{13\,983\,816} = 0{,}000\,987\,1 \approx 0{,}099\,\% \approx 1\,^0\!/\!_{00}.$$

Füllt man also sehr oft Tippzettel aus, so kann man in etwa 1 von 1000 Fällen damit rechnen, mindestens 4 Richtige getippt zu haben. Bei 2 Tippreihen pro Woche kann man also etwa alle 10 Jahre einmal ein solches Erfolgserlebnis haben!

Beispiel 3: Wegen katastrophaler Wetterverhältnisse mußten an einem Spieltag sämtliche Spiele der Bundesliga ausfallen. Für die Totospieler wurden die 11 Spiele daher ausgelost. Wie groß ist die Wahrscheinlichkeit, an diesem Spieltag mit einer Tippreihe (siehe Bild 80.1) genau 9 Richtige getippt zu haben?

Lösung: Ein möglicher Ergebnisraum Ω ist die Menge aller 11-Tupel, die man aus der 3-Menge $\{0, 1, 2\}$ bilden kann. Also gilt $|\Omega| = $ Anzahl der 11-Tupel aus einer 3-Menge $= 3^{11} = 177\,147$. Das Ereignis $A := $»Genau 9 Richtige« besteht aus denjenigen 11-Tupeln, die an genau 9 Stellen dieselben Zahlen aufweisen wie unsere Tippreihe. Diese 9 Richtigen lassen sich auf $\binom{11}{9}$ Arten aus den 11 getippten Zahlen auswählen. Für die restlichen 2 falschen Tips gibt es jeweils 2 Möglichkeiten. Der Produktsatz liefert also $|A| = \binom{11}{9} \cdot 2^2$. Damit erhält man

$$P(A) = \frac{|A|}{|\Omega|} = \frac{\binom{11}{9} \cdot 2^2}{3^{11}} = \frac{220}{177\,147} \approx 0{,}001\,242 \approx 1\,^0/_{00}\,.$$

Für einen normalen Spieltag ist diese Überlegung natürlich falsch, da die Erfahrung zeigt, daß die Zahl 1 im 11-Tupel erheblich öfter auftritt als die Zahl 0, und diese wiederum häufiger als die Zahl 2, weil die Heimmannschaft gegenüber der Gastmannschaft im Vorteil ist. Die 3^{11} 11-Tupel sind also nicht gleichwahrscheinlich; es liegt somit kein Laplace-Experiment vor.

Beispiel 4: Ein Bridge-Kartenspiel besteht aus 52 Karten; 4 davon sind Asse. Es wird gut gemischt und dann eine Karte nach der anderen aufgedeckt. Wie groß ist die Wahrscheinlichkeit dafür, daß beim k-ten Aufdecken zum erstenmal ein As erscheint?

Wir wollen an diesem Beispiel zeigen, wie man durch die Wahl des Ergebnisraums zu verschiedenen Lösungswegen, aber dennoch zum gleichen Ergebnis kommen kann.

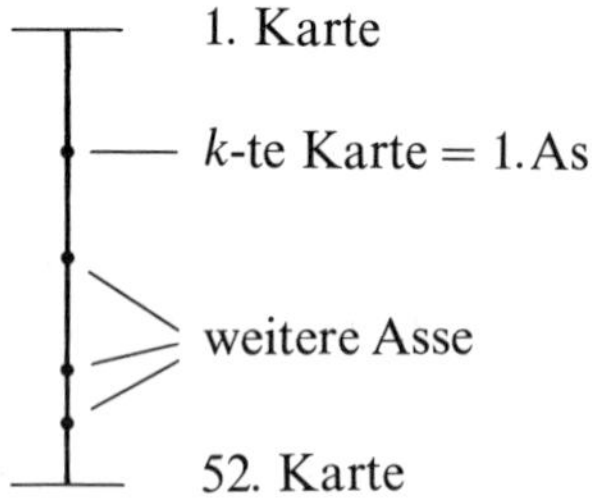

Lösung 1:

Ein möglicher Ergebnisraum Ω_1 ist die Menge aller 52-Permutationen, die man mit den 52 Bridgekarten erzeugen kann. Somit ist $|\Omega_1| = 52!$. Für das Ereignis $A := $»Das 1. As kommt an k-ter Stelle« sind diejenigen Permutationen günstig, die an k-ter Stelle ein As und an den davor liegenden $k - 1$ Stellen kein As haben. Die Anzahl $|A|$ dieser günstigen Ergebnisse bestimmen wir mit Hilfe des Produktsatzes: Die ersten $k - 1$ Stellen werden gebildet von den $(k - 1)$-Permutationen aus der 48-Menge der 48 Nicht-Asse; das ergibt $\dfrac{48!}{(48 - (k - 1))!}$ Möglichkeiten. Für die

Fig. 100.1 Die 4 Asse im Bridgekartenstapel

k-te Stelle steht eines der 4 Asse zur Verfügung; das ergibt 4 Möglichkeiten. Die restlichen $52 - k$ Stellen werden durch die Permutationen der noch verbliebenen $52 - k$ Karten belegt; das ergibt $(52 - k)!$ Möglichkeiten. Nach dem Produktsatz ist also $|A| = \dfrac{48!}{(49 - k)!} \cdot 4 \cdot (52 - k)!$. Für die gesuchte Wahrscheinlichkeit erhalten wir somit

$$P(A) = \frac{48! \cdot 4 \cdot (52 - k)!}{(49 - k)! \cdot 52!} = \frac{1}{51 \cdot 50 \cdot 49 \cdot 13} \cdot \frac{(52 - k)!}{(49 - k)!} =$$

$$= \frac{(52 - k)(51 - k)(50 - k)}{51 \cdot 50 \cdot 49 \cdot 13}\,.$$

Lösung 2: Wir denken uns die Stellen, an denen die Karten im Stapel liegen, von 1 bis 52 durchnumeriert. Die Nummern der Stellen, an denen die 4 Asse liegen, bilden eine 4-Menge. Ein möglicher Ergebnisraum Ω_2 ist dann die Menge aller 4-Mengen, die man aus der 52-Menge der Nummern von 1 bis 52 bilden kann. Das ergibt $|\Omega_2| = \binom{52}{4}$. Die für das Ereignis A günstigen Ergebnisse bestehen jetzt aus den 4-Mengen, die als kleinstes Element die Zahl k enthalten. Die übrigen 3 Zahlen einer solchen Menge müssen aus den nach k kommenden Nummern $k+1$, $k+2$, ..., 52 ausgewählt werden. Dafür gibt es $\binom{52-k}{3}$ Möglichkeiten. Für die Wahrscheinlichkeit $P(A)$ erhalten wir damit auf diesem Weg den Ausdruck

$$P(A) = \frac{\binom{52-k}{3}}{\binom{52}{4}},$$

der völlig anders aussieht als der in Lösung 1 errechnete. Durch eine einfache Umformung kann die Gleichheit aber leicht gezeigt werden (Aufgabe 62). Da $\binom{52-k}{3}$ mit wachsendem k monoton fällt, nimmt die Wahrscheinlichkeit für A monoton mit wachsender Platznummer k ab. Die wahrscheinlichste Stelle für das 1. As ist also die oberste Karte im Stapel. Man bedenke jedoch, daß diese Aussage auch für den 1. König, die 1. Dame usw. gilt! Die wahrscheinlichste Stelle für das letzte As ist natürlich die letzte Karte, was man leicht einsieht, wenn man in Gedanken den Stapel umkehrt.

8.4. Das Urnenmodell

8.4.1. Problemstellung

Viele Zufallsexperimente lassen sich durch ein Urnenexperiment simulieren. Dabei ist das Urnenexperiment oft übersichtlicher, weil man sich dabei auf das Wesentliche des Zufallsgeschehens beschränken kann. So läßt sich das Laplace-Zufallsexperiment »Werfen eines Laplace-Würfels« durch das Ziehen aus einer Urne mit 6 unterscheidbaren Kugeln simulieren. Aber auch Nicht-Laplace-Experimente lassen sich durch ein Urnenexperiment simulieren. So weiß man z.B., daß die Wahrscheinlichkeit für eine Knabengeburt weltweit ziemlich genau den Wert 0,514 hat. Das Zufallsexperiment »Geburt eines Kindes« kann also durch das Ziehen aus einer Urne simuliert werden, die 514 Kugeln einer Farbe und 486 andere Kugeln enthält.

Bei einem Urnenexperiment verwendet man eine Urne, die gleichartige, je nach Problemstellung mit verschiedenen Merkmalen (z.B. Farbe, Nummer) versehene Kugeln enthält. Das Experiment besteht nun darin, daß man der Reihe nach je eine Kugel bis zu einer festgelegten Anzahl zieht und deren Merkmale notiert. Dabei gibt es zwei grundsätzlich verschiedene Verfahrensweisen:

a) »Ziehen ohne Zurücklegen«
   Die jeweils gezogene Kugel wird beiseite gelegt, d.h., die Zusammensetzung der Urne ändert sich bei jedem Zug.

b) »Ziehen mit Zurücklegen«
   Die gezogene Kugel wird vor dem nächsten Zug in die Urne zurückgelegt; d.h., die Zusammensetzung des Urneninhalts ist vor jedem Zug die gleiche.*

---
* Bei komplizierteren Urnenexperimenten zieht man jeweils statt *einer* Kugel einen Satz von m Kugeln mit oder ohne Zurücklegen.

Für das Folgende geben wir uns eine Urne mit N Kugeln vor; S dieser N Kugeln sind schwarz. Wir ziehen n Kugeln aus dieser Urne. Nun könnte man nach den Wahrscheinlichkeiten vieler Ereignisse fragen, wie z. B. »Die 3. gezogene Kugel ist schwarz«, »Die 3. gezogene Kugel ist schwarz, aber die 4. gezogene Kugel ist nicht schwarz«, »Unter den ersten 5 gezogenen Kugeln befinden sich mindestens 2 schwarze«. Ein besonders wichtiger Typ von Ereignissen wird uns in der Folgezeit immer wieder beschäftigen, nämlich »Unter den n gezogenen Kugeln befinden sich genau s schwarze Kugeln«. Da wir dieses Ereignis sehr häufig ansprechen werden, lohnt es sich, eine kurze Schreibweise dafür einzuführen. Wir bezeichnen mit Z die Anzahl der gezogenen schwarzen Kugeln. Das Ereignis »Es werden genau s schwarze Kugeln gezogen« schreibt sich damit kurz »$Z = s$«. Zur Berechnung der Wahrscheinlichkeit $P(Z = s)$ müssen wir nun unterscheiden, ob das Ziehen ohne oder mit Zurücklegen erfolgen soll.

8.4.2. Die Wahrscheinlichkeit für genau s schwarze Kugeln beim Ziehen ohne Zurücklegen

Beispiel: Eine Urne enthalte 9 Kugeln, darunter 5 schwarze. Es werden 4 Kugeln ohne Zurücklegen gezogen. Mit welcher Wahrscheinlichkeit sind genau 2 der gezogenen Kugeln schwarz?

Zur Lösung zeichnen wir zunächst ein Baumdiagramm. Den jeweiligen Urneninhalt geben wir durch ein Zahlenpaar wieder; die erste Zahl bedeute die Anzahl der jeweils noch vorhandenen schwarzen Kugeln, die zweite die Anzahl der anderen Kugeln (Figur 93.1).

Das Ereignis »$Z = 2$« ist genau dann eingetreten, wenn eine Urne der Form (3|2) entstanden ist. Eine solche Urne kann auf 6 verschiedenen Wegen erhalten werden. Die Wahrscheinlichkeiten für jeden Weg ergeben sich mit Hilfe der 1. Pfadregel (Seite 55), die Gesamtwahrscheinlichkeit für die Urne (3|2) erhalten wir mit Hilfe der 2. Pfadregel (Seite 64). Somit gewinnen wir

$P((3|2)) = P(Z = 2) = \frac{5}{9} \cdot \frac{4}{8} \cdot \frac{4}{7} \cdot \frac{3}{6} + \frac{5}{9} \cdot \frac{4}{8} \cdot \frac{4}{7} \cdot \frac{3}{6} + \frac{5}{9} \cdot \frac{4}{8} \cdot \frac{3}{7} \cdot \frac{4}{6} + \frac{4}{9} \cdot \frac{5}{8} \cdot \frac{4}{7} \cdot \frac{3}{6} +$
$+ \frac{4}{9} \cdot \frac{5}{8} \cdot \frac{3}{7} \cdot \frac{4}{6} + \frac{4}{9} \cdot \frac{3}{8} \cdot \frac{5}{7} \cdot \frac{4}{6} =$
$= \frac{10}{21} =$
$\approx 47{,}6\%.$

In der vorstehenden Überlegung haben wir so gerechnet, als ob die Kugeln nacheinander gezogen würden. In 2.2.3 (Seite 16) haben wir behauptet, daß die gleichzeitige Entnahme von 4 Kugeln ersetzt werden kann durch das 4malige Ziehen von je einer Kugel ohne Zurücklegen. Dies können wir durch Anwendung unserer kombinatorischen Hilfsmittel zeigen, indem wir die gesuchte Wahrscheinlichkeit als Laplace-Wahrscheinlichkeit berechnen.

Denken wir uns dazu die 9 Kugeln unterscheidbar, etwa numeriert von 1 bis 9, wobei die schwarzen Kugeln die Nummern 1 bis 5 tragen sollen. Als Ergebnisraum Ω wählen wir die Menge aller 4-Mengen von Kugeln, die man aus der Urne ziehen kann. Da keine Kugel bevorzugt ist, sind alle diese Mengen gleichwahr-

8.4 Das Urnenmodell

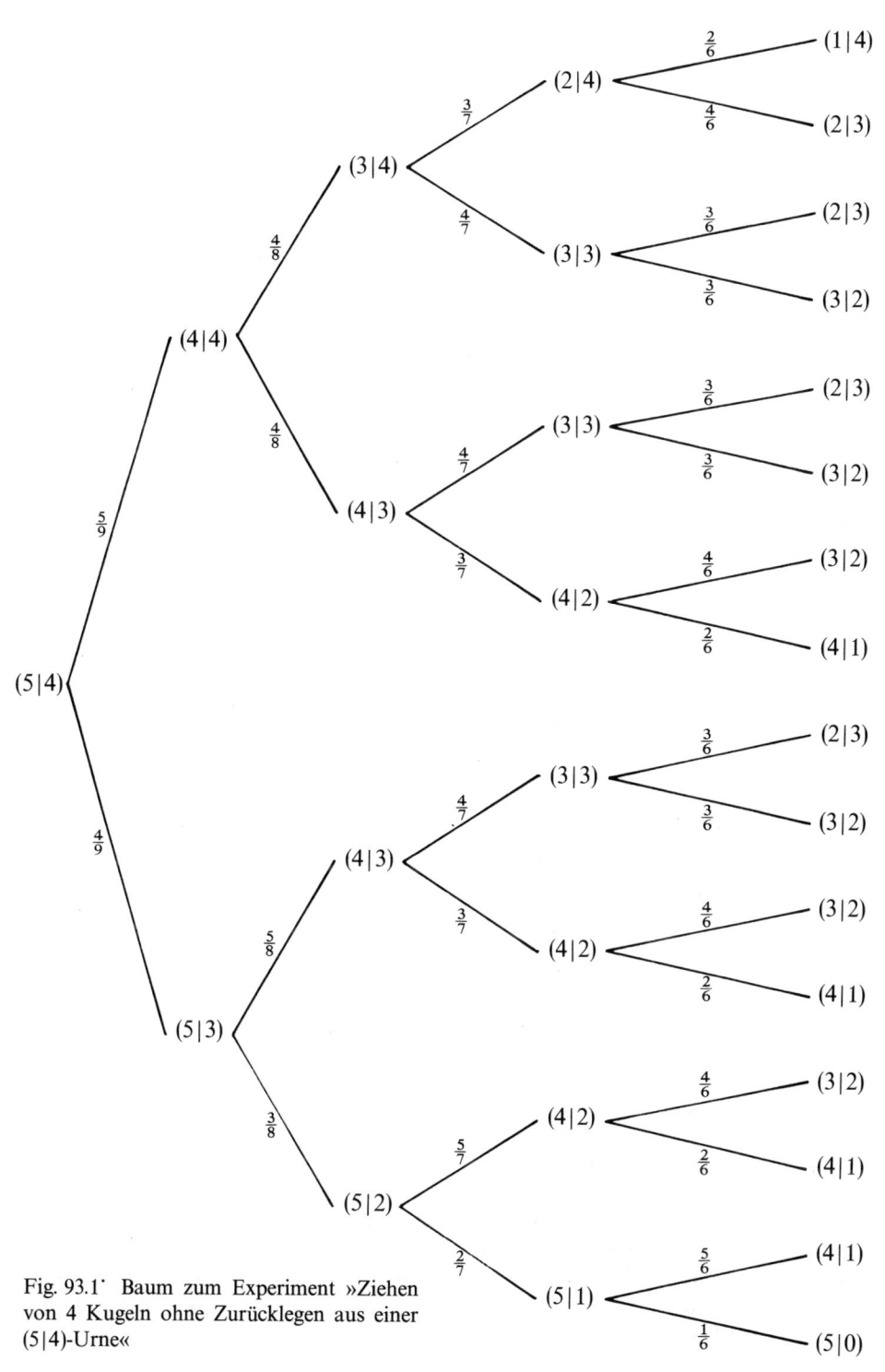

Fig. 93.1 Baum zum Experiment »Ziehen von 4 Kugeln ohne Zurücklegen aus einer (5|4)-Urne«

scheinlich. In einer 9-Menge gibt es $\binom{9}{4}$ 4-Teilmengen; also ist $|\Omega| = \binom{9}{4}$. Für die Anzahl der günstigen Ergebnisse überlegen wir: Die 2 schwarzen Kugeln kann man auf $\binom{5}{2}$ Arten aus den 5 schwarzen Kugeln der Urne ziehen. Für die restlichen 2 Kugeln gibt es $\binom{4}{2}$ Möglichkeiten, aus den 4 anderen Kugeln gezogen zu werden. Mit Hilfe des Produktsatzes ergibt sich dann nach *Laplace*

$$P(Z=2) = \frac{\binom{5}{2} \cdot \binom{4}{2}}{\binom{9}{4}} = \frac{10 \cdot 6}{126} = \frac{10}{21}.$$

Der 2. Lösungsweg läßt sich direkt auf den allgemeinen Fall übertragen.

> **Satz 11:** Zieht man aus einer Urne mit N Kugeln, wovon S schwarz sind, n Kugeln ohne Zurücklegen, so gilt für die Anzahl Z der gezogenen schwarzen Kugeln
>
> $$P(Z=s) = \frac{\binom{S}{s} \cdot \binom{N-S}{n-s}}{\binom{N}{n}}.$$

8.4.3. Die Wahrscheinlichkeit für genau s schwarze Kugeln beim Ziehen mit Zurücklegen

Beispiel: Eine Urne enthalte 9 Kugeln, darunter 5 schwarze. Es werden 4 Kugeln mit Zurücklegen gezogen. Mit welcher Wahrscheinlichkeit sind genau 2 der gezogenen Kugeln schwarz?

Zur Lösung zeichnen wir wieder ein Baumdiagramm. Es bezeichne ● den Zug einer schwarzen Kugel, ○ den Zug einer anderen Kugel (Figur 95.1).
Jeder Pfad, der genau 2mal nach oben verläuft, führt zu genau 2 gezogenen schwarzen Kugeln. Jeder dieser Pfade hat auf Grund der 1. Pfadregel dieselbe Wahrscheinlichkeit, nämlich $(\frac{5}{9})^2 \cdot (\frac{4}{9})^2$. Da es genau 6 solcher Pfade gibt, erhalten wir mit Hilfe der 2. Pfadregel

$$P(Z=2) = 6 \cdot (\tfrac{5}{9})^2 \cdot (\tfrac{4}{9})^2 = \tfrac{2400}{6561} \approx 36{,}6\%.$$

Auch im allgemeinen Fall hilft uns das Baumdiagramm (Figur 96.1) beim Auffinden der gesuchten Wahrscheinlichkeit. Da beim Ziehen mit Zurücklegen die Wahrscheinlichkeit für das Ziehen einer schwarzen Kugel bei jedem Zug den Wert $\frac{S}{N}$ hat, bezeichnen wir diese Wahrscheinlichkeit mit p. Die Wahrscheinlichkeit, eine andere als eine schwarze Kugel zu ziehen, ist dann $q := 1 - p$. Für das Ereignis »$Z=s$« sind all die Pfade günstig, die unter ihren n Schritten genau s Schritte nach oben haben. Die Wahrscheinlichkeit eines solchen Pfades ist nach der 1. Pfadregel ein Produkt aus s Faktoren p und $n-s$ Faktoren q, hat also den Wert $p^s q^{n-s}$. Nun gibt es aber genau $\binom{n}{s}$ Möglichkeiten, s »schwarze Züge« aus den n Zügen auszuwählen. Mit Hilfe der 2. Pfadregel erhalten wir damit für $P(Z=s)$ den Wert $\binom{n}{s} p^s q^{n-s}$. Damit ist bewiesen

8.4 Das Urnenmodell

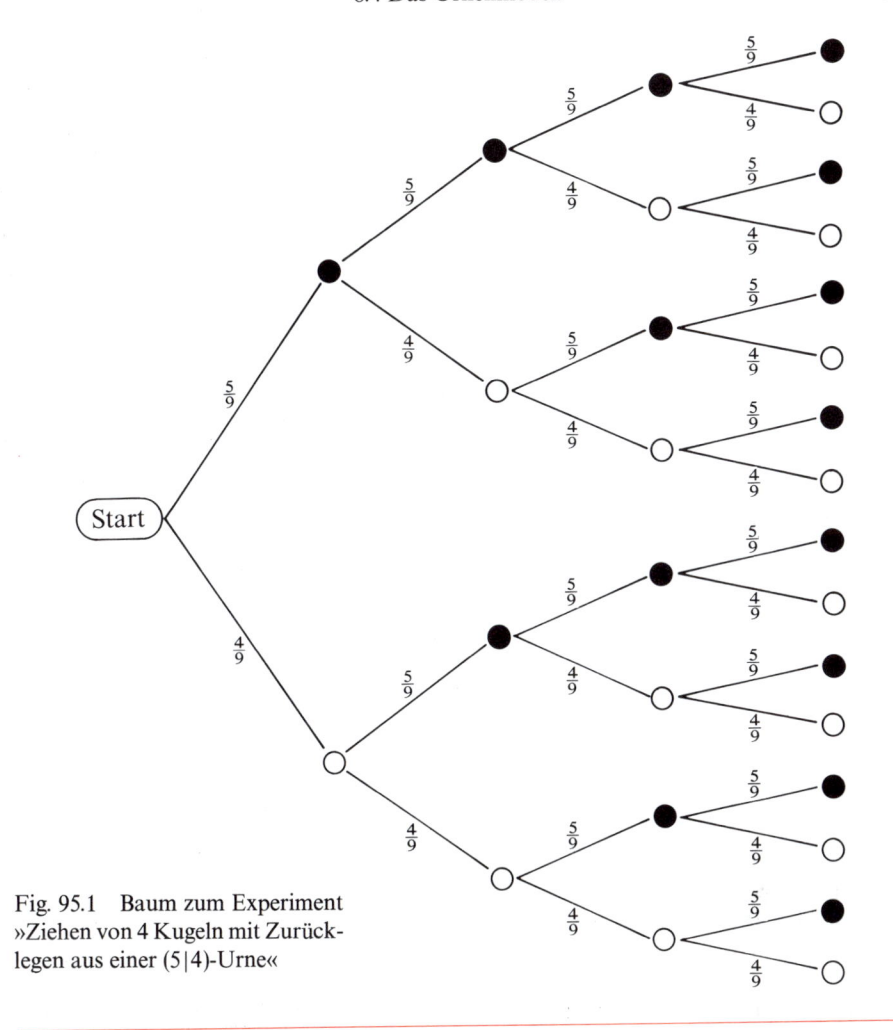

Fig. 95.1 Baum zum Experiment »Ziehen von 4 Kugeln mit Zurücklegen aus einer (5|4)-Urne«

Satz 12: Der Anteil schwarzer Kugeln in einer Urne sei p. Zieht man aus dieser Urne n Kugeln mit Zurücklegen, so gilt mit $q := 1 - p$ für die Anzahl Z der gezogenen schwarzen Kugeln

$$P(Z = s) = \binom{n}{s} p^s q^{n-s}.$$

Auch diese Wahrscheinlichkeit können wir direkt als Laplace-Wahrscheinlichkeit berechnen. Wieder denken wir uns die Kugeln in der Urne von 1 bis N numeriert, wobei die schwarzen Kugeln die Nummern 1 bis S tragen.

Als Ω wählen wir hier die Menge aller n-Tupel (mit Wiederholung) von Kugeln, die man aus den N Kugeln der Urne erhalten kann. Da keine Kugel beim Ziehen bevorzugt ist, sind alle diese n-Tupel gleichwahrscheinlich. Es liegt also ein Laplace-Experiment vor.

8. Laplace-Experimente

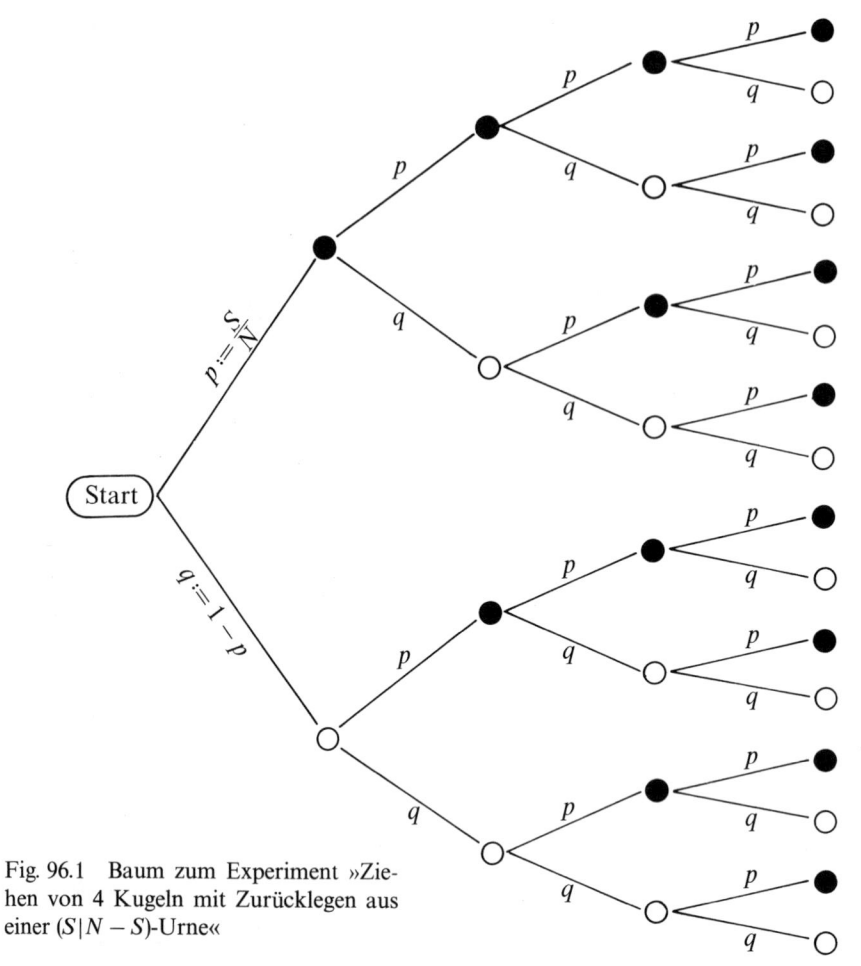

Fig. 96.1 Baum zum Experiment »Ziehen von 4 Kugeln mit Zurücklegen aus einer $(S\,|\,N-S)$-Urne«

Mit den N Kugeln in der Urne kann man N^n n-Tupel bilden. Also ist $|\Omega| = N^n$. Für die Anzahl der günstigen Ergebnisse überlegen wir: Für jede schwarze Kugel gibt es S Möglichkeiten, für die s schwarzen Kugeln also S^s Möglichkeiten. Entsprechend gibt es $N - S$ Möglichkeiten für jede andere Kugel, also insgesamt $(N-S)^{n-s}$ Möglichkeiten für die anderen Kugeln.

Die s schwarzen Kugeln kann man auf $\binom{n}{s}$ Arten auf die n Plätze der n-Tupel verteilen. Damit liegen dann auch schon die Plätze für die anderen Kugeln im n-Tupel fest. Mit Hilfe des Produktsatzes ergibt sich somit nach *Laplace*:

$$P(Z = s) = \frac{\binom{n}{s} S^s (N-S)^{n-s}}{N^n} = \binom{n}{s} \cdot \left(\frac{S}{N}\right)^s \cdot \left(1 - \frac{S}{N}\right)^{n-s} =$$

$$= \binom{n}{s} p^s (1-p)^{n-s} = \binom{n}{s} p^s q^{n-s}.*$$

* Die Formel wird manchmal nach *Isaac Newton* (1643–1727) benannt; sie stammt aber mit Sicherheit nicht von ihm.

8.5. Laplace-Paradoxa oder »Was ist gleichwahrscheinlich?«

Die Berechnung der Wahrscheinlichkeit eines Ereignisses A nach der Formel $P(A) = \dfrac{|A|}{|\Omega|}$ setzt bekanntlich voraus, daß die Ergebnisse des Experiments mit gleicher Wahrscheinlichkeit auftreten. Wie wir u. a. in Beispiel 4 von **8.3.** gesehen haben, kann man zu einem realen Experiment verschiedene Ergebnisräume konstruieren, für die man zu leicht unkritisch die Laplace-Annahme macht, weil es oft sehr schwierig ist, die wirkliche Wahrscheinlichkeitsverteilung zu erkennen. *Laplace* selbst schrieb, daß dies gerade einer der heikelsten Punkte in der Untersuchung des Zufallsgeschehens sei.* Es darf einen also nicht wundernehmen, daß bei einem solchen Vorgehen unterschiedliche Werte für die Wahrscheinlichkeit ein und desselben Ereignisses errechnet werden können. Manche solche Fehlschlüsse sind als *Paradoxa der Wahrscheinlichkeitsrechnung* bekannt geworden. Die Probleme von *Galilei*, *de Méré* und *Leibniz* haben wir bereits besprochen. (Siehe dazu Seite 10 f., [Aufgaben **1**, **2**, und **5**], Seite 69 ff. und auch die Aufgaben **10**, **11** auf Seite 100 sowie die Aufgabe **65** auf Seite 108.) Das folgende Beispiel soll zu einem tieferen Verständnis dieser Problematik beitragen.

Aufgabe:
6 Personen P, Q, W, X, Y und Z setzen sich auf gut Glück um einen runden Tisch. Wie groß ist die Wahrscheinlichkeit für das Ereignis $A := $ »P kommt neben Q zu sitzen«?
Wir wählen im Folgenden verschiedene Ergebnisräume Ω_i; das Ereignis A wird dann jeweils durch die Menge A_i dargestellt. Die gesuchte Wahrscheinlichkeit $P(A)$ werden wir jedesmal unter der Laplace-Annahme berechnen.

1. Lösung: Wir wählen als Ergebnisraum die Menge
$\Omega_1 := \{$P sitzt neben Q; P sitzt nicht neben Q$\}$ mit $|\Omega_1| = 2$.
$A_1 = \{$P sitzt neben Q$\}$ ist dann die Menge der für A günstigen Ergebnisse. Mit $|A_1| = 1$ erhalten wir somit für die Wahrscheinlichkeit des Ereignisses A den Wert $P(A) = \dfrac{|A_1|}{|\Omega_1|} = \tfrac{1}{2}$.

2. Lösung: Als mögliche Ergebnisse lassen wir nun die Minimalanzahl von Personen zu, die P von Q trennen, also $\Omega_2 = \{0, 1, 2\}$ mit $|\Omega_2| = 3$. $A_2 = \{0\}$ ist dann die Menge der für A günstigen Ergebnisse; es ist $|A_2| = 1$ und damit $P(A) = \dfrac{|A_2|}{|\Omega_2|} = \tfrac{1}{3}$.

3. Lösung: Als mögliche Ergebnisse betrachten wir die Anzahl von Personen, die im Uhrzeigersinn zwischen P und Q sitzen, also $\Omega_3 = \{0, 1, 2, 3, 4\}$ mit $|\Omega_3| = 5$. Die günstigen Ergebnisse bilden die Menge $A_3 = \{0, 4\}$ mit $|A_3| = 2$. Damit ergibt sich $P(A) = \dfrac{|A_3|}{|\Omega_3|} = \tfrac{2}{5}$.

---

* Vgl. die Fußnote* auf Seite 71.

4. Lösung: Wir numerieren die Plätze (siehe Figur 98.1) und nehmen als Ergebnisse des Zufallsexperiments die 2-Mengen der Nummern derjenigen Plätze, auf denen P und Q sitzen können, also
$\Omega_4 = \{\{1,2\}, \{1,3\}, \ldots, \{5,6\}\}$
mit $|\Omega_4| = \binom{6}{2} = 15$.
A_4 besteht dann aus denjenigen 2-Mengen, die benachbarte Plätze angeben, also

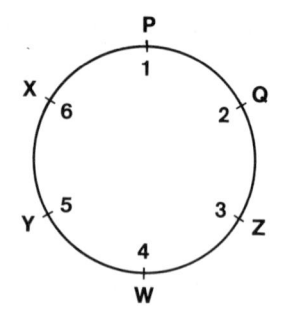

Fig. 98.1 Sechs Personen an einem runden Tisch

$A_4 = \{\{1,2\}, \{2,3\}, \{3,4\}, \{4,5\}, \{5,6\}, \{6,1\}\}$ mit $|A_4| = 6$.

Somit erhalten wir $P(A) = \dfrac{|A_4|}{|\Omega_4|} = \dfrac{6}{15} = \dfrac{2}{5}$.

5. Lösung: Da es gleichgültig ist, ob P neben Q oder Q neben P sitzt, können wir beide mit dem gleichen Symbol 1 bezeichnen. Die restlichen 4 Personen können wir auch identifizieren; wir wählen für sie das Symbol 0. Ω_5 besteht dann aus allen 6-Tupeln, die man aus 2 Einsen und 4 Nullen bilden kann. $|\Omega_5|$ kann man auf 2 Arten erhalten.

1. Art: Unterscheidet man in Gedanken die beiden Einsen und auch die 4 Nullen voneinander, dann gibt es 6! Möglichkeiten, sie anzuordnen. Da man aber eine Permutation der beiden Einsen bzw. der 4 Nullen nicht unterscheiden kann, sind jeweils $2! \cdot 4!$ dieser 6! Möglichkeiten gleich. Also gilt $|\Omega_5| = \dfrac{6!}{2! \cdot 4!} = 15$.

2. Art: Man überlegt sich, daß die beiden Einsen auf $\binom{6}{2}$ Arten auf die 6 Plätze verteilt werden können; also $|\Omega_5| = \binom{6}{2} = 15$.
A_5 besteht bei diesem Lösungsvorschlag aus den 6-Tupeln, in denen die beiden Einsen nebeneinander stehen oder Tupelanfang und -ende bilden. Dafür gibt es 6 Möglichkeiten, wie man durch Aufzählen der Menge A_5 feststellt;
$A_5 = \{110000, 011000, \ldots, 000011, 10001\}$, also $|A_5| = 6$. Somit erhalten wir wiederum $P(A) = \dfrac{|A_5|}{|\Omega_5|} = \dfrac{6}{15} = \dfrac{2}{5}$.

6. Lösung: Ohne Beschränkung der Allgemeinheit können wir aber auch annehmen, daß P auf Platz Nr. 1 sitzt. Als Ergebnisse des Experiments nehmen wir die Nummern der Plätze, auf denen Q sitzen kann, also $\Omega_6 = \{2, 3, 4, 5, 6\}$ mit $|\Omega_6| = 5$. Die günstigen Ergebnisse bilden die Menge $A_6 = \{2, 6\}$ mit $|A_6| = 2$.
Damit wird $P(A) = \dfrac{|A_6|}{|\Omega_6|} = \dfrac{2}{5}$.

7. Lösung: Als mögliche Ergebnisse betrachten wir alle Permutationen der 6 Personen, also $|\Omega_7| = 6!$. A_7 besteht aus allen Permutationen, in denen P neben Q steht, und aus denjenigen, bei denen P und Q am Anfang bzw. am Ende stehen, also $A_7 = \{PQXYZW, \ldots, XQPYZW, \ldots, QXYZWP, \ldots\}$. Die Mächtigkeit von A_7 bestimmen wir mit Hilfe des Zählprinzips: Für P gibt es 6 Möglichkeiten, Platz zu nehmen. Q hat dann jeweils 2 Möglichkeiten, nämlich links oder rechts von P Platz zu nehmen. Die restlichen 4 Personen können auf 4! Arten die restlichen 4 Plätze belegen.

Das ergibt $|A_7| = 6 \cdot 2 \cdot 4!$ und damit $P(A) = \dfrac{|A_7|}{|\Omega_7|} = \dfrac{6 \cdot 2 \cdot 4!}{6!} = \dfrac{2}{5}$.

Damit soll es genug sein! Sicherlich lassen sich noch andere Lösungen des Problems angeben. Aber es erhebt sich doch die Frage, was ist nun die *richtige* Wahrscheinlichkeit des Ereignisses A? Da es Mehrheitsentscheidungen in der Mathematik nicht gibt, müssen wir nachdenken. Der Grund für die Verschiedenheit der Ergebnisse liegt offenbar darin, daß wir für die unterschiedlichsten Ergebnisräume immer die Laplace-Annahme der Gleichwahrscheinlichkeit der Ergebnisse gemacht haben, wozu wir durch die Formulierung »auf gut Glück« verleitet wurden. Präzisiert man nun den Vorgang, wie die 6 Personen am Tisch Platz nehmen, so erkennt man, daß *jeder* der gefundenen Wahrscheinlichkeitswerte $\frac{1}{2}$, $\frac{2}{5}$ und $\frac{1}{3}$ richtig sein kann! Es kann z.B. sein, daß P und Q durch den Wurf einer Laplace-Münze entscheiden, ob sie nebeneinander oder getrennt sitzen wollen. Jetzt ist für Ω_1 die Laplace-Annahme richtig, für alle anderen vorgestellten Ergebnisräume aber falsch. In diesem Fall ist also $P(A) = \frac{1}{2}$ die richtige Antwort auf das Problem. Es kann aber auch sein, daß P und Q durch Werfen eines Laplace-Würfels die Minimalanzahl der Personen bestimmen, die zwischen ihnen sitzen sollen. Dabei verabreden sie, daß Augenzahl 1 und Augenzahl 4 eine Person bedeuten, Augenzahl 2 und Augenzahl 5 zwei Personen und Augenzahl 3 und Augenzahl 6 keine Person. Jetzt ist für Ω_2 die Laplace-Annahme richtig, für alle anderen vorgestellten Ergebnisräume jedoch falsch. $P(A) = \frac{1}{3}$ ist nun die richtige Antwort auf das Problem. Schließlich können die 6 Personen ihre Platznummern als Lose ziehen. Dann ist die Laplace-Annahme für die Ergebnisräume Ω_3 bis Ω_7 richtig. Für Ω_7 ist dies unmittelbar einsichtig. Die Ergebnisräume Ω_3 bis Ω_6 entstehen aus Ω_7 durch eine Vergröberung dergestalt, daß jeweils gleich viele Elemente aus Ω_7 identifiziert werden (vgl. Aufgabe **97**); dadurch bleibt aber die Laplace-Eigenschaft erhalten. Die richtige Lösung lautet in all diesen Fällen $P(A) = \frac{2}{5}$.

Besonders problematisch ist der Begriff der Gleichwahrscheinlichkeit, wenn der Ergebnisraum unendlich viele Ergebnisse enthält. Zwei historische Paradoxa, in denen geometrische Probleme mit unendlichen Ergebnisräumen behandelt werden, sind im Anhang III (Seite 188) dargestellt.

Aufgaben

Zu 8.1.

- **1.** Zeige mit den *Kolmogorow*-Axiomen, daß $P: A \mapsto \dfrac{|A|}{|\Omega|}$, $A \subset \Omega$, eine Wahrscheinlichkeitsverteilung ist.

2. Aus dem Wort »STOCHASTIK« werde auf gut Glück ein Buchstabe ausgewählt. Wie goß ist die Wahrscheinlichkeit dafür, daß
   a) das K gewählt wird, **b)** ein T gewählt wird,

c) ein Konsonant gewählt wird,   d) S oder T gewählt wird?

3. Aus dem Wort »KLASSE« werden auf gut Glück zwei Buchstaben ausgewählt.
   a) Auf wie viele Arten ist eine solche Auswahl möglich?
   b) Wie groß ist die Wahrscheinlichkeit dafür, daß
     1) ein A darunter ist,   **2)** ein S darunter ist,
     3) zwei Konsonanten gewählt werden?

4. Eine natürliche Zahl n ($10 < n \leq 20$) werde willkürlich gezogen. Wie groß ist die Wahrscheinlichkeit dafür, daß
   a) eine gerade Zahl gezogen wird,
   b) eine Primzahl gezogen wird,
   c) eine durch 4 teilbare Zahl gezogen wird,
   d) eine durch 4 und 7 teilbare Zahl gezogen wird?

5. Wie groß ist die Wahrscheinlichkeit dafür, daß das Quadrat einer beliebig aus $\{1, 2, \ldots, 100\}$ herausgegriffenen natürlichen Zahl als Einerziffer
   a) 4,   **b)** 5,   **c)** 2   hat?

6. Eine Laplace-Münze mit den Seiten Wappen und Zahl wird zweimal geworfen. Berechne die Wahrscheinlichkeit folgender Ereignisse:
   $A :=$ »Es fällt genau einmal Wappen«
   $B :=$ »Es fällt mindestens einmal Wappen«
   $C :=$ »Es fällt höchstens einmal Wappen«

7. Eine Laplace-Münze mit den Seiten Wappen und Zahl wird dreimal geworfen. Berechne die Wahrscheinlichkeit folgender Ereignisse:
   $A :=$ »Es fällt genau zweimal Zahl«
   $B :=$ »Es fällt mindestens zweimal Zahl«
   $C :=$ »Es fällt höchstens zweimal Zahl«

8. In einem Spiel wird eine L-Münze dreimal geworfen. Erscheint zweimal nacheinander Zahl, so erhält der Spieler einen Preis. Mit welcher Wahrscheinlichkeit erhält man einen Preis?

9. Zwei Laplace-Würfel werden gleichzeitig geworfen. Berechne die Wahrscheinlichkeit dafür, daß die Augensumme durch 3, 5 bzw. 6 teilbar ist.

10. *Leibniz* (1646–1716) dachte, es sei ebenso leicht, mit zwei Würfeln eine 11 wie eine 12 zu werfen. Entscheide, ob er recht hatte. (Vgl. Aufgabe **1** auf Seite 10 und siehe Seite 71.)

●11. Berechne die Wahrscheinlichkeiten, mit drei Würfeln die Augensumme 9 bzw. 10 zu werfen. (Vgl. Aufgabe **2** auf Seite 10 und siehe Seite 71.)

12. Welche Augensumme ist beim Wurf zweier Würfel am wahrscheinlichsten?

13. Auf Seite 22 sind 15 Ereignisse angegeben, wie sie beim Roulett auftreten können. Berechne ihre Wahrscheinlichkeiten.

14. Aus einem Bridge-Kartenspiel (52 Karten) wird eine Karte gezogen. Berechne die Wahrscheinlichkeit folgender Ereignisse:
   $A :=$ »Die gezogene Karte ist eine Herzkarte«
   $B :=$ »Die gezogene Karte ist ein König«
   $C :=$ »Die gezogene Karte ist Herz-König«
   $D :=$ »Die gezogene Karte ist eine Herzkarte oder ein König«
   $E :=$ »Die gezogene Karte ist entweder eine Herzkarte oder ein König«
   $F :=$ »Die gezogene Karte ist eine Herzkarte, aber kein König«

$G :=$ »Die gezogene Karte ist ein König, aber keine Herzkarte«
$H :=$ »Die gezogene Karte ist weder eine Herzkarte noch ein König«

15. Zwei (drei) Jungen und drei Mädchen sind eingeladen. Sie treffen nacheinander ein. Jede Reihenfolge des Eintreffens ist gleichwahrscheinlich. Wie groß ist die Wahrscheinlichkeit dafür, daß
   a) abwechselnd ein Junge und ein Mädchen eintreffen,
   b) die drei Mädchen direkt nacheinander eintreffen?

16. In einem Benzolring seien zwei der sechs Kohlenstoffatome radioaktiv. Wie groß ist die Wahrscheinlichkeit dafür, daß die beiden nebeneinanderliegen?

17. Die Oberfläche eines Würfels wird rot eingefärbt. Dann werde der Würfel durch 6 ebene Schnitte in 27 kongruente Teilwürfel zerlegt. Wie groß ist die Wahrscheinlichkeit dafür, daß ein willkürlich herausgegriffener Teilwürfel
   a) keine gefärbte Fläche hat,
   b) genau 2 rote Flächen hat?

18. Auf dem leeren Schachbrett steht der schwarze König auf a8 (c3) (siehe Figur 101.1). Die weiße Dame werde auf gut Glück auf eines der restlichen 63 Felder gestellt. Mit welcher Wahrscheinlichkeit bietet sie Schach?

19. Zwei fehlerhafte Transistoren sind mit zwei guten zusammengepackt worden. Man prüft die Transistoren der Reihe nach bis man weiß, welche die zwei fehlerhaften sind. Mit welcher Wahrscheinlichkeit ist man nach Prüfung des zweiten Transistors, mit welcher Wahrscheinlichkeit erst nach Prüfung des dritten Transistors fertig?

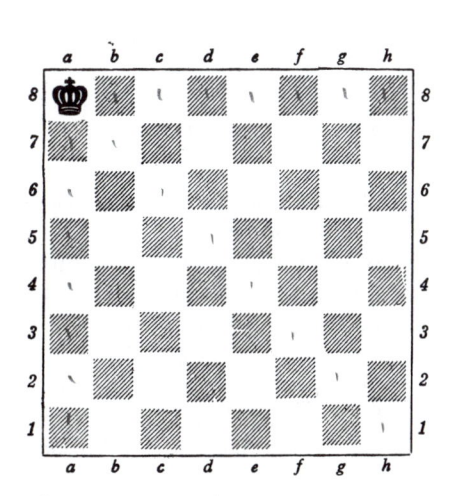

Fig. 101.1 Schachbrett

Zu 8.2.

20. Gib alle Permutationen der Buchstaben an:
    a) ABC   b) ROMA
21. Gib alle möglichen Anordnungen der Buchstaben an:
    a) AAS   b) OTTO   c) POPOP
22. Wie viele verschiedene 5stellige Zahlen kann man aus den Ziffern 1, 2, 3, 4, 5 (0, 1, 2, 3, 4) bilden, wenn
    a) in jeder Zahl alle Ziffern verschieden sein sollen,
    b) die Bedingung a) nicht erfüllt sein muß?

23. Bilde alle Paare ohne (mit) Wiederholung aus
  a) ABC   **b)** ROMA

24. Wie viele verschiedene drei- (vier)stellige Zahlen gibt es mit verschiedenen Ziffern, wenn
  a) die Null nicht auftritt,
  b) auch die Null verwendet wird?

25. Von A nach B führen 7 Wege. Von B nach C führen 4 Wege.
  a) Wie viele Wege führen von A nach C über B?
  b) Von C nach D führen 9 Wege.
   Wie viele Wege führen von A nach D über B und C?

26. Berechne:
  a) $\binom{14}{2}$ **b)** $\binom{23}{4}$ **c)** $\binom{19}{16}$ **d)** $\binom{47}{6}$ **e)** $\binom{50}{35}$ **f)** $\binom{100}{10}$.

27. Berechne eine Wertetabelle für folgende Funktionen und gib jeweils die maximale Definitionsmenge in $\mathbb{N}_0$ an.

  a) $f_1(x) := x^3$; $f_2(x) := \dfrac{x!}{(x-3)!}$; $f_3(x) := \binom{x}{3}$; $f_4(x) := \binom{x+2}{3}$.

  b) $g_1(x) := 3^x$; $g_2(x) = \dfrac{3!}{(3-x)!}$; $g_3(x) := \binom{3}{x}$; $g_4(x) := \binom{2+x}{x}$.

  c) Jede dieser 8 Funktionen ist das Ergebnis eines Zählvorgangs. Gib passende Zählvorgänge an.

28. In einer Klasse wird ein Mathematik-Hausheft und ein Mathematik-Schulheft geführt. Heftumschläge gibt es in 7 verschiedenen Farben. Leider hat der Lehrer vergessen zu sagen, welche Farben für die Umschläge verwendet werden sollen. Wie viele Möglichkeiten gibt es, wenn
  a) Haus- und Schulheft immer verschiedenfarbig eingebunden sein sollen,
  b) diese Einschränkung nicht gilt?

29. Ein vorbildlicher Grundkursschüler führt in Mathematik 6 Hefte, und zwar je ein Schul- und Hausheft für Stochastik, Analytische Geometrie und Infinitesimalrechnung. Er hat für die Heftumschläge 7 Farben zur Verfügung. Wie viele Möglichkeiten der Verteilung gibt es, wenn
  a) alle Hefte verschiedenfarbig eingebunden sein sollen,
  b) keine Einschränkung gilt,
  c) Schul- und Hausheft des gleichen Fachbereichs die gleiche Farbe tragen sollen, die Fachbereiche aber durch Farben unterschieden werden?

30. Auf wie viele Arten kann man 2 Buchstaben aus dem Wort »COMPUTER« auswählen, wenn
  a) keine Einschränkung besteht,
  b) beide Buchstaben Konsonanten sein müssen,
  c) beide Buchstaben Vokale sein müssen,
  d) ein Buchstabe ein Vokal und der andere ein Konsonant sein muß?

31. Löse Aufgabe **30** für das Wort »MISSISSIPPI«, wenn man die Buchstaben i bzw. s bzw. p
  a) nicht unterscheidet,
  b) unterscheidet.

32. Ein König beschließt in seinem Reich eine Gebietsreform. Dabei soll jede neu zu bildende Provinz eine Fahne erhalten. Zur Verfügung stehen die heraldischen Farben Rot, Blau, Schwarz, Grün, Gold, Silber und Purpur.
   a) In wie viele Provinzen kann das Land höchstens eingeteilt werden, wenn die Fahne eine Trikolore sein soll und
   1) keine weitere Bedingung gestellt wird,
   2) der oberste Streifen der Trikolore golden sein muß,
   3) einer der 3 Streifen der Trikolore golden sein muß?
   b) Wie viele neue Provinzen können gebildet werden, wenn die Fahne zwar aus 3 Streifen besteht, der untere und der obere Streifen aber gleichfarbig sein sollen?
33. Sechs Jungen und vier Mädchen sollen in zwei Mannschaften zu fünf Spielern aufgeteilt werden. Auf wie viele Arten geht das, wenn in jeder Mannschaft mindestens ein Mädchen mitspielen soll?
34. Eine Reisegruppe von 12 Personen verteilt sich auf 2 Abteile eines Eisenbahnwagens. In jedem Abteil gibt es 3 Sitzplätze in Fahrtrichtung und 3 entgegen der Fahrtrichtung. Von den 12 Personen wollen auf alle Fälle 5 in Fahrtrichtung und 4 gegen die Fahrtrichtung sitzen. Wie viele Plazierungsmöglichkeiten gibt es, wenn man die Sitze unterscheidet?
35. Bei einem Lochstreifen besteht eine Codegruppe aus 5 (8) Stellen, die gelocht werden können. Wie viele Zeichen lassen sich so codieren?
36. Bei einem Binärcode arbeitet man mit 2 Zeichen. Es sollen die 26 Buchstaben des Alphabets, die 10 Ziffern und 27 Sonderzeichen (z. B. », +, [, ?, ...) codiert werden (IBM-Lochkartencode). Wie groß muß k mindestens gewählt werden, damit alle Zeichen des oben angegebenen Zeichenvorrats durch gleich lange Binärwörter (k-Tupel aus einer 2-Menge) codiert werden können?
37. In München-Stadt waren 1972 folgende Kombinationen als Autokennzeichen zulässig*:
   Nach dem Ortskennzeichen M folgen 2 Buchstaben und dann eine der ganzen Zahlen aus [100; 1999]. Bei der Buchstabenkombination sind verboten B, F, G, I, O, Q. Nicht verwendet werden HJ, KZ, NS, SA, SD, SS, WC.
   a) Wie viele Autokennzeichen sind damit möglich?
   b) Wie viele Autokennzeichen sind möglich, wenn der Zahlenvorrat [100; 9999] ausgeschöpft wird?
38. Im Landkreis München waren 1972 folgende Kombinationen als Autokennzeichen zulässig: Nach dem Ortskennzeichen M steht entweder 1 Buchstabe und eine 3- oder 4stellige Zahl oder 2 Buchstaben und eine ganze Zahl aus [1; 99]. Nicht zulässig sind die in Aufgabe 37 aufgeführten Ausnahmen. Wie viele Autokennzeichen sind damit möglich?
39. Beweise das Symmetriegesetz $\binom{n}{n-k} = \binom{n}{k}$.
40. Beweise die Additionsformel $\binom{n}{k} + \binom{n}{k+1} = \binom{n+1}{k+1}$.

---

* Die Ausgabe von Nummernschildern begann weltweit 1899 in München mit einer schwarzen Eins auf gelbem Grund (Farben der Stadt München) 10,3 × 7,3 cm.

41. Zeige: $(a+b)^n = \sum_{k=0}^{n} \binom{n}{k} a^k b^{n-k}$. Hinweis: Überlege, wie oft der Summand $a^k b^{n-k}$ bei der Multiplikation entsteht.

42. Beweise: $\sum_{k=0}^{n} \binom{n}{k} = 2^n$.

43. Beweise: $\sum_{k=0}^{n} (-1)^k \binom{n}{k} = 0$.

44. Die Binomialkoeffizienten lassen sich auf einfache Weise in einem Dreieck anordnen. Es heißt *Pascal-Stifel*sches Dreieck oder auch Arithmetisches Dreieck*. Unter Verwendung der Formel aus Aufgabe 40 lassen sich die Binomialkoeffizienten der $(n+1)$-ten Zeile aus denen der n-ten Zeile berechnen. Berechne das *Pascal-Stifel*sche Dreieck bis zur 7. Zeile.

$$\binom{0}{0}$$
$$\binom{1}{0} \quad \binom{1}{1}$$
$$\binom{2}{0} \quad \binom{2}{1} \quad \binom{2}{2}$$
$$\binom{3}{0} \quad \binom{3}{1} \quad \binom{3}{2} \quad \binom{3}{3}$$

●**45.** Von n Elementen seien jeweils n_i ununterscheidbar ($\sum_{i=1}^{k} n_i = n$).

   a) Berechne die Anzahl aller unterscheidbaren Permutationen.

   b) Wende die gefundene Formel auf Aufgabe 21 (Seite 101) an und berechne die entsprechenden Anzahlen.

46. Wie viele Wörterbücher (der Art: Sprache A → Sprache B) benötigt ein Übersetzungsinstitut für die direkte Übersetzung aus jeder von 6 Sprachen in jede dieser 6 Sprachen? Wie viele zusätzliche Wörterbücher müssen angeschafft werden, wenn 3 weitere Sprachen dazukommen?

47. Ein Ausschuß von 10 Parlamentariern soll aus 2 Parteien zusammengesetzt werden. Die FSU hat 8 Fachleute, die CSP hat 6 Fachleute anzubieten. Auf Grund der Mehrheitsverhältnisse kann die FSU 7 und die CSP 3 Sitze im Ausschuß beanspruchen. Wie viele verschiedene Zusammensetzungen des Ausschusses sind möglich, wenn

   a) keine weitere Bedingung gemacht wird,

   b) ein bestimmtes Mitglied der CSP auf alle Fälle im Ausschuß sitzen soll,

   c) 2 bestimmte Kandidaten der CSP von der FSU grundsätzlich abgelehnt werden?

---

* Die oben angegebene Anordnung stimmt weder mit der von *Michael Stifel* in seiner *Arithmetica integra* (1544) noch mit der *Pascal*s in dessen *Traité du triangle arithmétique* (1654) überein. Die früheste erhaltene Darstellung dieser Anordnung findet sich in *Yang Hui*s *Untersuchung der Arithmetischen Regeln der Neun Bücher* aus dem Jahre 1261, die aber auf *Qia Xsian* [sprich: Tschia Hsien] (um 1100) zurückgeht. Dieselbe Anordnung der Binomialkoeffizienten ist im *Kostbaren Spiegel der vier Elemente* des *Zhu Shi-Jie* [sprich: Tschuh Schi-dschieh] aus dem Jahre 1303 enthalten. Die erste gedruckte Darstellung in Europa schmückt das Titelblatt des *Neuen Rechenbuchs* von 1527 des *Peter Apian* (1495–1552). *Niccolò Tartaglia* (1499–1557) bringt ebenfalls diese Darstellung in seinem *General Trattato di numeri et misure* (1556). – Bekannt war das Arithmetische Dreieck bereits den Arabern des 11. Jh.s und den Indern des 2. vorchristlichen Jh.s – Vgl. Bild 105.1 und die Abbildung auf Seite 137.

Aufgaben 105

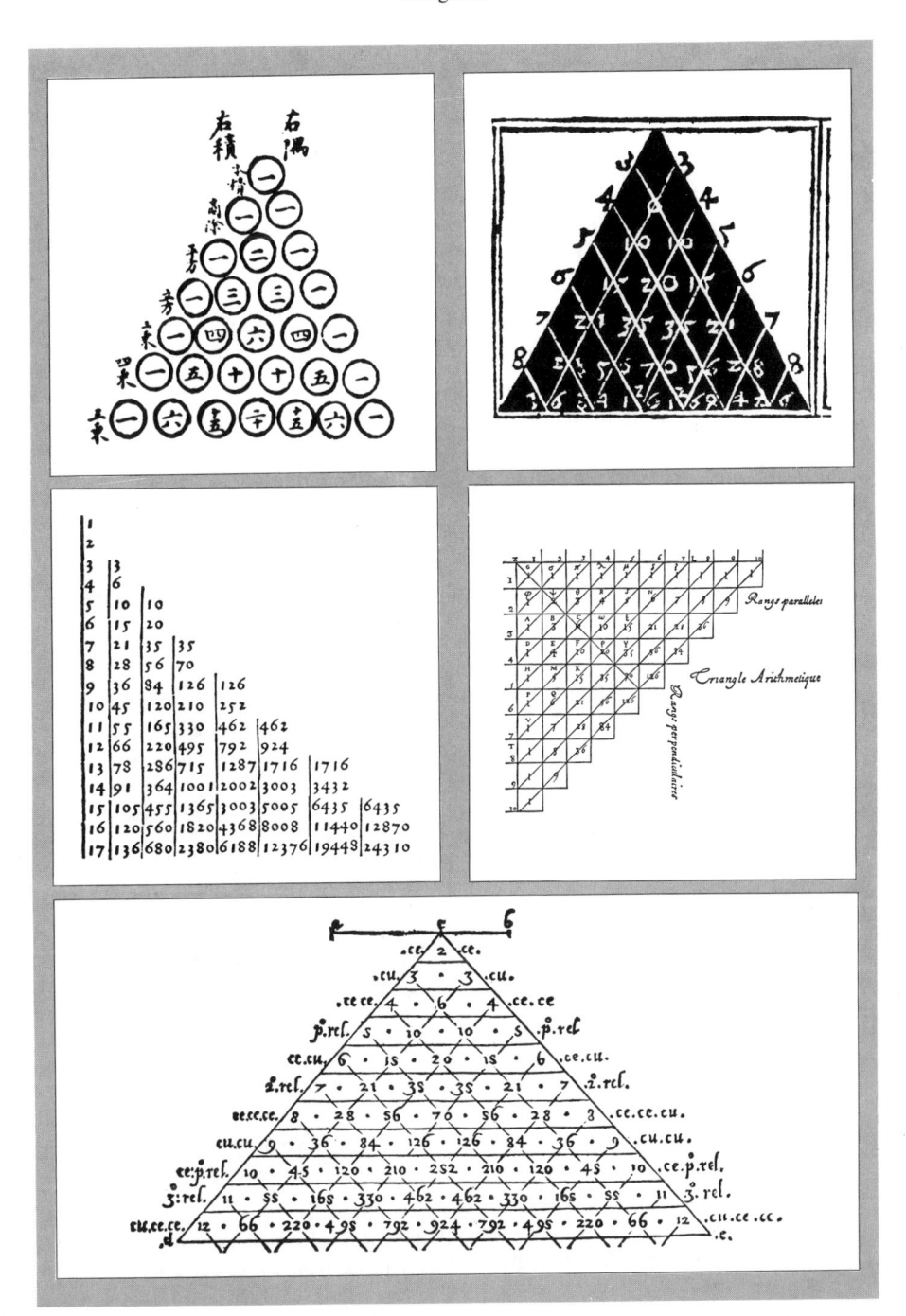

Bild 105.1 Das Arithmetische Dreieck des *Yang Hui* (1261) und des *Peter Apian* (1527) [1. Reihe], des *Michael Stifel* (1544) und des *Blaise Pascal* (1654) [2. Reihe], des *Niccolò Tartaglia* (1556)

48. Aus einer Gruppe von 4 Frauen und 4 Männern wollen 4 Personen Tennis spielen.
  a) Wie viele Möglichkeiten gibt es, wenn
   1) keinerlei Einschränkungen bestehen, **2)** keine Frau mitspielen soll,
   3) genau eine Frau mitspielen soll, **4)** genau 2 Frauen mitspielen sollen,
   5) genau 3 Frauen mitspielen sollen, **6)** alle 4 Frauen mitspielen sollen?
  b) Welcher Zusammenhang besteht zwischen dem Ergebnis von **1)** und den Ergebnissen von **2)**–**6)**?

• **49.** Ein Bridgespiel besteht aus 52 Karten, von denen vier Asse sind. Man entnimmt 13 Karten. In wieviel Fällen enthalten diese 13 Karten
  a) kein As, **b)** genau ein As, **c)** mindestens ein As,
  d) höchstens ein As, **e)** genau 2 Asse, **f)** alle 4 Asse?

• **50.** An einem runden Tisch nehmen 6 bzw. 7 Personen Platz. Anordnungen, bei denen jeder die gleichen Nachbarn hat, gelten als gleich. Wie viele verschiedene Plazierungen der Personen gibt es in jedem der beiden Fälle, wenn
  a) keine weitere Bedingung gestellt wird,
  b) 2 bestimmte Personen auf alle Fälle nebeneinander sitzen wollen,
  c) 3 bestimmte Personen auf alle Fälle beliebig nebeneinander sitzen wollen,
  d) eine bestimmte Person auf alle Fälle jedesmal zwei bestimmte Personen als Nachbarn haben will?

• **51. a)** Auf wie viele Arten können 5 gleiche Äpfel auf 3 Kinder verteilt werden?

  b) k Kugeln sollen auf n Urnen verteilt werden. Auf wie viele Arten ist das möglich, wenn man die Kugeln nicht unterscheidet?

• **52.** Für Christen war das Würfelspiel eine Erfindung des Teufels. Bischof *Wibold* von Cambrai (971–972) stellte es jedoch in den Dienst der Kirche. Jeder Kombination, die man mit 3 Würfeln erzielen konnte, ordnete er eine christliche Tugend zu. Der Sieger soll den Verlierer bis zum 6. Tag ermahnen, die nicht erwürfelten Tugenden durch gutes Verhalten zu erwerben.
Wie viele Tugenden gab es für Bischof *Wibold*?

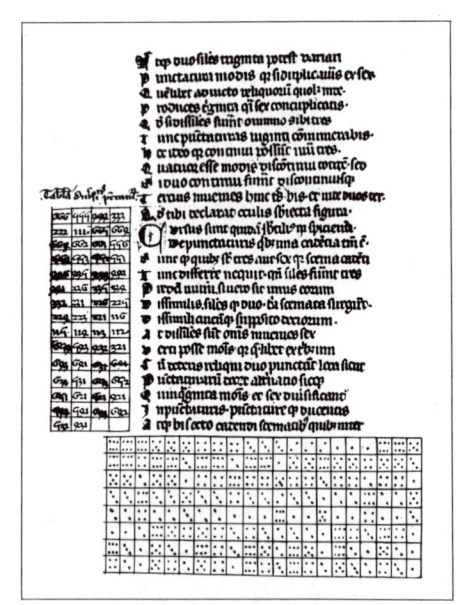

Bild 106.1 Die Kombinationen dreier Würfel aus dem Gedicht *De Vetula* des *Richard de Fournival* (?) (1201–1260). – 14. Jh.

Zu 8.3.

53. a) Zwei Karten eines Bridgespiels werden gleichzeitig gezogen. Berechne die Wahrscheinlichkeit folgender Ereignisse:
$A :=$ »Beide Karten sind Herzkarten«
$B :=$ »Beide Karten sind Damen«
$C :=$ »Herzdame, Herzkönig«
  b) Ein Spieler erhält 13 Karten. Wie groß ist die Wahrscheinlichkeit, daß sie alle von derselben Farbe sind?

54. Eine Laplace-Münze wird 10mal geworfen. Berechne die Wahrscheinlichkeit dafür, daß beim k-ten Wurf zum ersten Mal Wappen erscheint,
  a) für $k = 1, 2, \ldots, 10$, **b)** allgemein.

55. Ein Prüfer gibt eine Liste von 8 Fragen heraus. Bei der Prüfung wird er dem jeweiligen Kandidaten 2 davon vorlegen. Dieser muß eine davon bearbeiten.
  a) Meier bereitet sich auf eine der 8 Fragen vor. Wie groß ist die Wahrscheinlichkeit dafür, daß er seine Frage gestellt bekommt?
  b) Huber bereitet sich auf 6 der 8 Fragen vor. Wie groß ist die Wahrscheinlichkeit dafür, daß er mindestens eine vorbereitete Frage vorgelegt bekommt?
  c) Wie viele Fragen muß Schmid wenigstens vorbereiten, damit er mit einer Wahrscheinlichkeit, die größer als 50% ist, auf mindestens eine vorbereitete Frage stößt?

56. Beim Schulsportfest treten 5 gleich starke Schüler zum 100-m-Endlauf an. Zwei der Schüler sind aus deinem Kurs, darunter Theodor.
Wie groß ist die Wahrscheinlichkeit dafür, daß unter den ersten Dreien
  a) mindestens ein Schüler aus deinem Kurs ist,
  b) Theodor ist, **c)** beide Schüler aus deinem Kurs sind?

57. In einer Familie sind 2 Söhne und 3 Töchter. Jeden Tag wird ausgelost, wer abspülen muß. Wie groß ist die Wahrscheinlichkeit dafür, daß
  a) es den ältesten Sohn an zwei aufeinanderfolgenden Tagen trifft,
  b) es irgendein Kind an zwei aufeinanderfolgenden Tagen trifft,
  c) an zwei aufeinanderfolgenden Tagen Söhne abspülen müssen?

58. Drei L-Würfel werden gleichzeitig geworfen. Berechne die Wahrscheinlichkeiten folgender Ereignisse:
$A :=$ »Keine Sechs« $B :=$ »Genau 1 Sechs«
$C :=$ »Genau zweimal sechs« $D :=$ »Alle drei Würfel zeigen sechs«

59. Aus sechs Ehepaaren werden zwei Personen ausgelost. Mit welcher Wahrscheinlichkeit handelt es sich um
  a) zwei Damen, **b)** zwei Herren,
  c) eine Dame und einen Herrn, **d)** ein Ehepaar?

60. Drei Mädchen und drei Jungen setzen sich auf gut Glück nebeneinander auf eine Bank. Berechne die Wahrscheinlichkeit dafür, daß
  a) die drei Mädchen nebeneinander sitzen,
  b) links außen ein Mädchen sitzt,
  c) eine bunte Reihe entsteht.

61. Neben der alten Genueser Zahlenlotterie »5 aus 90« gibt es aber auch noch andere Zahlenlotterien, wie die folgende Aufstellung zeigt:

Land	Lottotyp
Bundesrepublik	6 aus 49, 6 aus 45, 7 aus 38 (s. Seite 38)
DDR	6 aus 49, 5 aus 90, 5 aus 45, 5 aus 35 (s. Seite 38)
Finnland	6 aus 60
Italien	5 aus 90
Jugoslawien	5 aus 36
Niederlande	6 aus 41
Österreich	6 aus 45
Polen	6 aus 49, 5 aus 35
Rumänien	6 aus 45, 5 aus 45
Schweiz, Belgien	6 aus 40
Tschechoslowakei	6 aus 49, 5 aus 35
UdSSR, Frankreich	6 aus 49
Ungarn	5 aus 90
Kanada	6 aus 49, 6 aus 36, 4 aus 10

a) Berechne für jeden Lottotyp die Wahrscheinlichkeit für einen Haupttreffer. In welchem Verhältnis stehen diese Wahrscheinlichkeiten zur Wahrscheinlichkeit für einen Haupttreffer bei »6 aus 49«?

b) Berechne für jeden Lottotyp die Wahrscheinlichkeit für »Genau 4 Richtige«. In welchem Verhältnis stehen diese Wahrscheinlichkeiten zur Wahrscheinlichkeit für dieses Ereignis bei »6 aus 49«?

c) Löse Aufgabe **b)** für das Ereignis »Genau 2 Richtige weniger als die maximal möglichen Richtigen«.

62. Zeige, daß die Ergebnisse der beiden Lösungen von Beispiel 4 auf Seite 90 übereinstimmen.

63. Beim Poker* erhält jeder Spieler eine »Hand« von 5 Karten aus den 52 französischen Karten des Bridgespiels. Fünf gleichfarbige Karten in ununterbrochener Reihenfolge bilden eine »Farbfolge«. Dabei darf das *As* nur am Anfang einer Farbfolge als *Eins* oder am Ende nach dem *König* stehen. Vier gleichwertige Karten bilden einen »Viererpasch«.

a) Wie viele Viererpasche und wie viele Farbfolgen gibt es?

b) Warum gilt trotz des Ergebnisses in **a)** beim Poker eine Farbfolge mehr als ein Viererpasch? Berechne die Wahrscheinlichkeiten dafür, daß ein Spieler eine Farbfolge bzw. einen Viererpasch als »Hand« erhält, und begründe damit die Regel.

64. a) Berechne in der Situation von Beispiel 4 (Seite 90) die Wahrscheinlichkeit dafür, daß der erste schwarze König an k-ter Stelle erscheint.

b) Wie groß ist die Wahrscheinlichkeit dafür, daß der zweite schwarze König an i-ter Stelle erscheint?

65. Berechne die Wahrscheinlichkeit dafür, daß

a) bei 4 Würfen mindestens eine 6 auftritt,

---

* Poker ist ein internationales Kartenglücksspiel amerikanischer Herkunft, das in der Öffentlichkeit verboten ist. 4–8 Personen können am Spiel teilnehmen. Die nicht verteilten Karten werden verdeckt als Talon aufgelegt.

Aufgaben

b) bei 24 Würfen mit 2 Würfeln mindestens eine Doppelsechs auftritt. (Vgl. das Problem von *de Méré*, Seite 11 und Seite 69.)

66. Berechne die Wahrscheinlichkeit dafür, daß beim Skatspiel (32 Karten) 2 Buben im Skat (= 2 weggelegte Karten) liegen*.

●**67.** Ein Skatspieler hat nach Aufnahme des Skats 8 von 11 Trümpfen in der Hand. Der dritthöchste Trumpf jedoch fehlt ihm. Wie groß ist die Wahrscheinlichkeit dafür, daß einer der beiden Gegenspieler alle 3 restlichen Trümpfe in der Hand hat und daher die Möglichkeit hat, einen Trumpfstich zu machen?

●**68.** Berechne die Wahrscheinlichkeit dafür, daß bei 10 (20; n) Würfen mit einem L-Würfel mindestens eine 1 und mindestens eine 6 auftritt.

69. Wie groß ist die Wahrscheinlichkeit dafür, daß die Geburtstage von 12 Personen in 12 verschiedenen Monaten liegen? (Man nehme gleiche Wahrscheinlichkeit für jeden Monat an!)

70. 5 Mädchen und 5 Jungen setzen sich auf gut Glück um einen runden Tisch. Berechne die Wahrscheinlichkeit für eine bunte Reihe.

●**71.** Herr Huber parkt täglich vor seinem Haus im Parkverbot. Er hat deswegen schon 9 Strafmandate erhalten. Er stellt fest, daß keines davon an einem Montag, Dienstag, Mittwoch oder Samstag ausgefertigt wurde. Wie groß ist die Wahrscheinlichkeit dafür, daß eine solche Feststellung getroffen werden kann, wenn man annimmt, daß die Wahrscheinlichkeit für die Ausfertigung eines Strafmandats für jeden Tag der Woche gleich groß ist?

72. Ist es günstig, darauf zu wetten, daß bei einem 2 (3, 4, 5, 6, 7)-fachen Wurf mit einem Laplace-Würfel lauter verschiedene Augenzahlen erscheinen?

73. Wie groß ist die Wahrscheinlichkeit dafür, beim
a) Toto (unter der Voraussetzung von Beispiel 3, Seite 89)
b) Lotto (6 aus 49)
keinen einzigen Treffer zu haben?

●**74.** Wie groß ist die Wahrscheinlichkeit dafür, daß unter n Personen mindestens eine ist, die mit mir am gleichen Tag Geburtstag hat?
Ab welchem n lohnt es sich, darauf zu wetten?

75. Ein Laplace-Floh springt auf der Zahlengeraden in Einheitssprüngen mit gleicher Wahrscheinlichkeit nach links und rechts. Er beginnt bei 0. Mit welcher Wahrscheinlichkeit ist er nach 6 Sprüngen bei
a) 6   b) -2 c) 0   d) 5?

76. In einer Schublade befinden sich 4 schwarze, 6 braune und 2 graue Socken. 2 (4) Socken werden im Dunkeln herausgenommen. Mit welcher Wahrscheinlichkeit erhält man 2 gleichfarbige Socken?

---

* Das Skatspiel entstand ab 1815 in der Kartendruckerstadt Altenburg (Thüringen) aus dem Tarockspiel, das seit dem letzten Viertel des 14. Jahrhunderts belegt ist. Sein Name hängt mit dem italienischen Wort scarto = Ausschuß; Weggelegtes zusammen. Das Skatspiel besteht aus 32 Blatt. Jeder der 3 Spieler erhält 10 Karten, die restlichen 2 Karten werden weggelegt und bilden den Skat. Das Skatspiel kann mit französischen oder deutschen Karten gespielt werden. Dabei entsprechen den französischen Farben Kreuz, Pik, Herz und Karo die deutschen Farben Eichel, Blatt (auch Grün), Herz (auch Rot) und Schelle. (In der Schweiz ist das Blatt durch eine Rose und das Herz durch ein Wappen ersetzt.) Höchste Trümpfe sind die Buben (im deutschen Spiel die Unter) in der angegebenen absteigenden Farbenreihenfolge. Die Dame wird im deutschen Spiel durch den Ober ersetzt.

77. Frau Meier hat 10 verschiedene Handschuhpaare in einer Schublade. Sie will ausgehen und nimmt 2 (4) Handschuhe auf gut Glück heraus. Wie groß ist die Wahrscheinlichkeit dafür, daß sie
a) kein passendes Paar herausgreift,
b) mindestens ein passendes Paar herausgreift?

Zu 8.4.

78. In einer Urne befinden sich 11 weiße und 15 schwarze Kugeln. Wie groß ist die Wahrscheinlichkeit dafür, daß sich unter 10 willkürlich herausgegriffenen Kugeln genau 5 weiße befinden?

79. Wie groß ist die Wahrscheinlichkeit dafür, daß ein bestimmter Spieler beim Skatspiel
a) genau 3 Buben,
b) 3 bestimmte Buben und den vierten nicht,
c) mindestens 3 Buben erhält?

80. Ein Prüfer testet 100 Geräte, unter denen sich 10 defekte befinden. Er wählt willkürlich 10 aus und akzeptiert die Lieferung nur dann, wenn die Probe kein defektes Gerät enthält. Mit welcher Wahrscheinlichkeit wird die Lieferung angenommen?

81. Eine Firma stellt fest, daß bei einer bestimmten Lieferung von Dosen eines Fertiggerichts versehentlich Giftstoffe in die Dosen gelangten. Sie sperrt sofort den Verkauf dieser Dosen. Ein Kaufmann hat von n Dosen, unter denen sich k aus der betreffenden Lieferung befinden, m Dosen ($m \leq n - k$) verkauft.
Berechne die Wahrscheinlichkeit dafür, daß keine der vergifteten Dosen verkauft wurde
a) allgemein,
b) für $n = 20$; $m = 10$; $k = 6$.
c) Wie groß ist die Wahrscheinlichkeit dafür, daß im Fall b)
 1) mindestens 1 vergiftete Dose,
 2) genau 1 vergiftete Dose,
 3) weniger als 4 vergiftete Dosen,
 4) alle 6 vergifteten Dosen verkauft wurden?

82. $2n$ ($4n$) Spieler werden bei einem Turnier in 2 (4) Gruppen zu je n Spielern eingeteilt. Wie groß ist die Wahrscheinlichkeit dafür, daß die beiden stärksten Spieler in derselben Gruppe spielen müssen?
Berechne diese Wahrscheinlichkeit für $n = 4$ und $n = 8$.

83. In einer Urne befinden sich 11 weiße und 15 schwarze Kugeln. Man zieht 11 Kugeln mit Zurücklegen. Wie groß ist die Wahrscheinlichkeit dafür, daß sich darunter
a) genau 5 weiße Kugeln,
b) genau 6 schwarze Kugeln,
c) keine weiße Kugel,
d) mindestens 3 weiße Kugeln,
e) höchstens 3 weiße Kugeln befinden?

Aufgaben

84. Eine Familie hat 5 Kinder. Die Wahrscheinlichkeit für einen Jungen sei 0,5. Wie groß ist die Wahrscheinlichkeit dafür, daß
  a) es 2 Mädchen und 3 Jungen sind,   **b)** es 5 Mädchen sind,
  c) das mittlere Kind ein Junge ist?
  d) Welche Werte erhält man, wenn man für eine Knabengeburt die realistische Wahrscheinlichkeit 0,514 verwendet?

85. Beim Würfelspiel »Einsame Filzlaus« gewinnt derjenige, der zuerst eine 1 (= »einsame Filzlaus«) würfelt. Wer nach 10 Würfen noch keine 1 hat, muß eine Strafe zahlen.
  a) Wie groß ist die Wahrscheinlichkeit, bei diesem Spiel Strafe zahlen zu müssen?
  b) Wie groß ist die Wahrscheinlichkeit dafür, unter den ersten 3 Würfen mindestens eine 1 zu werfen?
  c) Ab welcher Wurfzahl ist es günstig, darauf zu wetten, daß mindestens einmal eine 1 erscheint?

86. Eine Firma stellt Bolzen mit 20% Ausschuß her. Wie groß ist die Wahrscheinlichkeit dafür, daß unter 20 (200) herausgegriffenen Bolzen sich
  a) kein Ausschußstück befindet,
  b) genau 4 (40) Ausschußstücke befinden?

87. Zu Olims Zeiten* wurde einem Gefangenen die Chance gegeben freizukommen. Er hatte zwei Möglichkeiten:
  a) Er greift aus einer Urne, die 4 weiße und 2 schwarze Kugeln enthält, eine Kugel heraus. Ist sie weiß, so kommt er frei.
  b) Vor ihm stehen 2 Urnen. Die erste enthält gleichviel schwarze und weiße Kugeln. Die zweite ist die Urne aus **a)**. Er zieht aus beiden Urnen je eine Kugel und kommt frei, wenn die Farben gleich sind.
  Welcher Fall ist für ihn günstiger?

88. Die Polizei führt in einer Spielhölle eine Razzia durch. Sie testet die verwendeten Würfel nach folgendem Schema: Jeder Würfel wird 12mal geworfen; er wird für gut befunden, wenn 1-, 2- oder 3mal die 6 erscheint. Die Polizei stellt fest, daß 24% der Würfel nach diesem Verfahren als schlecht anzusehen sind. Kann der Vorwurf des Betrugs aufrecht erhalten werden?

89. Bei einem bestimmten Verfahren, Transistoren herzustellen, ergibt sich erfahrungsgemäß ein Ausschußanteil von 50%. Ein neues Verfahren soll angeblich besser sein. Eine erste Probe zeigt, daß von 10 nach dem neuen Verfahren hergestellten Transistoren 3 defekt waren. Wie groß ist die Wahrscheinlichkeit dafür, daß 3 oder weniger defekt sind, wenn das erste Verfahren angewendet wird? Das zweite Verfahren wird für besser gehalten, wenn diese Wahrscheinlichkeit unter 10% liegt. Kann man das zweite Verfahren demnach schon als besser bezeichnen?

90. Eine Urne enthält 5 grüne und 4 rote Kugeln. Man zieht 4 Kugeln
  a) ohne Zurücklegen,   **b)** mit Zurücklegen
  und erhält dabei der Reihe nach folgende Farben: ggrg. Wie wahrscheinlich ist diese Farbfolge in jedem der beiden Fälle?

---
* Scherzhafte Redeweise für »vor undenklichen Zeiten«, entstanden aus *olim* (lat.) = *einst*.

91. Eine Urne enthält 8 blaue und 2 gelbe Kugeln. A, B und C ziehen in dieser Reihenfolge je eine Kugel aus der Urne. Wer eine gelbe Kugel zieht, erhält einen Gewinn. Wer hat die größte Chance, einen Gewinn zu erhalten
a) im Fall des Ziehens ohne Zurücklegen,
b) im Fall des Ziehens mit Zurücklegen?

92. Eine Urne enthält 15 schwarze und 11 weiße Kugeln. Man zieht 10 Kugeln und erhält einen Gewinn, falls
a) genau 2,
b) genau 6 schwarze Kugeln gezogen werden.
Soll man ohne oder mit Zurücklegen ziehen?

93. Für das Funktionieren eines Gerätes A ist die Funktionsfähigkeit des Bauteils B unbedingt nötig. Aus diesem Grund ist B n-fach vorhanden. Die Wahrscheinlichkeit für das Ausfallen von B innerhalb eines Tages sei p.
Wie groß ist die Wahrscheinlichkeit dafür, daß das Gerät A innerhalb eines Tages funktionsunfähig wird
a) für $n = 2$; $p = 0,5$,
b) für $n = 3$; $p = \frac{1}{3}$,
c) allgemein?
d) Wie groß muß n sein, wenn für $p = 0,5$ die Wahrscheinlichkeit für die Funktionsfähigkeit von A innerhalb eines Tages 95% betragen soll?

94. Eine Obstgroßhandlung erhält Äpfel in Steigen zu je 100 Stück. Ein Kontrolleur überprüft die Steigen durch Entnahme einer Stichprobe von 20 Äpfeln pro Steige. Eine bestimmte Steige enthalte genau 5 schlechte Äpfel.
a) Wie groß ist die Wahrscheinlichkeit dafür, daß sich bei dieser Steige genau ein schlechter Apfel in der Stichprobe befindet?
b) Welche Wahrscheinlichkeit ergäbe sich, wenn die Stichprobe mit Zurücklegen entnommen würde?
c) Eine Steige, bei der in der Stichprobe mindestens 2 schlechte Äpfel gefunden werden, wird zurückgewiesen. Wie groß ist die Wahrscheinlichkeit dafür, daß eine Steige mit genau 5 schlechten Äpfeln zurückgewiesen wird? Untersuche Fall **a)** und **b)**.

95. Unter den N Kugeln einer Urne seien S schwarze. Es werde eine Kugel ohne Zurücklegen gezogen, ihre Farbe notiert, aber nicht bekanntgegeben. Berechne nun die Wahrscheinlichkeit dafür, beim 2. Zug eine schwarze Kugel zu ziehen.

96. Um die Existenz medialer Begabungen zu beweisen, wird folgendes Experiment angestellt: Eine Laplace-Münze wird 10mal geworfen und die Ergebnisfolge nicht bekanntgegeben. 500 Versuchspersonen raten die geworfenen Ergebnisse unabhängig voneinander. Es wird vereinbart, daß mediale Begabung anzuerkennen sei, wenn wenigstens 9 Treffer erzielt werden. Wie groß ist die Wahrscheinlichkeit dafür, daß wenigstens eine Versuchsperson als »medial« erkannt wird, obwohl keine der Versuchspersonen eine mediale Begabung hat?

Zu 8.5.

●**97.** Gib die Menge der Ergebnisse aus Ω_7 an (siehe Lösung 7 der Aufgabe auf Seite 98), die bei der in der Schlußbetrachtung dieser Aufgabe angesprochenen Vergröberung mit dem Element $\omega_i \in \Omega_i$ identifiziert werden.

$\omega_3 = 4$;
$\omega_4 = \{1, 2\}$;
$\omega_5 = 110000$;
$\omega_6 = 4$.

98. Eine Laplace-Münze werde zweimal geworfen. Wie groß ist die Wahrscheinlichkeit dafür, daß mindestens einmal Wappen erscheint?

D'Alembert (1717–1783)* schlug folgende Lösung vor: Der erste Wurf bringt sicher Wappen oder Kopf. Nur im Fall Kopf ist ein zweiter Wurf überhaupt nötig. Er bringt entweder Wappen oder Kopf. Das ergibt drei Fälle, von denen zwei günstig sind. Die gesuchte Wahrscheinlichkeit ist also $\frac{2}{3}$.
Nimm kritisch dazu Stellung!

99. Drei Laplace-Münzen werden gleichzeitig geworfen. Mit welcher Wahrscheinlichkeit zeigen alle drei Münzen die gleiche Seite?
Nimm kritisch Stellung zu folgender Lösung der Aufgabe: Zwei der drei Münzen zeigen sicher die gleiche Seite. Es kommt also nur darauf an, ob die dritte Münze auch diese Seite zeigt oder nicht. Es gibt also einen günstigen Fall von zwei möglichen. Die gesuchte Wahrscheinlichkeit ist also 50 %.

Bild 113.1
Ergebnisse beim 2fachen Münzenwurf

100. In einem Kasten liegen drei Karten, die folgendermaßen beschriftet sind:
Die erste Karte trägt auf beiden Seiten eine Null.
Die zweite Karte trägt auf beiden Seiten eine Eins.
Die dritte Karte trägt auf einer Seite eine Null und auf der anderen eine Eins.
Eine Karte wird auf gut Glück gezogen und so auf den Tisch gelegt, daß man nicht sieht, was auf der Unterseite steht. Die Oberseite zeigt eine Eins. Theodor behauptet, die Wahrscheinlichkeit dafür, daß auch auf der Rückseite eine Eins stehe, sei 50 %; denn es gebe für die Rückseite zwei Möglichkeiten, von denen eine günstig sei. Was meinst du dazu?

101. In einer Urne liegen zwei rote und zwei schwarze Kugeln. Zwei Kugeln werden ohne Zurücklegen gezogen. Mit welcher Wahrscheinlichkeit p haben die beiden gezogenen Kugeln gleiche Farbe? Diskutiere die folgenden 7 Lösungsvorschläge:
Lösung 1: Es gibt zwei Fälle: Die Kugeln haben entweder gleiche oder verschiedene Farbe. Ein Fall ist günstig, d. h. $p = \frac{1}{2}$.

---
* Siehe Seite 192.

Lösung 2: Es gibt drei Fälle: Beide Kugeln sind rot; beide Kugeln sind schwarz, oder die beiden Kugeln haben verschiedene Farbe. Zwei Fälle sind günstig, also ist $p = \frac{2}{3}$.

Lösung 3: Es gibt vier Fälle: rot-rot, rot-schwarz, schwarz-rot und schwarz-schwarz. Zwei Fälle sind günstig, also ist $p = \frac{2}{4} = \frac{1}{2}$.

Lösung 4: Man denke sich die Kugeln durchnumeriert: 1r, 2r, 3s, 4s. Es gibt sechs Fälle: 1r2r, 1r3s, 1r4s, 2r3s, 2r4s, 3s4s. Zwei Fälle sind günstig, also ist $p = \frac{2}{6} = \frac{1}{3}$.

Lösung 5: Die eine gezogene Kugel hat irgendeine Farbe. Für die andere Kugel gibt es zwei Möglichkeiten, von denen eine günstig ist. Also ist $p = \frac{1}{2}$.

Lösung 6: Die eine gezogene Kugel hat irgendeine Farbe. Dann ist die andere Kugel eine von den drei restlichen. Davon ist eine günstig, also ist $p = \frac{1}{3}$.

Lösung 7: Man stellt die Entnahme der beiden Kugeln als zweistufiges Experiment durch einen Baum dar und wendet die Pfadregeln an:
Man erhält $p = \frac{1}{6} + \frac{1}{6} = \frac{1}{3}$.

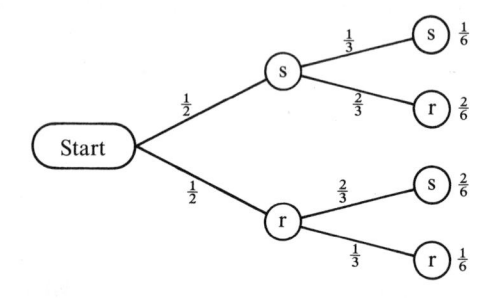

102. In einer Urne liegt eine Kugel, die entweder weiß oder schwarz ist. Man legt eine weiße Kugel dazu, mischt und zieht eine Kugel. Sie ist weiß. Würdest du darauf wetten, daß die Kugel, die noch in der Urne liegt, auch weiß ist? Begründe deine Antwort!

9. Unabhängigkeit

Das Unabhängigkeitsdenkmal in Lomé, der Hauptstadt von Togo: Ein Mensch zerreißt die Ketten. Erbaut wurde das Denkmal von den Gebrüdern *Coustere* unter Mitarbeit des togolesischen Bildhauers *Paul Ahyi*. Offiziell eingeweiht am 27. April 1960.

9.1. Unabhängigkeit bei zwei Ereignissen

Hat die Haarfarbe eines Menschen etwas mit seiner Sehschärfe zu tun? Manche Leute sind schnell bereit, derartige Zusammenhänge zu vermuten. Sie haben z. B. in ihrem Bekanntenkreis mehrere blonde Brillenträger und schließen voreilig daraus, daß die Blonden zur Kurzsichtigkeit neigen. Für Eltern, denen gerade ein blondes Kind geboren wurde, könnte es bedeutsam sein, ob an dieser Behauptung etwas Wahres ist oder nicht. Wir wollen sie daher nachprüfen.

Beispiel 1: Wir stellen von einer größeren Anzahl zufällig ausgewählter Personen fest,
a) ob sie blondhaarig sind,
b) ob sie kurzsichtig sind.

Die Zählergebnisse halten wir in einer Vierfeldertafel fest, in der alle 4 unterscheidbaren Fälle getrennt erscheinen.
Zahlenbeispiel:

	blond	nicht blond	insgesamt
kurzsichtig	30	270	300
nicht kurzsichtig	70	630	700
insgesamt	100	900	1000 = Zahl aller Personen

Es gab unter den ausgewählten Personen also 30 blonde Kurzsichtige, insgesamt 300 Kurzsichtige, insgesamt 100 Blonde usw. Wann würden wir nun der Behauptung, die Blonden hätten (im Mittel) die schlechteren Augen, zustimmen? Offenbar dann, wenn der Anteil der Kurzsichtigen unter den Blonden merklich größer ist als der Anteil der Kurzsichtigen unter allen Personen überhaupt. In unserem erfundenen Beispiel sind diese beiden Anteile $\frac{30}{100}$ bzw. $\frac{300}{1000}$, also genau gleich groß. In diesem Falle würden wir die Eigenschaften »blond« und »kurzsichtig« für *unabhängig* halten. Die eine hat keinen erkennbaren Einfluß auf die andere. Für ein soeben geborenes Kind läßt sich der Sachverhalt mit *Wahrscheinlichkeiten* formulieren:
Das Ereignis $B :=$ »Das Neugeborene ist blond« hat auf Grund der Zählergebnisse etwa die Wahrscheinlichkeit $\frac{100}{1000} = \frac{1}{10}$; für die Wahrscheinlichkeit des Ereignisses $K :=$ »Das Neugeborene ist (oder wird später) kurzsichtig« können wir setzen

$P(K) = \frac{300}{1000} = \frac{3}{10}$,

und für das Ereignis $B \cap K =$ »Das Neugeborene ist blond und kurzsichtig« gilt

$P(B \cap K) = \frac{30}{1000} = \frac{3}{100}$.

Da nun das Verhältnis $P(B \cap K)/P(B)$ genau gleich $P(K)$ ist, sehen wir die Ereignisse als unabhängig an. Die gefundene Gleichung

$$\frac{P(B \cap K)}{P(B)} = P(K) \quad \text{oder} \quad P(B \cap K) = P(B) \cdot P(K)$$

führt uns zur Definition der Unabhängigkeit im Rahmen der Wahrscheinlichkeitsrechnung, wie sie 1901 *Georg Bohlmann* (1869–1928) gab:

Definition 10: Die Ereignisse A und B heißen *stochastisch unabhängig*, wenn gilt
$$P(A \cap B) = P(A) \cdot P(B).$$
Andernfalls heißen die Ereignisse stochastisch abhängig.

Der Zusatz »stochastisch« soll deutlich zum Ausdruck bringen, daß die Unabhängigkeit hiermit als Fachbegriff der Wahrscheinlichkeitsrechnung eingeführt ist. Wenn eine Verwechslung mit dem umgangssprachlichen Wort »unabhängig« nicht zu befürchten ist, werden wir den Zusatz weglassen.

Folgerung aus Definition 10. Es ergibt sich unmittelbar, daß die Relation der Unabhängigkeit zweier Ereignisse *symmetrisch* ist:
Wenn A und B stochastisch unabhängig sind, dann sind es auch B und A.

Von Ereignissen, die unserer Meinung nach keinen kausalen Zusammenhang haben, erwarten wir, daß sie stochastisch unabhängig sind. Prüfen wir dies an einem wohlbekannten Fall, dem mehrfachen Würfelwurf!

Beispiel 2: Ein idealer Würfel wird 2mal geworfen. Sind die Ereignisse $A :=$ »Drei Augen beim 1. Wurf« und $B :=$ »Sechs Augen beim 2. Wurf« stochastisch unabhängig?

$\Omega = \{(1|1), (1|2), (1|3), \ldots, (6|6)\}$; alle 36 Ergebnisse sind gleichwahrscheinlich.
$A = \{(3|1), (3|2), (3|3), \ldots, (3|6)\}$; $P(A) = \frac{1}{6}$;
$B = \{(1|6), (2|6), (3|6), \ldots, (6|6)\}$; $P(B) = \frac{1}{6}$;
$A \cap B = \{(3|6)\}$; $P(A \cap B) = \frac{1}{36}$.

Man erkennt: $P(A \cap B) = P(A) \cdot P(B)$; also besteht stochastische Unabhängigkeit, wie erwartet!
Auch beim Ziehen aus einer Urne *mit Zurücklegen* sind zwei Ereignisse, die jeweils nur den Ausgang einer einzelnen Ziehung betreffen, unabhängig, so z. B. die Ereignisse »Die 1. gezogene Kugel ist schwarz« und »Die 5. gezogene Kugel ist nicht grün« (Aufgabe **5**). Ziehen wir dagegen aus der Urne *ohne* Zurücklegen, so geht die Unabhängigkeit solcher Ereignisse gewöhnlich verloren:

Beispiel 3: In einer Urne seien 10 schwarze, 3 rote und 2 grüne Kugeln. Es wird 5mal *ohne* Zurücklegen gezogen. Sind die Ereignisse $S_1 :=$ »Schwarz beim 1. Zug« und $\bar{G}_5 :=$ »Kein Grün beim 5. Zug« unabhängig?
Es gilt $P(S_1) = \frac{10}{15} = \frac{2}{3}$.

Auf Seite 92 haben wir schon festgestellt, daß wir das Ziehen einzelner Kugeln ohne Zurücklegen in Gedanken durch gleichzeitiges Ziehen mehrerer Kugeln ersetzen können. Daraus folgt, daß alle Züge gleichberechtigt sind, ohne Rücksicht auf ihre Nummer. Wir können uns daher zur Berechnung von $P(\bar{G}_5)$ vorstellen, der 5. Zug sei in Wirklichkeit der erste: $P(\bar{G}_5) = \frac{13}{15}$.

118   9. Unabhängigkeit

Um die Wahrscheinlichkeit von $S_1 \cap \bar{G}_5$ zu finden, können wir den 5. Zug nicht mehr in Gedanken an die erste Stelle versetzen, weil diese schon »vergeben« ist, wohl aber an die zweite. Wir zeichnen das Baumdiagramm bis zum 2. Zug (Figur 118.1) und errechnen

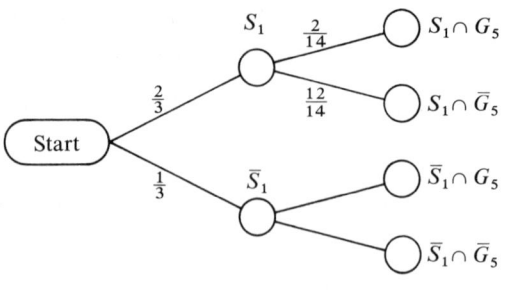

$P(S_1 \cap \bar{G}_5) = \frac{2}{3} \cdot \frac{12}{14} \neq P(S_1) \cdot P(\bar{G}_5);$
also sind die Ereignisse S_1 und $\bar{G}_5$ stochastisch abhängig, wie erwartet.

Fig. 118.1 Baum zum Experiment von Beispiel 3. Der 5. Zug ist an die zweite Stelle gesetzt.

Durch Definition 10 ist die Unabhängigkeit zu einem rein mathematischen Begriff geworden. Ist eine Wahrscheinlichkeitsverteilung vorgegeben, so läßt sich bei zwei beliebigen Ereignissen nachprüfen, ob sie unabhängig sind oder nicht. Dabei spielt es keine Rolle, ob wir schon im voraus eine Vermutung über Abhängigkeit oder Unabhängigkeit hegen. Bei manchen Ereignispaaren kann es daher Überraschungen geben, wie das folgende Beispiel zeigt.

Beispiel 4: Drei ideale Münzen werden geworfen. Untersuche die Ereignisse $A := $»Höchstens 1mal Adler« und $B := $»Jede Seite wenigstens 1mal« auf Unabhängigkeit!
Ω hat 8 gleichwahrscheinliche Elemente, die wir als Tripel 000, 001, 010, ..., 110, 111 schreiben. (1 bedeute »Adler«.)

$P(A) = P(\text{»0mal oder 1mal Adler«}) = \frac{1}{8} + \frac{3}{8} = \frac{1}{2};$

$P(B) = 1 - P(\text{»0mal Adler oder 3mal Adler«}) = 1 - (\frac{1}{8} + \frac{1}{8}) = \frac{3}{4};$

$P(A \cap B) = P(\text{»1mal Adler«}) = \frac{3}{8}.$

$P(A \cap B) = P(A) \cdot P(B);$ also sind A und B unabhängig.

Wir untersuchen nun die entsprechenden Ereignisse A und B für den Fall des *vierfachen* Münzenwurfs. Man könnte der Meinung sein, daß sich wieder Unabhängigkeit ergeben wird, da die Ereignisse A und B ja in gleicher Weise definiert sind wie zuvor. Wir prüfen durch Rechnung.
Ω besteht jetzt aus den 16 Quadrupeln 0000, ..., 1111. Wir finden:

$P(A) = \frac{1}{16} + \frac{4}{16} = \frac{5}{16};$

$P(B) = 1 - P(\text{»0mal oder 4mal Adler«}) = 1 - \frac{2}{16} = \frac{7}{8};$

$P(A \cap B) = P(\text{»1mal Adler«}) = \frac{4}{16} = \frac{1}{4}.$

Wegen $\frac{1}{4} \neq \frac{7}{8} \cdot \frac{5}{16}$ sind überraschenderweise nun aber A und B abhängig! Unsere Vermutung hat sich als falsch erwiesen.
In Aufgabe **16** wird die Frage für mehr als 4 und weniger als 3 Münzenwürfe weiter verfolgt. Es zeigt sich, daß die Unabhängigkeit bei 3 Würfen einen Ausnahmefall darstellt.
Wir wollen die stochastische Unabhängigkeit graphisch veranschaulichen. Hierzu stellen wir den Ergebnisraum Ω durch ein Einheitsquadrat und die Ereignisse

9.1 Unabhängigkeit bei 2 Ereignissen

in Ω durch Flächenstücke dar, deren Inhalt gleich ihrer Wahrscheinlichkeit ist. Bei zwei Ereignissen A und B bietet sich die Einteilung in 4 Rechtecke an, entsprechend der Vierfeldertafel. Figur 119.1 zeigt dies für das Beispiel $P(A) = 0,5$; $P(B) = 0,4$; $P(A \cap B) = 0,1$. A und B sind in diesem Fall stochastisch abhängig. Dies äußert sich im Bilde darin, daß die Trennungslinie zwischen den oberen und den unteren Feldern nicht gerade ist, sondern eine Stufe bildet. Ein einfaches Kreuz bilden die Trennungslinien dann, wenn A und B unabhängig sind (Figur 119.2)! Man liest nämlich aus der Zeichnung unmittelbar ab:

$P(A) = a$, $P(B) = b$, $P(A \cap B) = a \cdot b$, also $P(A) \cdot P(B) = P(A \cap B)$.

Aus Figur 119.2 folgt nun ebenso, daß das Gegenereignis $\bar{A}$ und B unabhängig sind, denn es gilt

$P(\bar{A}) = 1 - a$, $P(\bar{A} \cap B) = (1 - a) \cdot b = P(\bar{A}) \cdot P(B)$.

Wir kommen so zu

> **Satz 13:**
> Wenn A und B unabhängig sind, dann sind auch $\bar{A}$ und B unabhängig.

Man kann dies auch so ausdrücken: *Die Unabhängigkeit zweier Ereignisse bleibt erhalten, wenn man eines davon durch sein Gegenereignis ersetzt.* Daher ist die folgende Schlußkette richtig:

> **Satz 13a:**
> A und B unabhängig $\Leftrightarrow$ $\bar{A}$ und B unabhängig $\Leftrightarrow$ $\bar{A}$ und $\bar{B}$ unabhängig.

Die Sätze 13 und 13a sind sehr plausibel: Die Unabhängigkeit von A und B bedeutet ja, daß das Eintreten von A sich in gewissem Sinne nicht auf das Eintreten von B auswirkt. Dann ist es aber klar, daß auch das Nicht-Eintreten von A sich in keiner Weise auswirkt.

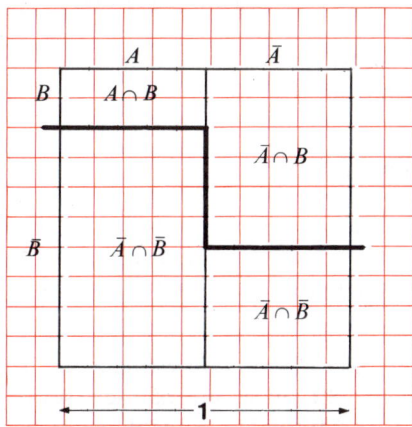

Fig. 119.1 Darstellung von Wahrscheinlichkeiten als Flächeninhalte. A und B sind abhängig.

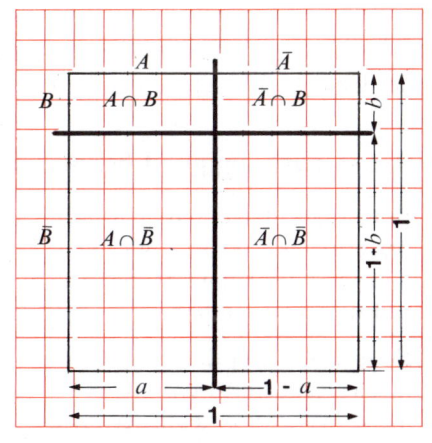

Fig. 119.2 Unabhängigkeit von A und B

Wenn wir in der Vierfeldertafel von Seite 116 jede Zahl durch die Gesamtzahl 1000 der Personen dividieren, so wird sie zu einer Tafel der Wahrscheinlichkeiten:

	blond	nicht blond	insgesamt
kurzsichtig	0,03	0,27	0,30
nicht kurzsichtig	0,07	0,63	0,70
insgesamt	0,10	0,90	1,00

Die Unabhängigkeit der Ereignisse »blond« und »kurzsichtig« ist daran erkennbar, daß jede Zahl im Innern der Tafel das Produkt der zwei zugehörigen Randzahlen (mit »insgesamt« beschriftete Zeile bzw. Spalte) ist. *Bei stochastischer Unabhängigkeit ist die Vierfeldertafel der Wahrscheinlichkeiten eine Multiplikationstabelle.*

Zum Schluß wollen wir die Begriffe der *Unvereinbarkeit* und der *Unabhängigkeit*, die man keinesfalls verwechseln darf, einander gegenüberstellen:

A und B unvereinbar $\Rightarrow P(A \cup B) = P(A) + P(B)$

(**Summensatz** für Wahrscheinlichkeiten)

A und B unabhängig $\Leftrightarrow P(A \cap B) = P(A) \cdot P(B)$

(**Produktsatz** für Wahrscheinlichkeiten).

Man beachte auch noch folgenden Unterschied: Ob zwei Ereignisse A und B unvereinbar sind oder nicht, ist allein durch den Ergebnisraum Ω festgelegt, in dem A und B Teilmengen sind. Welche Wahrscheinlichkeitsverteilung P in Ω eingeführt ist, spielt dabei überhaupt keine Rolle. Die stochastische Unabhängigkeit von A und B dagegen ist eine Eigenschaft der Ereignisse *bei gegebener* Wahrscheinlichkeitsverteilung P. Wählt man zum gleichen Ergebnisraum Ω und zu den gleichen Ereignissen A und B eine andere Wahrscheinlichkeitsverteilung, so geht im allgemeinen eine zuvor bestehende Unabhängigkeit von A und B verloren.

Gewisse Wechselbeziehungen zwischen den Begriffen der Unvereinbarkeit und der Unabhängigkeit werden in Aufgabe **24** untersucht.

9.2. Unabhängigkeit bei drei und mehr Ereignissen

In Beispiel 1 (Seite 116) ging es um die Unabhängigkeit einer Haarfarbe und eines Augenfehlers. Sicher gibt es noch viele andere Eigenschaften, die ein Mensch zufällig besitzen kann oder nicht und die wiederum mit Blondheit und Kurzsichtigkeit nichts zu tun haben, wie z.B. die Musikalität.

Beispiel 5: Von jeder der 1000 Personen in Beispiel **1** (Seite 116) werde zusätzlich (nach irgendeinem passenden Kriterium) festgestellt, ob sie musikalisch ist oder nicht. Welches Ergebnis erwarten wir, wenn die Musikalität »unabhängig« von der blonden Haarfarbe und der Kurzsichtigkeit ist? Offenbar müßte dann in *jedem* Feld der Vierfeldertafel auf Seite 116 ungefähr der *gleiche* Anteil an musikalischen Personen gefunden werden, z.B. jedesmal die Hälfte:

9.2 Unabhängigkeit bei 3 und mehr Ereignissen

Ca. 15 Musikalische unter den blonden Kurzsichtigen,
ca. 35 Musikalische unter den blonden Nicht-Kurzsichtigen usw.

Die folgende Tabelle (8-Felder-Tafel) enthält alle sich hieraus ergebenden Zahlen.

	blond		nicht blond	
kurzsichtig	15	15	135	135
nicht kurzsichtig	35	35	315	315

$$\underbrace{\text{musikalisch}}$$
$$\underbrace{\text{unmusikalisch}}$$

Übersetzen wir unsere Forderungen nun auf die Wahrscheinlichkeiten von Ereignissen! Zu den Ereignissen B (»blond«) und K (»kurzsichtig«) kommt das dritte Ereignis M (»musikalisch«) hinzu. Wir verlangen, daß M und $B \cap K$ unabhängig sind, ebenso M und $\bar{B} \cap K$, M und $B \cap \bar{K}$, M und $\bar{B} \cap \bar{K}$. Es müssen also 4 Gleichungen bestehen, deren erste lautet:

$$P(M \cap B \cap K) = P(M) \cdot P(B \cap K).$$

Wegen der schon bestehenden Unabhängigkeit von B und K ergibt sich eine dreigliedrige Produktformel:

$$P(M \cap B \cap K) = P(M) \cdot P(B) \cdot P(K). \tag{*}$$

Die drei übrigen Gleichungen lassen sich (wegen Satz 13a) auf die gleiche Form bringen. Es sind in (*) nur B oder K oder beide Ereignisse durch ihre Gegenereignisse ersetzt. Zum Beispiel heißt die vierte Gleichung:

$$P(M \cap \bar{B} \cap \bar{K}) = P(M) \cdot P(\bar{B}) \cdot P(\bar{K}).$$

Sind diese 4 Gleichungen erfüllt, so folgt aus Satz 13 sofort, daß wir in jeder von ihnen auch noch M durch $\bar{M}$ ersetzen dürfen. Es entstehen nochmals 4 Gleichungen, und alle 8 Gleichungen zusammen bringen die Unabhängigkeit der 3 Ereignisse nach *Georg Bohlmann* (1908) in symmetrischer Weise zum Ausdruck.

> **Definition 11:** Die Ereignisse A, B und C heißen *stochastisch unabhängig*, wenn folgende 8 Gleichungen gelten:
>
> $$P(A \cap B \cap C) = P(A) \cdot P(B) \cdot P(C),$$
> $$P(\bar{A} \cap B \cap C) = P(\bar{A}) \cdot P(B) \cdot P(C),$$
> $$\dots\dots\dots\dots\dots\dots\dots\dots\dots\dots\dots\dots\dots$$
> $$P(\bar{A} \cap \bar{B} \cap \bar{C}) = P(\bar{A}) \cdot P(\bar{B}) \cdot P(\bar{C}).$$
>
> (Aus der ersten Gleichung entstehen die 7 übrigen, indem man eines oder mehrere der drei Ereignisse durch ihre Gegenereignisse ersetzt.)

Die Unabhängigkeit *zweier* Ereignisse wird schon durch eine einzige und nicht durch vier Gleichungen ausgedrückt (Definition 10). Auch bei *drei* Ereignissen müßte man nicht alle 8 Gleichungen der Definition 11 nachprüfen, um die Unabhängigkeit zu sichern. Die Frage, welche ausgewählten Gleichungen bereits genügen würden, wollen wir aber nicht weiter verfolgen.

Beispiel 6: Ein Glücksrad liefere die Zahlen 1 bis 36 mit gleicher Wahrscheinlichkeit. Sind die Ereignisse $E := $ »Höchstens 12«, $F := $ »Höchstens 24«, $H := $ »Keine der Zahlen 3 bis 29« unabhängig? Es gilt $P(E) = \frac{1}{3}$, $P(F) = \frac{2}{3}$, $P(H) = \frac{1}{4}$. Wir prüfen nacheinander die Gleichungen von Definition 11:

$E \cap F \cap H = $ »1 oder 2«; $\quad P(E \cap F \cap H) = \frac{1}{18} = P(E) \cdot P(F) \cdot P(H)$;
$\bar{E} \cap F \cap H = \emptyset$; $\quad\quad\quad\quad P(\bar{E} \cap F \cap H) = 0 \neq P(\bar{E}) \cdot P(F) \cdot P(H)$.

Schon die zweite Gleichung der Definition 11 ist nicht erfüllt; also sind die Ereignisse abhängig.

Wenn drei Ereignisse »einander nicht beeinflussen«, so tun das auch je zwei von ihnen nicht. Dementsprechend erwarten wir, daß von drei stochastisch unabhängigen Ereignissen auch schon je zwei Ereignisse stochastisch unabhängig sind. Man müßte also aus den Gleichungen von Definition 11 folgern können, daß z. B. A und B unabhängig sind. In der Definition kommen nur Durchschnitte aus 3 Ereignissen vor. Das Ereignis $A \cap B$ muß man aus ihnen erst zusammensetzen:

$A \cap B = (A \cap B \cap C) \cup (A \cap B \cap \bar{C})$;

siehe Figur 122.1, aus der auch hervorgeht, daß die beiden »Summanden« von $A \cap B$ elementfremd sind. Es folgt

$P(A \cap B) = P(A \cap B \cap C) + P(A \cap B \cap \bar{C}) \quad$ und nach Definition 11:
$P(A \cap B) = P(A) \cdot P(B)[P(C) + P(\bar{C})]$.

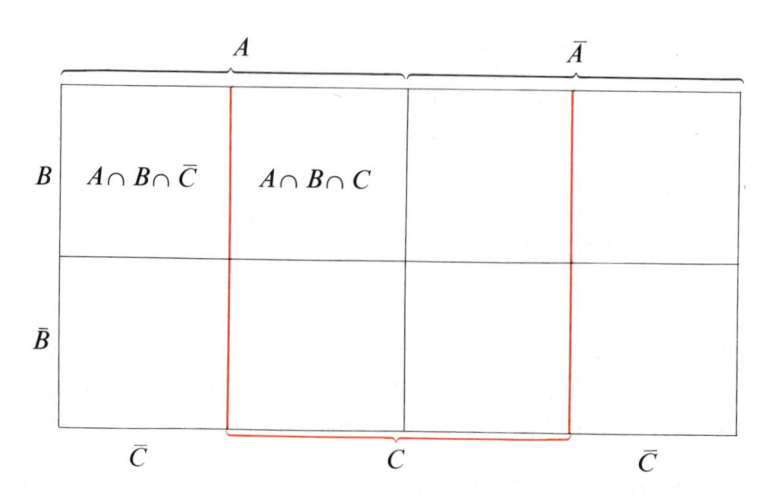

Fig. 122.1   Zu Satz 14

Die eckige Klammer hat den Wert Eins! Also sind A und B stochastisch unabhängig. Ebenso kann man natürlich beweisen, daß B und C sowie C und A unabhängig sind.

> **Satz 14:** Sind drei Ereignisse stochastisch unabhängig, so sind auch schon je zwei von ihnen stochastisch unabhängig.

Daß die Umkehrung dieses Satzes falsch ist, wird in Aufgabe **31** gezeigt. Wenn man Satz 14 heranzieht, kann man die Abhängigkeit der 3 Ereignisse in Beispiel **6** (Seite 122) sehr schnell erkennen: Da z. B. E und F abhängig sind (warum?), können E, F und H nicht unabhängig sein.

Es liegt nun auf der Hand, wie 1908 *Georg Bohlmann* (1869–1928) Definition 11 sinnvoll auf beliebig viele Ereignisse erweiterte:

> **Definition 12:** Die Ereignisse $A_1, \ldots, A_n$ heißen *stochastisch unabhängig*, wenn folgende 2^n Gleichungen gelten:
> $$P(A_1 \cap \ldots \cap A_n) = P(A_1) \cdot \ldots \cdot P(A_n),$$
> $$P(\bar{A}_1 \cap \ldots \cap A_n) = P(\bar{A}_1) \cdot \ldots \cdot P(A_n),$$
> $$\ldots\ldots\ldots\ldots\ldots\ldots\ldots\ldots\ldots\ldots\ldots\ldots\ldots\ldots\ldots$$
> $$P(\bar{A}_1 \cap \ldots \cap \bar{A}_n) = P(\bar{A}_1) \cdot \ldots \cdot P(\bar{A}_n).$$
> (Aus der ersten Gleichung entstehen die übrigen, indem man eines oder mehrere der n Ereignisse durch ihre Gegenereignisse ersetzt.)

Auch in diesem allgemeinen Fall müßte man nicht alle 2^n Gleichungen nachprüfen, um die Unabhängigkeit der n Ereignisse zu gewährleisten.
Satz 14 läßt sich ebenfalls auf beliebig viele Ereignisse verallgemeinern:

> **Satz 15:** In einer Menge von stochastisch unabhängigen Ereignissen sind stets auch beliebig daraus ausgewählte Ereignisse stochastisch unabhängig.

Den Beweis dieses Satzes wollen wir übergehen.

9.3. Die Bernoulli-Kette

Wo haben wir in der Praxis mit längeren Reihen von unabhängigen Ereignissen zu tun?
Wenn wir eine Münze oftmals werfen, mit demselben Würfel oftmals würfeln, häufig Roulett spielen – kurz, wenn wir einen Zufallsversuch viele Male unter *genau gleichen Bedingungen* ausführen, so werden die Ausgänge der Einzelversuche einander vermutlich nicht beeinflussen. Münze, Würfel und Roulettscheibe haben kein »Gedächtnis« – auch wenn manche Leute dies nicht wahrhaben wollen und nach einer Reihe von Sechsen beim Würfeln der Sechs keine Chance mehr geben.

Bei n-maliger Ausführung eines Experiments bedeute das Ereignis
A_1 einen bestimmten Versuchsausgang beim 1. Mal
 (z. B. »Adler beim 1. Münzenwurf«; »keine Sechs beim 1. Würfelwurf«),
A_2 den *gleichen* Versuchsausgang beim 2. Mal
 (also »Adler beim 2. Münzenwurf«, bzw. »keine Sechs beim 2. Würfelwurf«);
entsprechend sind $A_3, A_4, \ldots, A_n$ definiert.
Wir wollen den ins Auge gefaßten Versuchsausgang in Erinnerung an die Lotterie einen »Treffer«, sein Nichteintreten eine »Niete« nennen. Nach dem zuvor Gesagten werden wir also vermuten, daß die Ereignisse $A_1, \ldots, A_n$ unabhängig sind. Weil der »Treffer« bei jedem Teilversuch die gleiche Bedeutung hat, vermuten wir darüber hinaus auch noch: $A_1, \ldots, A_n$ haben die gleiche Wahrscheinlichkeit.
Wie können wir diese Vermutungen prüfen? Letzten Endes nur an der Erfahrung durch wirkliches Ausführen vieler Versuche und Abschätzen der Wahrscheinlichkeiten (Aufgabe **13**). Für gewisse Experimente haben wir aber bereits früher plausible Wahrscheinlichkeitsverteilungen aufgestellt; dann ist auch eine rechnerische Prüfung möglich. Das einfachste Beispiel ist das n-malige Werfen einer symmetrischen Münze. Wir nehmen als Ergebnisraum die Menge aller n-Tupel aus Nullen und Einsen. Eine Eins an 1. Stelle bedeute »Adler beim 1. Wurf«, usw. Alle 2^n möglichen Ergebnisse tragen die gleiche Wahrscheinlichkeit $\dfrac{1}{2^n}$ (Laplace-Experiment!).

Nun bedeute $A_i := $»Adler beim i-ten Wurf«. Dann besteht A_i aus all den n-Tupeln, die an der i-ten Stelle eine Eins und sonst beliebige Ziffern tragen. Dies ist gerade die Hälfte aller n-Tupel! Also gilt

$P(A_i) = \frac{1}{2}$ \qquad für alle $i = 1, 2, \ldots, n$.

In Worten ausgedrückt: Die Wahrscheinlichkeit, beim i-ten Wurf einen Adler zu erhalten, ist für alle i gleich groß, nämlich $\frac{1}{2}$. Es ist nicht günstiger oder ungünstiger, auf einen Adler genau beim 10. Wurf zu wetten, als es beim 1. Wurf ist.
Nun zur Unabhängigkeit der $A_1, \ldots, A_n$:
$A := A_1 \cap \ldots \cap A_n$ ist das Ereignis »Adler bei jedem Wurf«. Es besteht nur aus dem Ergebnis $11\ldots 1$ (lauter Einsen) und hat deshalb die Wahrscheinlichkeit $\dfrac{1}{2^n}$. Andererseits gilt

$$P(A_1) \cdot P(A_2) \cdot \ldots \cdot P(A_n) = \frac{1}{2} \cdot \frac{1}{2} \cdot \ldots \cdot \frac{1}{2} = \frac{1}{2^n}.$$

Es folgt also

$$P(A_1 \cap \ldots \cap A_n) = P(A_1) \cdot P(A_2) \cdot \ldots \cdot P(A_n),$$

die erste der 2^n Gleichungen von Definition **12**. Wie prüfen wir die anderen Gleichungen? Immer wenn ein A_i durch sein Gegenereignis ersetzt wird, wandelt sich im Schnitt-Ereignis eine Eins in eine Null um. Die Wahrscheinlichkeit des Schnitt-Ereignisses bleibt $\dfrac{1}{2^n}$. Im Produkt der Wahrscheinlichkeiten ändert sich auch nichts, da $\bar{A}_i$ die gleiche Wahrscheinlichkeit $\frac{1}{2}$ hat wie A_i. Die $A_1, \ldots, A_n$ sind also wirklich unabhängig.

9.3 Die Bernoulli-Kette

Wie ist es bei einer unsymmetrischen Münze, bei der »Adler« beim Einfachwurf die Wahrscheinlichkeit $p \neq \frac{1}{2}$ hat; oder beim Würfel, wenn wir unter »Treffer« z. B. verstehen »Keine Sechs«, also $p = \frac{5}{6}$ beim Einfachwurf? Zur Beantwortung dieser Frage ersetzen wir Münze oder Würfel durch eine *Urne* mit m Kugeln, von denen pm Stück schwarz sind, und aus der wir n-mal eine Kugel mit Zurücklegen ziehen. Jedes Ziehen einer schwarzen Kugel bedeute einen Treffer. Ob dieses Urnenmodell für die unsymmetrische Münze bzw. den Würfel zutreffend ist, kann im Grunde nur wieder die Erfahrung entscheiden. Jedenfalls können wir am Modell die Frage der Gleichwahrscheinlichkeit und Unabhängigkeit der Treffer-Ereignisse klären.

Der Gedankengang werde an einem Beispiel durchgeführt.

Beispiel 7: Eine Urne enthalte 6 numerierte Kugeln. Die Kugeln mit den Nummern 1 bis 5 sind schwarz und daher »Trefferkugeln«. Es wird 5mal mit Zurücklegen gezogen. Dann ist dies ein Modell für den 5fachen Wurf mit einem idealen Würfel und P(»Treffer«) $= \frac{5}{6}$ beim Einfachwurf. Als Ergebnisraum Ω wählen wir die Menge aller Quintupel aus den Elementen der Menge $\{1, \ldots, 6\}$, also $\Omega = \{11111, 11112, \ldots, 66666\}$ mit $|\Omega| = 6^5$. Alle Ergebnisse sind gleichwahrscheinlich (Laplace-Experiment).

$A_1 :=$ »Treffer beim ersten Zug« besteht aus allen Quintupeln mit keiner Sechs an 1. Stelle, das sind $\frac{5}{6}$ aller Ergebnisse. Also $P(A_1) = \frac{5}{6}$. Die gleiche Wahrscheinlichkeit ergibt sich für A_2 bis A_5; alle A_i sind also gleichwahrscheinlich.

Wir untersuchen nun die Unabhängigkeit. Es sei z. B. $A := A_1 \cap A_2 \cap \bar{A}_3 \cap \bar{A}_4 \cap A_5 =$ »Keine Sechs an erster, zweiter und fünfter Stelle, Sechs an dritter und vierter Stelle«. Das allgemeine Zählprinzip liefert, daß A aus $5 \cdot 5 \cdot 1 \cdot 1 \cdot 5$ Elementen besteht und daher die Wahrscheinlichkeit $P(A) = \dfrac{5^3}{6^5}$ hat. Andererseits gilt

$$P(A_1)P(A_2)P(\bar{A}_3)P(\bar{A}_4)P(A_5) = \frac{5}{6} \cdot \frac{5}{6} \cdot \frac{1}{6} \cdot \frac{1}{6} \cdot \frac{5}{6} = \frac{5^3}{6^5} = P(A).$$

Man sieht unmittelbar, daß sich alle anderen Gleichungen der Definition 12 für die Unabhängigkeit genauso bestätigen lassen.

Die Erfahrung zeigt, daß nicht nur der Münz- und Würfelwurf, sondern auch andere Reihen von Versuchen, die immer wieder unter gleichen Bedingungen ablaufen, sich durch ein Urnenmodell gemäß Beispiel 7 zutreffend darstellen lassen, daß also die Kette der Treffer-Ereignisse A_i die Bedingungen der Unabhängigkeit und Gleichwahrscheinlichkeit erfüllt. Wir führen daher für diesen wichtigen Fall einen besonderen Namen ein:

Definition 13: Eine Menge von Ereignissen $A_1, \ldots, A_n$ heißt *Bernoulli-Kette* der Länge n (oder *Bernoulli*-Kette aus n Versuchen), wenn

1. $A_1, \ldots, A_n$ unabhängig sind,
2. alle A_i die gleiche Wahrscheinlichkeit haben:
$$P(A_1) = P(A_2) = \ldots = P(A_n) = p.$$

p heißt Parameter der *Bernoulli*-Kette*.

---

* Benannt nach *Jakob Bernoulli* (1655–1705). Siehe Seite 193.

Beispiele für *Bernoulli*-Ketten:

a) n-maliges Würfeln, wenn man sich nur dafür interessiert, ob z. B. die Sechs erscheint oder nicht; für $A_i :=$ »Keine Sechs beim i-ten Wurf« und symmetrischen Würfel ist $p = P(A_i) = \frac{5}{6}$. (Beispiel 7, Seite 125).

b) Stichprobe mit Zurücklegen aus einer Serienproduktion; $A_i :=$ »Das i-te entnommene Stück ist in Ordnung«.

c) 10maliges Messen der Länge eines Klotzes mit der Schublehre. Feststellung, ob sich bei der i-ten Messung 20,0 mm (A_i) oder etwas anderes ($\bar{A}_i$) ergibt.

d) allgemein:
n-malige Wiederholung eines Zufallsexperimentes unter stets gleichen Bedingungen, wobei nur festgestellt wird, ob ein gewisses Ergebnis vorliegt oder nicht.

Man kann sich zu einer *Bernoulli*-Kette der Länge n immer einen Ergebnisraum eingeführt denken, dessen Elemente die n-Tupel aus Nullen und Einsen sind. Dabei steht die Eins für »Treffer«, die Null für »Niete«. (Ggf. ist dieser neue Ergebnisraum eine Vergröberung des zuvor eingeführten.) Es bedeutet dann z. B. 11001 das Ereignis »Treffer im 1., 2. und 5., Niete im 3. und 4. Versuch«. Ist p die Wahrscheinlichkeit für einen Treffer, so ist $q := 1 - p$ die Wahrscheinlichkeit für eine Niete. Das Ereignis $\{11001\}$ hat wegen der Unabhängigkeit der A_i die Wahrscheinlichkeit $p_{11001} = p^3(1-p)^2 = p^3 q^2$. An welchen Stellen die Treffer gekommen sind, ist für die Wahrscheinlichkeit ohne Belang; es kommt nur auf ihre Anzahl an. Die Ereignisse $\{00111\}$, $\{11100\}$ usw. haben dieselbe Wahrscheinlichkeit wie $\{11001\}$.

Allgemein erkennen wir:

Satz 16: Bei einer *Bernoulli*-Kette der Länge n mit dem Parameter p hat jedes Ergebnis-n-Tupel mit genau k Treffern und $n-k$ Nieten die Wahrscheinlichkeit

$$p^k q^{n-k} \quad \text{mit } q = 1 - p.$$

Dies gilt unabhängig davon, an welchen Stellen des n-Tupels die Treffer stehen.

Beispiel 8: Ein Schütze trifft sein Ziel mit der Wahrscheinlichkeit $p = 0,6$. Ist es günstig, darauf zu wetten, daß von 4 Schüssen mindestens die Hälfte trifft und dabei alle Treffer unmittelbar aufeinanderfolgen?

Wir nehmen an, die Ereignisse »Treffer beim i-ten Schuß« seien voneinander unabhängig. Dann bilden sie eine *Bernoulli*-Kette der Länge $n = 4$ mit dem Parameter p. Der Ergebnisraum enthalte alle Quadrupel aus Nullen und Einsen, wobei Eins an i-ter Stelle einen Treffer beim i-ten Schuß bedeute. Dann besteht das Ereignis, auf dessen Eintreten gewettet werden soll, aus folgenden Ergebnissen:

1100, 0110, 0011, 1110, 0111, 1111.

Nach Satz 14 haben die ersten drei Ergebnisse je die Wahrscheinlichkeit $p^2 q^2$, die beiden folgenden $p^3 q$ und das letzte p^4. Die gesuchte Wahrscheinlichkeit ist gleich

$3p^2q^2 + 2p^3q + p^4 = p^2(2q^2 + 1) = 0{,}4752$.

Man wird also die in der Aufgabenstellung genannte Wette im Mittel etwas öfter verlieren als gewinnen.

9.4. Unabhängigkeit bei mehrstufigen Versuchen

Zu jeder Folge $A_1, A_2, \ldots$ von Ereignissen können wir uns in naheliegender Weise ein mehrstufiges Zufallsexperiment ausdenken. Für die in Definition 13 angesprochenen Ereignisse einer *Bernoulli*-Kette liegt das auf der Hand; sie bedeuten ja in der Regel den Ausgang (Treffer oder Niete) eines ersten, zweiten, ... Versuchs, wobei die Versuche nacheinander ausgeführt werden. Aber auch ein Experiment wie das zu Beispiel 1 (Seite 116) gehörige läßt sich so interpretieren. Dort wurde bei einer ausgewählten Person bzw. einem neugeborenen Kind festgestellt, ob sie blond sind (Ereignis B) und ob sie kurzsichtig sind bzw. es später werden (Ereignis K). Wir können uns vorstellen, daß wir das Eintreten oder Nichteintreten von B zuerst überprüfen (1. Stufe des Versuchs) und uns anschließend erst um das Ereignis K kümmern (2. Stufe des Versuchs). Selbstverständlich kann man auch die umgekehrte Reihenfolge wählen. Allgemein lautet der mehrstufige Versuch zur Ereignisfolge $A_1, A_2, \ldots$:

1. Stufe: Stelle fest, ob A_1 eingetreten ist oder nicht.
2. Stufe: Stelle fest, ob A_2 eingetreten ist oder nicht.
....

Wir erhalten als graphische Darstellung einen Baum, der mit jeder Stufe die Zahl seiner Zweige verdoppelt (Figur 127.1).

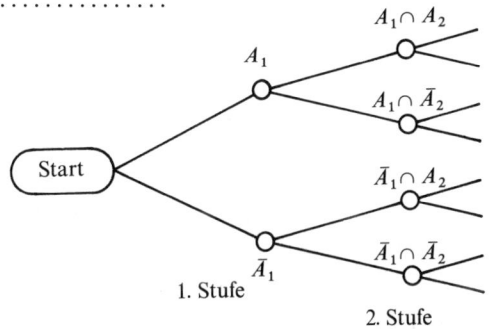

Fig. 127.1 Baumdiagramm zur Ereignisfolge $A_1, A_2, \ldots$

Wir versehen nun die Zweige des Baums mit Wahrscheinlichkeiten im Sinne der Pfadregeln und stellen die Frage: Wie drückt sich gegebenenfalls die Unabhängigkeit der Ereignisse $A_1, A_2, \ldots$ in diesen Wahrscheinlichkeiten aus?

Ein konkreter Fall läßt das Wesentliche bereits erkennen. Wir wählen Beispiel **5** von Seite 120. Figur 128.1 zeigt die Ergebnisse. Wie sie zustande kommen, sei an dem von B nach $B \cap K$ führenden Zweig erläutert. Wegen der 1. Pfadregel muß für die an ihm stehende Zahl x gelten: $P(B \cap K) = P(B) \cdot x$. Aus der Unabhängigkeit von B und K folgt dann $x = P(K) = \frac{3}{10}$. Man kann x auch direkt aus der 8-Felder-Tafel von Seite 121 herleiten: $\frac{3}{10}$ der Blonden sind kurzsichtig; also muß der betrachtete Zweig mit $\frac{3}{10}$ beschriftet werden. – Wir stellen fest: Infolge der Unabhängigkeit stehen an allen aufwärts gerichteten Zweigen einer Stufe die gleichen Wahrscheinlichkeiten, ebenso an allen abwärts gerichteten Zweigen. Es ist jeweils die Wahrscheinlichkeit desjenigen Ereignisses, das bei der betreffenden Stufe neu in die Betrachtung einbezogen wird. In Figur 128.1 ist es bei der 2. Stufe das Ereignis K (aufwärts gerichtete Zweige) bzw. $\bar{K}$ (abwärts gerichtete Zweige). Was bedeutet dies anschaulich-praktisch? Die Zahl an dem Zweig von B nach $B \cap K$ ist ein Maß für die Sicherheit, mit der man Kurzsichtigkeit für den Fall erwarten wird, daß die blonde Haarfarbe bereits feststeht. Dieser Grad der Erwartung ist aber nun derselbe, wenn eine andere Haarfarbe gefunden wurde. Kurz gesagt: Die Haarfarbe ändert nichts an den Vermutungen hinsichtlich der Sehschärfe, sie hat »nichts mit ihr zu tun«, wie wir es schon auf Seite 120 formuliert haben.

Bei einer *Bernoulli-Kette* sind die Verhältnisse insofern noch einfacher, als nun überhaupt jeder nach oben gerichtete Zweig die gleiche Wahrscheinlichkeit trägt, nicht nur innerhalb ein und derselben Stufe. Ein Baumdiagramm dazu zeigt Figur 95.1.

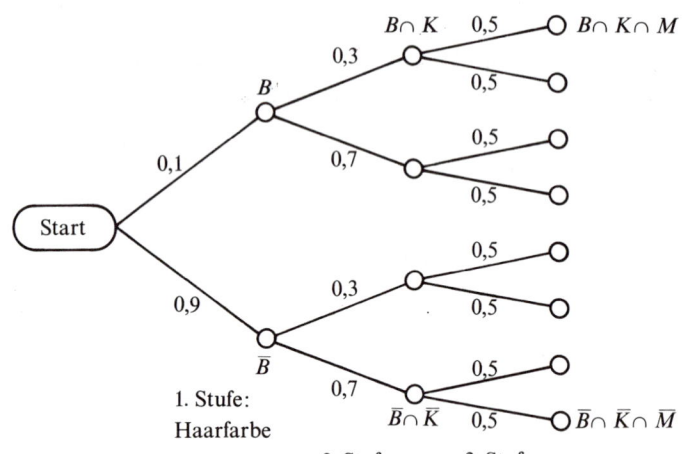

Fig. 128.1
Baumdiagramm zu Beispiel 5 (Seite 120)

Aufgaben

Zu 9.1.

1. Ein Roulett enthalte nur die Zahlen 1 bis 36. (Es fehlt also die Null.) Die Kugel bleibt bei der Zahl k liegen. Untersuche die Ereignisse $E := $»$k \leq 12$«, $F := $»$k \leq 24$« und $G := $»$k$ ist gerade« paarweise auf Unabhängigkeit.
2. Von *Francis Galton* (1822–1911)[*] stammt eine Untersuchung der Augenfarbe von 1000 Vätern und je einem ihrer Söhne. Mit $V := $»Vater helläugig« und $S := $»Sohn helläugig« fand er folgende Anzahlen:

	S	$\bar{S}$
V	471	151
$\bar{V}$	148	

[*] Siehe Seite 199.

Ergänze die Tabelle nach dem Muster von Seite 116 und beurteile die Unabhängigkeit der Augenfarbe von Vater und Sohn.

3. Eine Urne enthält 3 weiße und 5 schwarze Kugeln, eine andere Urne 2 weiße und 8 schwarze Kugeln.
   a) Aus jeder Urne wird eine Kugel gezogen. Formuliere eine Unabhängigkeitsannahme und begründe sie. Mit welcher Wahrscheinlichkeit sind beide gezogenen Kugeln weiß?
   b) Die Urneninhalte werden zusammengeschüttet und mit Zurücklegen 2mal eine Kugel gezogen. Wie groß ist jetzt die Wahrscheinlichkeit, 2 weiße Kugeln zu erhalten?

4. In einer Urne sind 10 schwarze, 3 rote und 2 grüne Kugeln. Es wird 5mal mit Zurücklegen eine Kugel gezogen. Zeige, daß die Ereignisse $A := $»Schwarz beim 1. Zug« und $B := $»Kein Grün beim 5. Zug« unabhängig sind.

• 5. Aus einer Urne mit 2 roten Kugeln und 1 grünen Kugel wird zweimal nacheinander mit Zurücklegen 1 Kugel gezogen. Untersuche alle 2elementigen Ereignisse des 4elementigen Ergebnisraumes paarweise auf Unabhängigkeit.

6. Jemand wählt auf gut Glück eine natürliche Zahl. Untersuche folgende Eigenschaften der ausgewählten Zahl auf ihre Unabhängigkeit:
   a) Teilbarkeit durch 2; Teilbarkeit durch 3,
   b) Teilbarkeit durch 5; Teilbarkeit durch 10.
   c) Löse die Aufgaben a) und b), wenn nur eine der Zahlen 0, ..., 9 gewählt werden kann.

7. Eine Statistik über das Rauchen bei amerikanischen Frauen (Februar 1955):

Einkommen in $	Anzahl der befragten Personen	gewohnheitsmäßiger täglicher Zigarettenverbrauch		
		1 bis 9	10 bis 20	21 bis 40
ohne	3335	13,4%	15,1%	0,8%
unter 1000	1677	14,1%	11,2%	0,5%
1000 bis 1999	1117	14,5%	11,0%	3,0%
2000 bis 2999	956	12,2%	15,5%	0,6%
mind. 3000	375	10,2%	27,6%	2,1%
insgesamt	7460	13,4%	14,3%	1,1%

Aus der befragten Personenmenge wird 1 Frau beliebig gewählt. Mit welcher Wahrscheinlichkeit
   a) verdient sie mindestens 3000 Dollar,
   b) raucht sie regelmäßig 10 bis 20 Zigaretten täglich,
   c) verdient sie mindestens 3000 Dollar und raucht 10 bis 20 Zigaretten täglich?
   d) Sind die Ereignisse a) und b) unabhängig?

8. Der Schüler K und die Schülerin M sind öfters montags krank, und zwar K mit der Wahrscheinlichkeit $\frac{1}{3}$ und M mit der Wahrscheinlichkeit $\frac{1}{2}$. Es kommt nur mit der Wahrscheinlichkeit $\frac{2}{5}$ vor, daß sie am Montag beide im Unterricht anwesend sind. Man prüfe durch Rechnung, ob die montägliche Erkrankung von K und M unabhängige Ereignisse sind.

9. Ein Angestellter geht an 10 von 30 Tagen vorzeitig aus dem Büro weg. Mit der Wahrscheinlichkeit 0,1 ruft ein Kunde kurz vor Dienstschluß bei ihm an. Wie wahrscheinlich ist es, daß ein Kunde verärgert wird? (Rechtfertige auch die Unabhängigkeitsannahme!)

10. Herr A stellt fest, daß bei 20 Fahrten mit der S-Bahn einmal seine Fahrkarte kontrolliert wird. Er beschließt daraufhin, bei 3% seiner Fahrten keine Fahrkarte zu lösen. Dies hat zur Folge, daß er in 2 von 1000 Fahrten von einer Kontrolle ohne Fahrkarte überrascht wird.
Lege eine Vierfeldertafel der Wahrscheinlichkeiten an. Sind die Ereignisse »A besitzt eine gültige Fahrkarte« und »A wird kontrolliert« stochastisch unabhängig?

11. In einem Hotel übernachten 3 Reisegruppen. Die erste besteht aus 2 Damen und 6 Herren, die zweite aus 4 Damen und 20 Herren und die dritte aus 7 Damen und 13 Herren. An einem Empfang soll ein Vertreter aus diesen drei Gruppen teilnehmen. Er wird durch das Los bestimmt. Wir betrachten die Ereignisse $D :=$ »Es wird eine Dame ausgelost« und $G_i :=$ »Es wird ein Mitglied der Gruppe Nr. i ausgelost«. Untersuche folgende Ereignispaare auf Unabhängigkeit:
   a) D und G_i ($i = 1, 2, 3$);
   b) G_i und G_k ($i \neq k$)
   c) D und $G_i \cup G_k$ ($i \neq k$);

12. Die Beleuchtung eines Ganges kann von zwei Enden aus geschaltet werden. Sind beide Schalterhebel oben oder beide unten, brennt die Lampe, sonst nicht. Die Schalter werden unabhängig voneinander regellos bedient. In einem beliebig gewählten Beobachtungszeitpunkt steht jeder Schalter mit der Wahrscheinlichkeit $\frac{1}{2}$ auf »oben«.
   a) Mit welcher Wahrscheinlichkeit brennt das Licht im Beobachtungszeitpunkt?
   b) Sind die Ereignisse »Schalter 1 (bzw. 2) oben« und »Licht brennt« unabhängig?

13. Wir fassen Tabelle 8.1 als eine Serie von 600 Doppelwürfen auf. Tabelle 130.1 zeigt die Auswertung. Von jedem der 36 möglichen Ergebnisse ist angegeben, wie oft es bei den 600 Versuchen aufgetreten ist. Zum Beispiel: »Doppel-Eins« 20mal, »Eins-Sechs« 12mal, »Sechs-Eins« 15mal.

		Augenzahl beim 2. Wurf					
		1	2	3	4	5	6
Augenzahl beim 1. Wurf	1	20	23	7	10	23	12
	2	12	25	18	14	19	24
	3	18	21	21	16	20	12
	4	10	19	16	13	9	8
	5	17	21	17	14	16	16
	6	15	23	17	13	22	19

Tab. 130.1 600 Doppelwürfe eines Würfels

a) Wie oft trat die Eins (Zwei, ...) beim 1. Wurf auf, wie oft beim 2. Wurf?

●**b)** Wir wollen annehmen, die relativen Häufigkeiten von Eins usw. beim 1. bzw. 2. Wurf seien genau gleich den Wahrscheinlichkeiten $P($»Eins beim 1. Wurf«$)$ usw. und die Augenzahlen treten beim 1. und 2. Wurf unabhängig voneinander auf. Welche »Idealwerte« (Brüche!) würden sich daraus für die 36 Felder der Tabelle ergeben?
(Die mathematische Statistik hätte die Frage zu klären, ob die Abweichungen der wirklich erschienenen Werte von den Idealwerten noch als »zufällig« betrachtet werden können.)

14. Von 1000 Abiturienten eines Jahrgangs haben 120 die 7. Klasse, 90 die 9. Klasse wiederholt. Wie viele haben
a) keine der beiden Klassen,
b) die 7., aber nicht die 9. Klasse wiederholt, wenn das Wiederholen dieser Klassen unabhängig erfolgt?

15. Von den Autos, die in regelloser Folge auf einer Straße gefahren kommen, sind $\frac{2}{3}$ Pkw und $\frac{1}{3}$ Lkw. 75% der Pkw sind nur mit 1 Person besetzt, 10% der Lkw sind mit 2 oder mehr Personen besetzt.
a) Zeige die Abhängigkeit folgender Ereignisse: »Das nächste Fahrzeug ist ein Lkw« – »Im nächsten Fahrzeug sitzen mindestens 2 Personen«.
b) Bei welchem anderen Anteil der Lkw und sonst unveränderten Daten wären die Ereignisse unabhängig?

16. n Münzen werden geworfen ($n \geq 2$). Zeige: Die Ereignisse $A :=$ »Höchstens einmal Adler« und $B :=$ »Jede Seite mindestens einmal« sind für $n = 3$ unabhängig, sonst immer abhängig.

17. Zeichne ein Bild ähnlich Figur 119.1 mit denselben Daten für die Ereignisse, jedoch so, daß die Trennungslinie zwischen A und $\bar{A}$ eine Stufe bildet.

18. a) Von der 4-Felder-Tafel der Wahrscheinlichkeiten für die unabhängigen Ereignisse A und B sind die 2 Zahlen von Figur 131.1a gegeben. Berechne $P(A)$ und $P(B)$ und vervollständige die Tafel.
●**b)** Gleiche Aufgabe wie **a)** mit den Zahlen der Figur 131.1b.

a)

	B	$\bar{B}$
A	0,4	0,1
$\bar{A}$		

b)

	B	$\bar{B}$
A	0,12	
$\bar{A}$		0,32

Fig. 131.1   Zu Aufgabe **18**

19. Die Ereignisse A und B seien unabhängig, a und b ihre Wahrscheinlichkeiten. Gib mit Hilfe von a und b die Wahrscheinlichkeit an, daß
a) weder A noch B,
b) entweder A oder B,
c) wenigstens eines der Ereignisse,
d) nicht beide Ereignisse eintreten.

20. In Figur 62.1 ist Ω in 8 Ereignisse zerlegt. Weise ihnen solche Wahrscheinlichkeiten zu, daß A und B sowie B und C, nicht aber C und A unabhängig sind. (Hinweis: Man kann z. B. die Resultate von Aufgabe **1** heranziehen.)

●21. Für die Ereignisse B (»blond«) und K (»kurzsichtig«) in Beispiel 1 (Seite 116) gelte $P(B \cap K) < P(B) \cdot P(K)$. Bilde ein Zahlenbeispiel! Wären solche Wahrscheinlichkeitswerte für einen Schwarzhaarigen erfreulich oder nicht?

●22. »Wer lügt, der stiehlt«. – Angenommen, dieses Vorurteil wäre stichhaltig. Ich treffe Herrn X. Welche Ungleichung müßte für die Wahrscheinlichkeiten der Ereignisse $L :=$ »Herr X. ist ein Lügner«, $D :=$ »Herr X. ist ein Dieb« und $L \cap D$ bestehen?

23. Zeige:
   a) Das sichere Ereignis und jedes andere Ereignis sind unabhängig.
   b) Das unmögliche Ereignis und jedes andere Ereignis sind unabhängig.

●24. a) Wenn A und B unvereinbar sind, dann sind A und B abhängig. – Beweise diesen Satz und gib an, welche Voraussetzung über $P(A)$ und $P(B)$ man noch machen muß.
   b) Formuliere den Kehrsatz des Satzes aus a) und zeige an einem Beispiel, daß er *falsch* ist.

25. Nenne alle Ereignisse A, für die gilt: A und A sind unabhängig.

Zu 9.2.

26. Von 1000 Personen haben
500 braune Haare, 300 blonde Haare, 200 schwarze Haare;
400 haben blaue Augen, 500 braune, 100 andersfarbige Augen; es sind 700 Personen 160–180 cm groß, 200 unter 160 cm, 100 über 180 cm groß.
Es wird eine Person willkürlich ausgewählt. Angenommen, das Auftreten einer gewissen Haar- bzw. Augenfarbe und einer gewissen Körpergröße seien jeweils 3 unabhängige Ereignisse. Wie viele
   a) blonde blauäugige über 180 cm große Personen,
   b) schwarze blauäugige 160–180 cm große Personen,
   c) braunhaarige braunäugige unter 160 cm große Personen müßten es dann in der Menge sein?

27. Gegeben ist: $P(A) = 0{,}6$; $P(B) = 0{,}2$; $P(C) = 0{,}3$. Fülle eine 8-Felder-Tafel (Muster: Figur 132.1) so aus, daß A, B und C unabhängig werden.

●28. Die Ereignisse A, B und C seien stochastisch unabhängig. Ergänze die in Figur 132.1 teilweise gegebenen 8-Felder-Tafeln der Wahrscheinlichkeiten. Anleitung zu a): Berechne zuerst der Reihe nach $P(A \cap B)$, $P(C)$, $P(B \cap C)$, $P(A)$ und $P(B)$.

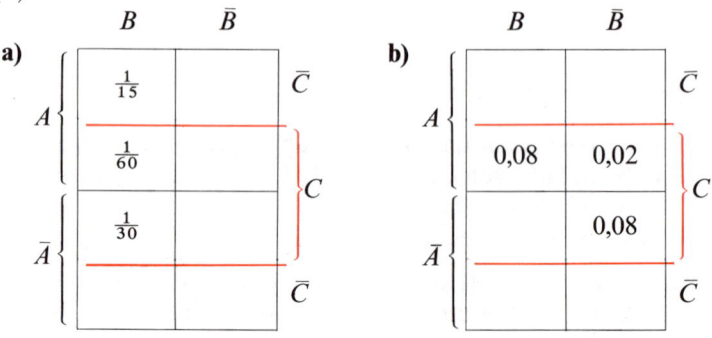

Fig. 132.1
Zu Aufgabe **28**

Aufgaben

29. Drei Schützen treffen unabhängig das Ziel mit den Wahrscheinlichkeiten 0,5; 0,6; 0,7. Jeder schießt einmal. Mit welcher Wahrscheinlichkeit wird das Ziel
   a) genau einmal,
   b) überhaupt getroffen?
   • **c)** Welche Trefferzahl ist am wahrscheinlichsten?

30. Man beantworte die Fragen **a)**, **b)** und **c)** der Aufgabe **29** unter der Annahme, daß alle drei Schützen gleich gut mit der mittleren Trefferwahrscheinlichkeit 0,6 schießen.

31. Drei Ereignisse A, B, C seien paarweise unabhängig. Folgt daraus schon ihre Unabhängigkeit schlechthin? Man entscheide diese Frage an dem Beispiel: $\Omega = \{1, 2, 3, 4\}$, alle Elemente gleichwahrscheinlich; $A = \{1, 2\}$, $B = \{1, 3\}$, $C = \{1, 4\}$.

•32. Die Wahrscheinlichkeiten der 3 Ereignisse A, B und C seien a, b und c. Die Ereignisse seien zu je zweien unabhängig, und es gelte außerdem $P(A \cap B \cap C) = abc$. Zeige, daß dies für die Unabhängigkeit der 3 Ereignisse im Sinne von Definition 11 bereits ausreicht.

•33. Ein Zufallsmechanismus liefert die Zahlen 1 bis 16 mit gleicher Wahrscheinlichkeit. Es sind die Ereignisse $A := \{1, \ldots, 8\}$, $B := \{2, \ldots, 5, 9, \ldots, 12\}$ und $C := \{4, \ldots, 8, 11, 12, 13\}$ zu untersuchen. Zeige, daß für sie 4 der Gleichungen aus Definition 11 gelten und die Ereignisse trotzdem abhängig sind.

34. In Figur 119.2 ist die Unabhängigkeit der Ereignisse A und B durch Flächeninhalte veranschaulicht. Bei 3 unabhängigen Ereignissen A, B, C kann man gleiche Anschaulichkeit erst erzielen, wenn man in den Raum geht. Als Beispiel diene Figur 133.1, wo die Unabhängigkeit von »Adler beim 1. (bzw. 2. bzw. 3.) Wurf« für den 3fachen Münzenwurf dargestellt ist. (Ω ist der Einheitswürfel; Ereignisse werden durch Raumstücke dargestellt, deren Volumenmaßzahl gleich ihrer Wahrscheinlichkeit ist.)
Zeichne Figur 133.1 und darin das Ereignis »genau 2mal Adler«.

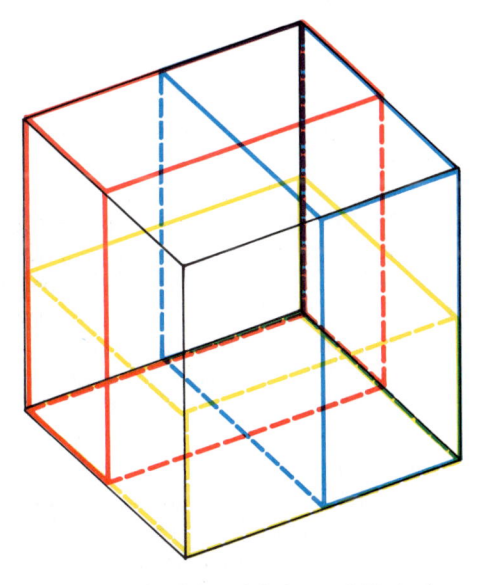

Fig. 133.1 Unabhängigkeit von 3 Ereignissen
— »Adler beim 1. Wurf«
— »Adler beim 2. Wurf«
— »Adler beim 3. Wurf«

35. Von den Personen in Beispiel **5** (Seite 120) werde zusätzlich festgestellt, ob sie verheiratet sind. Bei einem Drittel sei dies der Fall, und diese Eigenschaft sei wieder von den übrigen drei Eigenschaften unabhängig. Erweitere die Tabelle des Beispiels entsprechend zu einer 16-Felder-Tafel und setze die (gerundeten) Zahlen ein.

●36. Anton und Berta wetteifern im Bogenschießen. Sie treffen das Ziel mit den Wahrscheinlichkeiten 0,6 bzw. 0,7. Es wird je zweimal geschossen; wer öfter trifft, hat gewonnen. Mit welcher Wahrscheinlichkeit gewinnt Anton?

37. 5 Freunde besuchen öfters eine Wirtschaft. Mit welcher Wahrscheinlichkeit findet man sie an einem beliebig herausgegriffenen Tag alle versammelt, wenn sie
  a) regelmäßig kommen, der erste jeden 2. Tag, der 2. jeden 3. Tag, …, der 5. jeden 6. Tag, und wenn sie heute alle zusammen sind?
  b) regellos kommen, der erste mit der Wahrscheinlichkeit $\frac{1}{2}$, …, der fünfte mit der Wahrscheinlichkeit $\frac{1}{6}$?

38. Es sollen $E_1, \ldots, E_n$ unabhängige Ereignisse und $P(E_k) = \frac{1}{k+1}$ für alle $k = 1, \ldots, n$ sein. Berechne $P(\text{»Keines der } E_k \text{ tritt ein«})$.

Zu 9.3.

39. Zur Entscheidung eines Problems werden 5 Experten befragt, die sich unabhängig voneinander äußern. Jeder Experte beurteilt das Problem mit 80% Sicherheit richtig.
  a) Stelle das Experiment als *Bernoulli*-Kette dar. Was bedeutet »Treffer beim i-ten Versuch«? Wie groß sind die Länge n und der Parameter p?
  b) Mit welcher Wahrscheinlichkeit
    1) urteilen genau der erste und der dritte Experte richtig,
    2) urteilen alle Experten richtig,
    3) erhält man kein richtiges Urteil,
    4) erhält man wenigstens ein richtiges Urteil?
  c) Wie viele Experten müßte man mindestens befragen, um mit mehr als 99% Sicherheit mindestens ein richtiges Urteil zu erhalten?

40. Eine Personenmenge (»Bevölkerung«, »Population«) bestehe zu 40% aus Frauen und zu 60% aus Männern. Es wird 5mal jemand ausgewählt und notiert, ob es ein Mann oder eine Frau ist. (Stichprobe vom Umfang 5, mit Zurücklegen.) Mit welcher Wahrscheinlichkeit erhält man
  a) keinen Mann,   **b)** wenigstens 1 Mann,
  c) genau 1 Mann,   **d)** nur Männer?

41. Wie viele Personen muß man aus der Bevölkerung von Aufgabe **40** mindestens auswählen, um dabei mit mindestens 99,9% Wahrscheinlichkeit mindestens einen Mann zu erhalten?

42. Ein Gerät besteht aus 10 Bausteinen, die unabhängig voneinander mit der Wahrscheinlichkeit p ordnungsgemäß arbeiten. Fällt auch nur ein Baustein aus, so ist das Gerät gestört. Wie groß muß p sein, damit das Gerät mit 90% Sicherheit arbeitet?

Aufgaben

✓ **43.** Ein elektronisches Gerät besteht aus 13 Baugruppen. Fällt auch nur eine davon aus, ist es unbrauchbar.
Man weiß, daß für jede Baugruppe die Wahrscheinlichkeit, während 1jährigen Betriebs auszufallen, 0,26% beträgt. Wie groß ist die Wahrscheinlichkeit, daß das Gerät im Laufe eines Jahres repariert werden muß?

✓ **44.** Eine Maschine erzeugt Metallteile. 5% davon sind unbrauchbar. Wie viele Teile muß man wenigstens nehmen, damit man mit mindestens 50% Wahrscheinlichkeit ein defektes dabei hat? (*Bernoulli*-Kette annehmen!)

✓ **45.** Angenommen, man würde beim Überqueren einer gewissen Straßenkreuzung mit 0,5 Promille Wahrscheinlichkeit überfahren. Mit welcher Wahrscheinlichkeit bleibt man 1 Jahr unverletzt, wenn man die Kreuzung täglich 2mal überquert?
Wie lauten die Ereignisse der *Bernoulli*-Kette bei dieser Aufgabe? Welche Werte haben n und p?

●**46.** Die Gewinnchance für einen Sechser beim Lotto ist $p \approx \dfrac{1}{14 \text{ Mill.}}$ (Seite 84).
Wann hat man die größte Aussicht, wenigstens einen Sechser zu erhalten,
a) wenn man zu einer Ausspielung 1 Million Lottozettelfelder verschieden ausfüllt,
b) wenn man bei 10 Ausspielungen je 100 000 Lottozettelfelder verschieden ausfüllt,
c) wenn man zu einer Ausspielung 1 Million Lottozettelfelder zufallsbestimmt ausfüllt?
In welcher der drei Aufgaben **a)** bis **c)** liegt eine *Bernoulli*-Kette (aus mehr als einem Versuch) vor? Wie groß sind jeweils Versuchsanzahl und Parameter? Bei welchem der Spielsysteme kann man 2 oder mehr Sechser bekommen?

●**47.** Eine Stadt wird von 4 Kraftwerken versorgt. Es sind 2 Wasser- und 2 Dampfkraftwerke. Bei Gewitter besteht für jede der 4 zugehörigen Hochspannungsleitungen einzeln die Wahrscheinlichkeit q, daß sie sich wegen Blitzschlag automatisch abschaltet. Im Notfall können 2 Kraftwerke die Stadt gerade noch versorgen; es muß jedoch ein Dampfkraftwerk dabei sein.
a) Mit welcher Wahrscheinlichkeit bricht bei Gewitter die Stromversorgung der Stadt zusammen? Man zeichne diese Wahrscheinlichkeit als Funktion der »Abschaltewahrscheinlichkeit« q. Einheit = 10 cm. Man überzeuge sich durch Rechnung davon, daß die gezeichnete Funktion monoton steigt.
b) Man zeichne die entsprechende Funktion wie in **a)**, wenn die Stadt von 2 *beliebigen* Kraftwerken gerade noch versorgt werden kann.

48. Auf einer Straße kommen Lastwagen und Personenautos in regelloser Folge hintereinander. Die Wahrscheinlichkeit, daß in einem beliebigen Augenblick gerade ein Lastauto vorbeifährt, sei p.
Ich beginne in einem beliebigen Augenblick, Autos zu zählen. Wie groß ist die Wahrscheinlichkeit dafür,
a) daß zuerst k Personenautos und dann ein Lastauto kommen,
b) daß die ersten k Autos keine Lastautos sind,
c) daß unter den ersten k Autos (mindestens) ein Lastauto ist,

d) daß in einer Gruppe von 5 Autos genau 3 Lastautos hintereinander fahren,

•**e)** daß in einer Gruppe von 5 Autos (mindestens) einmal genau 2 Lastautos hintereinander fahren?

•**49.** Man vergleiche die Ergebnisse der vorigen Aufgabe mit der Erfahrung, wie sie die Tabellen 8.1 und 9.1 liefern. Man fasse jede Tabelle als Serie von 5fach-Würfen auf. In Tabelle 9.1 bedeute 0 = Lastauto, oder (zweite Deutung) 1 = Lastauto (jeweils $p = \frac{1}{2}$). In Tabelle 8.1 bedeute 6 = Lastauto ($p = \frac{1}{6}$).
In den Teilen **a)** und **b)** der vorigen Aufgabe setze man $k = 2$, in **c)** sei $k = 3$.

•**50.** 4 Kinder losen um 4 Äpfel, 2 große und 2 kleine. Sie werfen der Reihe nach eine Münze. Wer »Adler« wirft, erhält einen großen Apfel, wer »Zahl« wirft, einen kleinen, bis nur noch große oder nur noch kleine Äpfel da sind.

a) Ist das Verfahren gerecht, d. h., hat jedes die gleiche Aussicht, einen großen Apfel zu erhalten?

b) Ist es für je 2 von ihnen gleichwahrscheinlich, beide einen großen Apfel zu erhalten?

•**c)** Ist das Losverfahren gerecht, wenn es allgemein n große und n kleine Äpfel und $2n$ Kinder sind?

d) Man beurteile das Verfahren, wenn 3 Kinder um 1 großen und 2 kleine Äpfel losen.

Zu 9.4.

51. Wie viele verschiedene Baumdiagramme kann man zu drei Ereignissen A, B, C zeichnen? Wähle zwei davon aus und trage an ihren sämtlichen Zweigen die Wahrscheinlichkeiten für den Fall der Unabhängigkeit ein.

52. Zeichne zu Beispiel **5** (Seite 120) ein Baumdiagramm mit der Stufenfolge Musikalität – Sehschärfe – Haarfarbe und trage an jedem Zweig die Wahrscheinlichkeit ein.

53. Zeichne zu den Ereignissen A, B, C der Aufgaben **27**, **28** und **33** (Seite 132/133) jeweils das Baumdiagramm mit alphabetischer Reihenfolge der Ereignisse und trage an jedem Zweig die Wahrscheinlichkeit ein.

10. Die Binomialverteilung

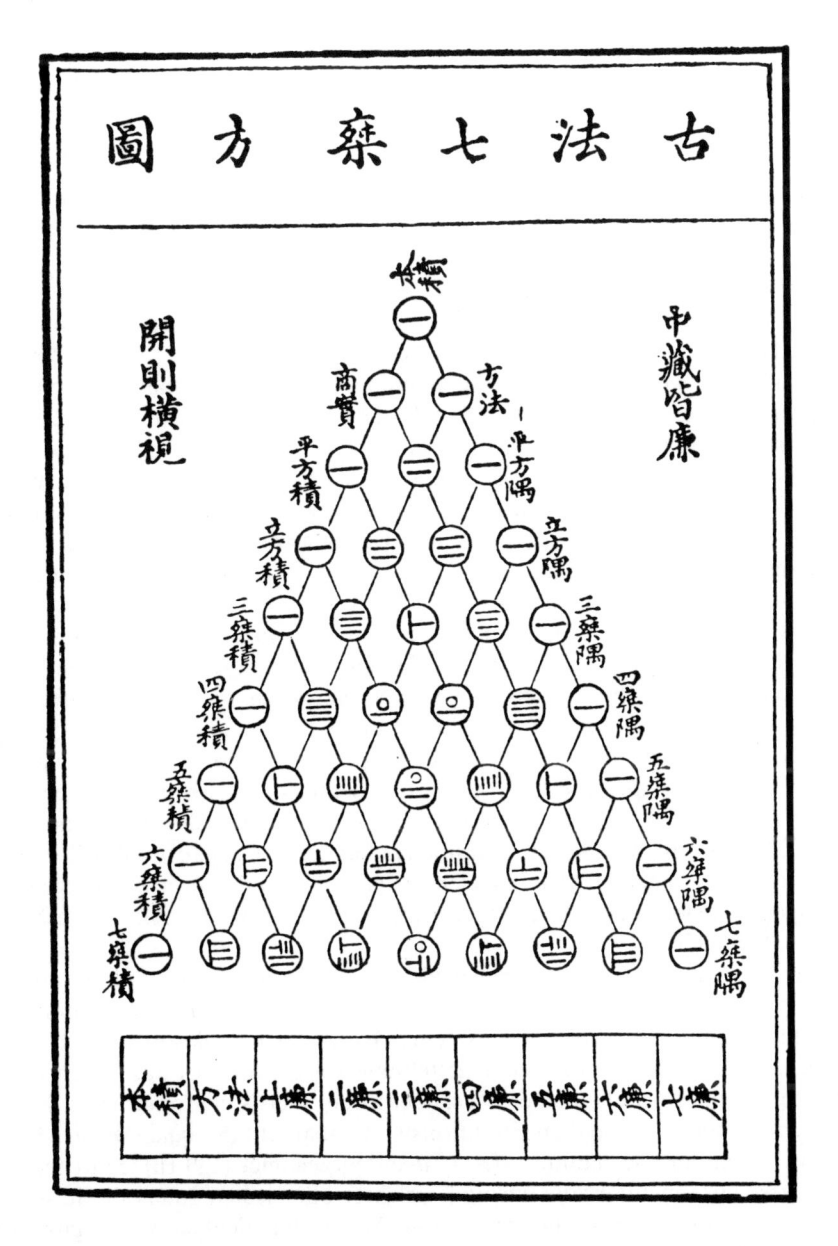

Das Arithmetische Dreieck des *Zhu Shi-Jie* aus dem *Kostbaren Spiegel der vier Elemente* (1303). Es trägt den Titel: Altes Schema der 7 vervielfachenden Quadrate.

10.1. Einführung

Die *Bernoulli*-Kette ist ein Schema, das auf viele praktisch bedeutsame Zufallsexperimente paßt. Im Abschnitt **9.3** (Seite 123) wurde dies bereits erörtert. Wir haben dort auch einen auf die *Bernoulli*-Kette zugeschnittenen Ergebnisraum eingeführt. Seine Elemente bestehen aus Nullen und Einsen und zeigen an, in welcher Reihenfolge die Treffer und Nieten bei der Versuchsausführung auftreten. Ist n die Zahl der Teilversuche (die Länge der *Bernoulli*-Kette), so hat dieser Ergebnisraum 2^n Elemente. Für viele Anwendungen ist er aber immer noch zu reichhaltig.

Beispiel 1: Ein neues Medikament wird im Tierversuch getestet. Von 10 behandelten Tieren werden 7 geheilt; bei den übrigen zeigt sich keine positive Wirkung.

Im Ergebnisraum der 10-Tupel aus Nullen und Einsen hat unser Versuch ein Ergebnis mit 7 Einsen (»Treffer« entsprechen dem Heilungserfolg) und 3 Nullen erbracht. Es könnte 0001111111 lauten oder 1010111110 oder ...; im Beispiel ist nicht mitgeteilt worden, welches die Nummern oder die Namen der geheilten Tiere waren. Dies ist auch für den Zweck der Untersuchung ganz unwichtig, da alle Versuchstiere als gleichwertig anzusehen sind. Für die Beurteilung des Medikaments ist nur die *Anzahl* der Erfolge von Bedeutung. Je höher sie ist, um so eher wird man das Medikament für brauchbar erklären. Demgemäß vergröbern wir den Ergebnisraum. Alle 10-Tupel mit 3 Einsen werden zum neuen Ergebnis »3« zusammengefaßt, die anderen Tupel entsprechend. Der neue Ergebnisraum ist die Menge $\{0, 1, 2, ..., 10\}$. Wir berechnen nun die zugehörige Wahrscheinlichkeitsverteilung. Die Heilungschance sei für das einzelne Versuchstier gleich p, und das Medikament wirke bei allen Tieren unabhängig. Dann ist die Wahrscheinlichkeit, daß genau 7 Tiere geheilt werden, gleich $p^7(1-p)^3$ multipliziert mit der Anzahl der 10-Tupel aus 7 Einsen und 3 Nullen, also mit $\binom{10}{7}$ (Seite 83):
$P(\text{»genau 7 Tiere werden geheilt«}) = \binom{10}{7} p^7 (1-p)^3 = 120 \cdot p^7(1-p)^3$. Ist speziell die Heilungschance $p = 50\%$, so ist die Wahrscheinlichkeit des Ergebnisses von Beispiel **1** gleich $120 \cdot 2^{-10} = 0{,}117$. Sie ist dann gleich der Wahrscheinlichkeit, bei 10maligem Werfen einer symmetrischen Münze genau 7mal Adler zu erhalten, oder aus einer Urne mit gleich vielen roten und schwarzen Kugeln bei 10maligem Ziehen mit Zurücklegen insgesamt 7 rote Kugeln zu erhalten (Satz 12, Seite 95).

Für das Ereignis, daß eine andere Anzahl k von Tieren geheilt wird, beträgt bei gleichem $p = \frac{1}{2}$ die Wahrscheinlichkeit $\binom{10}{k} \cdot 2^{-10}$. Wir stellen diese Wahrscheinlichkeiten graphisch dar, zeichnen also ein Schaubild der Funktion $k \mapsto \binom{10}{k} \cdot 2^{-10}$ ($k = 0, 1, ..., 10$). In der üblichen Darstellungsweise würde es aus 11 einzelnen Punkten bestehen. Anschaulicher ist es, über jedem Wert k eine senkrechte Strecke zu errichten, deren Länge dem Funktionswert entspricht (*Stabdiagramm*, 139.1a). Oft wird auch ein sogenanntes *Histogramm** gezeichnet (139.1b). Man teilt die Rechtswertachse in Intervalle ein und errichtet über jedem Intervall ein Rechteck, dessen *Flächeninhalt* die zugehörige Wahrscheinlichkeit wiedergibt. Die

---
* ὁ ἱστός = das Gewebe.

10.1 Einführung 139

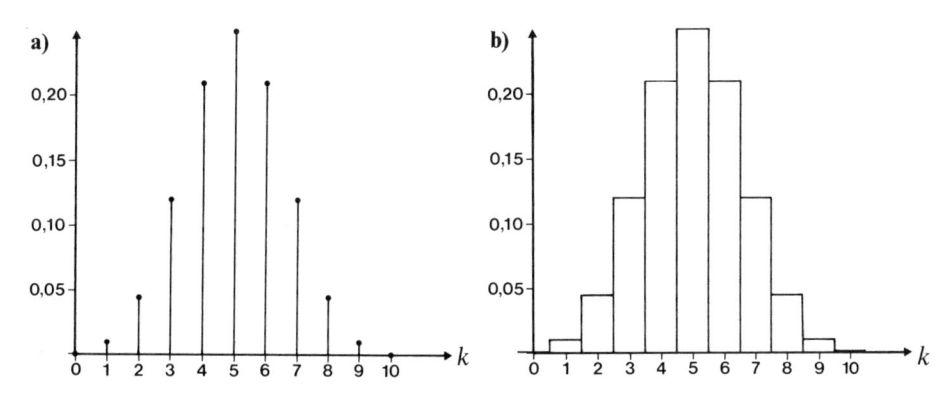

Fig. 139.1 Binomialverteilung $k \mapsto B(10; \tfrac{1}{2}; k) = \binom{10}{k} \cdot 2^{-10}$.
a) Darstellung der Funktion durch ein Stabdiagramm,
b) Darstellung durch ein Histogramm

Gesamtfläche des Histogramms stellt die Wahrscheinlichkeit des sicheren Ereignisses dar, hat also die Flächenmaßzahl Eins. Die Wahrscheinlichkeiten von Ereignissen, die aus lückenlos aufeinanderfolgenden Werten k bestehen, erscheinen sehr anschaulich als zusammenhängende Flächenstücke. So wird z.B. die Wahrscheinlichkeit des Ereignisses »4, 5 oder 6 geheilte Tiere« in Figur 139.1b durch den Flächeninhalt der drei mittleren Rechtecke wiedergegeben.
Werden in einem Histogramm alle Rechtecke gleich breit gezeichnet (was üblich, aber nicht notwendig ist), so sind die *Höhen* der Rechtecke proportional zu den dargestellten Wahrscheinlichkeiten. Meist wählt man als Breite 1. Dann kann die Skala auf der Hochwertachse als Wahrscheinlichkeitsskala gelesen werden wie in Figur 139.1b.
Den Figuren 139.1 entnehmen wir, daß es beim gegebenen $p = \tfrac{1}{2}$ am wahrscheinlichsten gewesen wäre, genau 5 geheilte Tiere zu finden statt 7.
Dies ist plausibel, denn bei der Heilungschance von 50% für das einzelne Tier wird man ja bei einer längeren Versuchsserie damit rechnen, daß etwa die Hälfte der Tiere geheilt werden. Vielleicht ist die größere Anzahl 7 von »Treffern« ein Indiz dafür, daß p in Wirklichkeit größer als 50% ist!

Wir werden uns im vorliegenden Kapitel eingehend mit der Wahrscheinlichkeitsverteilung auf dem Ergebnisraum der Treffer-Anzahlen einer *Bernoulli*-Kette beschäftigen. Wir schreiben für die Anzahl der Treffer kurz Z (vergleiche die entsprechende Bezeichnung Seite 92) und berechnen allgemein die Wahrscheinlichkeit des Ereignisses »Genau k Treffer«, kurz »$Z = k$«.
Im Ergebnisraum der n-Tupel aus Einsen und Nullen (Seite 126) besteht dieses Ereignis aus all den n-Tupeln, die genau k Einsen und folglich $n - k$ Nullen enthalten. Es gibt $\binom{n}{k}$ solche n-Tupel; jedes von ihnen hat nach Satz 16 die gleiche Wahrscheinlichkeit $p^k q^{n-k}$. Daher gilt

Satz 17: Die Wahrscheinlichkeit, bei einer *Bernoulli*-Kette der Länge n mit dem Parameter p genau k Treffer zu erzielen, ist gleich $\binom{n}{k}p^k q^{n-k}$ mit $q = 1-p$.

Diese wichtige Formel kennen wir bereits von Satz 12 her. Sie wurde dort (Seite 95) für das Ziehen mit Zurücklegen aus einer Urne hergeleitet, diesmal aus der etwas allgemeineren Voraussetzung unabhängiger Ereignisse einer *Bernoulli*-Kette.

Wie schon Satz 12, so können wir auch Satz 17 anhand eines Baumdiagramms gewinnen. Figur 96.1 stellt den Baum für eine *Bernoulli*-Kette der Länge $n = 4$ dar, wenn wir jeden nach oben gerichteten Zweig als Treffer, jeden nach unten gerichteten als Niete interpretieren. Für größere n wird das Gezweig des Baumes so dicht, daß die Übersicht verlorengeht. Dann eignet sich eine andere Darstellung besser, bei der man in jeder Stufe nur mehr zwei Punkte zeichnet, einen für »Treffer« und einen für »Niete«. Es ergibt sich der *reduzierte Baum* oder das *Wegenetz* von Figur 140.1. Jedem möglichen Versuchsablauf entspricht ein Weg aus n Schritten, beginnend beim Startpunkt und endend bei A_n oder $\bar{A}_n$. Die Wahrscheinlichkeit eines Versuchsablaufs ist wie beim gewöhnlichen Baumdiagramm gleich dem Produkt aller an den Teilstrecken des zugehörigen Weges stehenden Wahrscheinlichkeiten, also gleich $p^k q^{n-k}$, wenn k die Anzahl der erzielten Treffer ist. Das Ereignis »$Z = k$« (»genau k Treffer«) wird durch die Gesamtheit aller Wege dargestellt, die genau k Treffer aufweisen. Es gibt $\binom{n}{k}$ Möglichkeiten festzulegen, welche der n Teilstrecken des Weges die k Trefferstrecken sein sollen. Daher gibt es $\binom{n}{k}$ verschiedene Wege mit k Treffern. Die Wahrscheinlichkeit des Ereignisses »$Z = k$« ist daher gleich $\binom{n}{k}p^k q^{n-k}$, wie in Satz 17 behauptet.

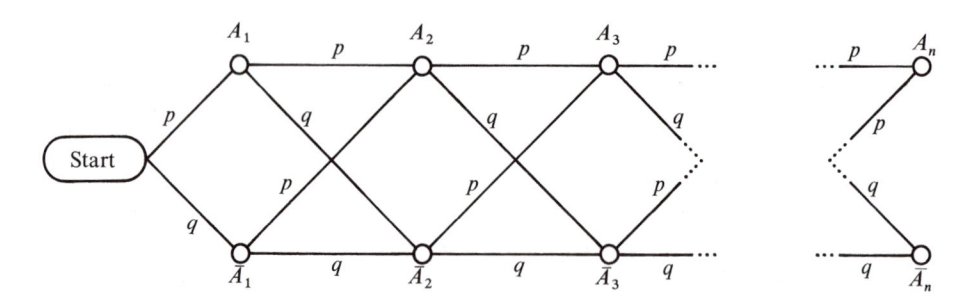

Fig. 140.1 Reduzierter Baum (Wegenetz) zur *Bernoulli*-Kette der Länge n mit dem Parameter p; $q = 1 - p$; dabei ist A_i das Ereignis »Treffer beim i-ten Teilversuch«.

Die Wahrscheinlichkeitsverteilung auf dem Ergebnisraum der Treffer-Anzahlen heißt wegen des in der Formel vorkommenden Binomialkoeffizienten **Binomialverteilung**. Die Zuordnung $k \mapsto P(Z = k)$ ist eine Funktion, die nur an den endlich vielen ganzzahligen Stellen 0, 1, ..., n definiert ist. Wir führen folgende Bezeichnungen ein:

> **Definition 14:** Jede Wahrscheinlichkeitsverteilung
>
> $$B(n;p)\colon k \mapsto B(n;p;k) := \binom{n}{k} p^k (1-p)^{n-k}; \quad k \in \{0, 1, \ldots, n\}$$
>
> heißt Binomialverteilung.

Es bezeichnet also $B(n;p;k)$ den einzelnen *Funktionswert*; z. B. ist $B(10; \frac{1}{6}; 3)$ die Wahrscheinlichkeit, bei 10maligem Würfeln genau 3 Sechsen zu werfen. Dagegen ist $B(n;p)$ der Name für die ganze *Funktion* (Wahrscheinlichkeitsverteilung). So ist in Figur 139.1 die Funktion $B(10; \frac{1}{2})$ dargestellt, das ist u. a. die Wahrscheinlichkeitsverteilung für die Anzahl der Adler bei 10 Münzenwürfen.

Wegen ihrer großen Bedeutung für die Praxis sind die Binomialverteilungen in ausführlichen Tabellen erfaßt (z. B. Barth/Bergold/Haller, Stochastik, Tabellen, Seite 16ff.). Tabelle 142.1 zeigt ein Beispiel, das für Aufgaben über das Würfelspiel nützlich ist. Wir üben das Ablesen am

Beispiel 2: Wie groß ist die Wahrscheinlichkeit, bei 6maligem Würfeln mehr als 3 Sechsen zu erreichen?
Wir müssen die Tabellenwerte zu $n = 6$ für $k = 4, 5$ und 6 addieren. Es ergibt sich $0{,}00804 + 0{,}00064 + 0{,}00002 = 0{,}0087$, also weniger als 1% für dieses seltene Ereignis!

10.2. Eigenschaften der Binomialverteilungen

Jede Binomialverteilung $B(n;p)$ wird durch die beiden Zahlen n (Länge der *Bernoulli*-Kette, Anzahl der Einzelversuche) und p (Trefferwahrscheinlichkeit beim Einzelversuch) festgelegt. Einen ersten Überblick über diese Abhängigkeiten geben die Figuren 143.1 und 145.1.
In Figur 143.1 stimmen alle Verteilungen in der Länge $n = 16$ überein. Wir machen folgende Beobachtungen:
1. Das Maximum (die Stelle größter Wahrscheinlichkeit) rückt mit wachsendem p nach rechts.
2. $B(16;p)$ liegt symmetrisch zur Verteilung $B(16; 1-p)$ bezüglich der Achse $k = 8$.
3. Von $p = 0{,}1$ bis $p = 0{,}5$ werden die Verteilungen breiter und niedriger (danach wegen der Symmetrie wieder schmäler und höher).
4. $B(16; \frac{1}{2})$ ist symmetrisch bezüglich der Achse $k = 8$. Je näher p bei $\frac{1}{2}$ liegt, um so »symmetrischer« ist die Verteilung.

In Figur 145.1 stimmen alle Verteilungen im Parameter $p = \frac{1}{5}$ überein. Wir machen folgende Beobachtungen:
5. Das Maximum (die Stelle größter Wahrscheinlichkeit) rückt mit wachsendem n nach rechts.
6. Die Verteilungen werden mit wachsendem n immer breiter und niedriger.
7. Die Verteilungen werden mit wachsendem n immer »symmetrischer«.
8. $B(4; \frac{1}{5})$, $B(9; \frac{1}{5})$ und $B(64; \frac{1}{5})$ nehmen ihr Maximum zweimal, und zwar an benachbarten Stellen k an.

10. Die Binomialverteilung

k	B(6;$\frac{1}{6}$;k)	
0	0,33490	6
1	40188	5
2	20094	4
3	05358	3
4	00804	2
5	00064	1
6	00002	0
	B(6;$\frac{5}{6}$;k)	k

k	B(25;$\frac{1}{6}$;k)	
0	0,01048	25
1	05241	24
2	12579	23
3	19288	22
4	21217	21
5	17822	20
6	11881	19
7	06450	18
8	02902	17
9	01096	16
10	00351	15
11	00096	14
12	00022	13
13	00004	12
14	00001	11
15	00000	10
⋮	⋮	⋮
25	00000	0
	B(25;$\frac{5}{6}$;k)	k

k	B(60;$\frac{1}{6}$;k)	
0	0,00002	60
1	00021	59
2	00126	58
3	00486	57
4	01385	56
5	03102	55
6	05686	54
7	08773	53
8	11624	52
9	13433	51
10	13701	50
11	12456	49
12	10172	48
13	07512	47
14	05044	46
15	03093	45
16	01740	44
17	00901	43
18	00430	42
19	00190	41
20	00078	40
21	00030	39
22	00011	38
23	00003	37
24	00001	36
25	00000	35
⋮	⋮	⋮
60	00000	0
	B(60;$\frac{5}{6}$;k)	k

k	B(120;$\frac{1}{6}$;k)	
0	0,00000	120
1	00000	119
2	00000	118
3	00000	117
4	00000	116
5	00002	115
6	00007	114
7	00024	113
8	00068	112
9	00169	111
10	00374	110
11	00749	109
12	01360	108
13	02260	107
14	03454	106
15	04882	105
16	06408	104
17	07840	103
18	08973	102
19	09634	101
20	09730	100
21	09267	99
22	08340	98
23	07107	97
24	05745	96
25	04412	95
26	03224	94
27	02245	93
28	01491	92
29	00946	91
30	00574	90
31	00333	89
32	00185	88
33	00099	87
34	00051	86
35	00025	85
36	00012	84
37	00005	83
38	00002	82
39	00001	81
40	00000	80
⋮	⋮	⋮
120	00000	0
	B(120;$\frac{5}{6}$;k)	k

Tab. 142.1   Vier Binomialverteilungen B(n; p) zum Parameter $p = \frac{1}{6}$ und (unterer Eingang) $p = \frac{5}{6}$. Fehlende Zahlen sind < 0,000005.

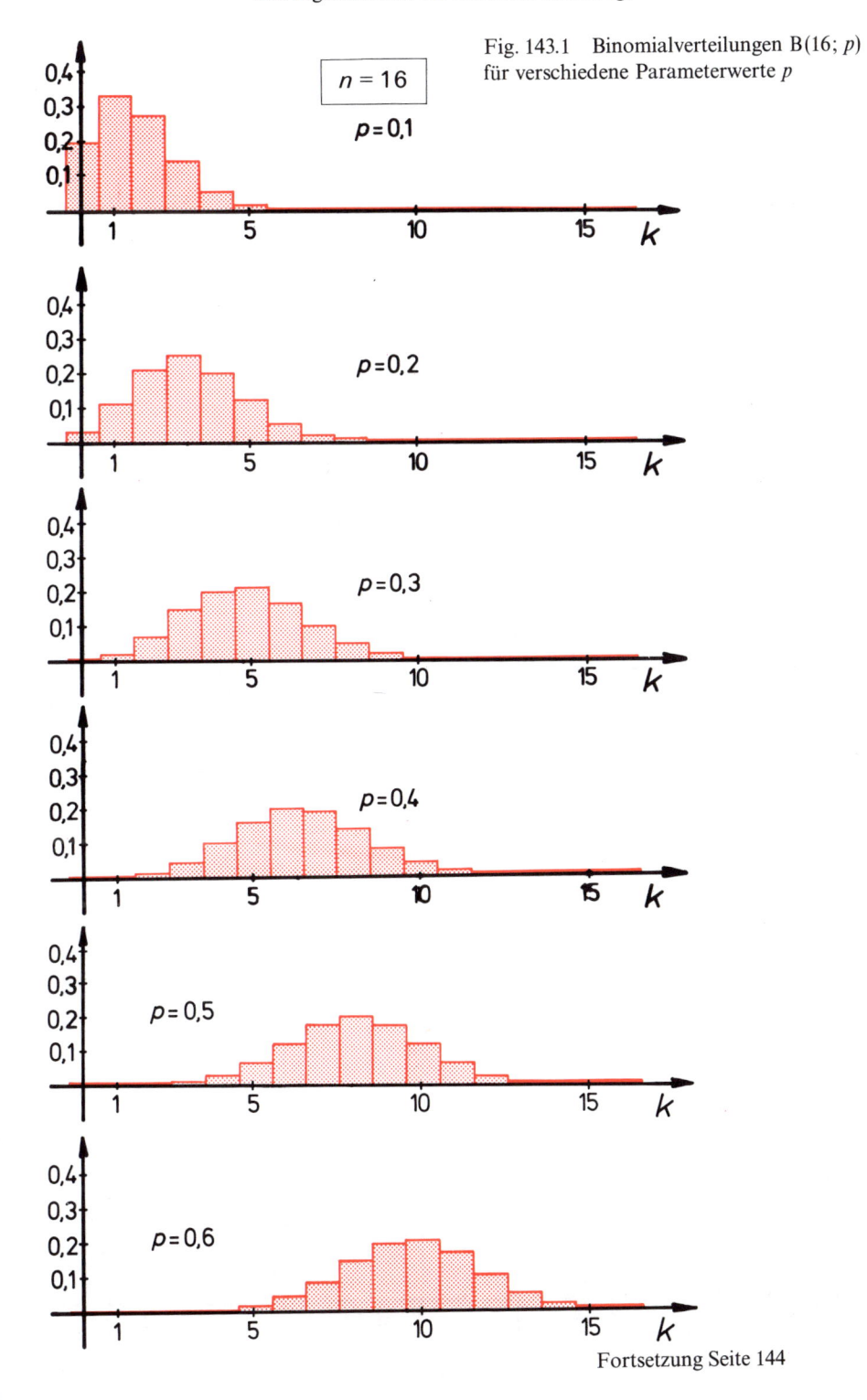

10.2 Eigenschaften der Binomialverteilungen

Fig. 143.1 Binomialverteilungen $B(16; p)$ für verschiedene Parameterwerte p

Fortsetzung Seite 144

144 10. Die Binomialverteilung

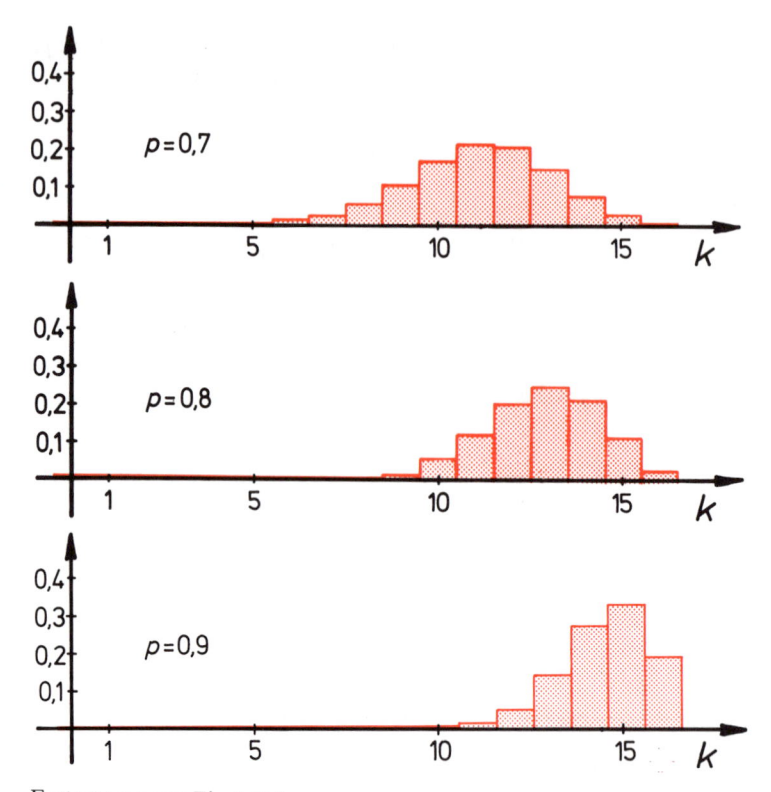

$p = 0,7$

$p = 0,8$

$p = 0,9$

Fortsetzung von Fig. 143.1

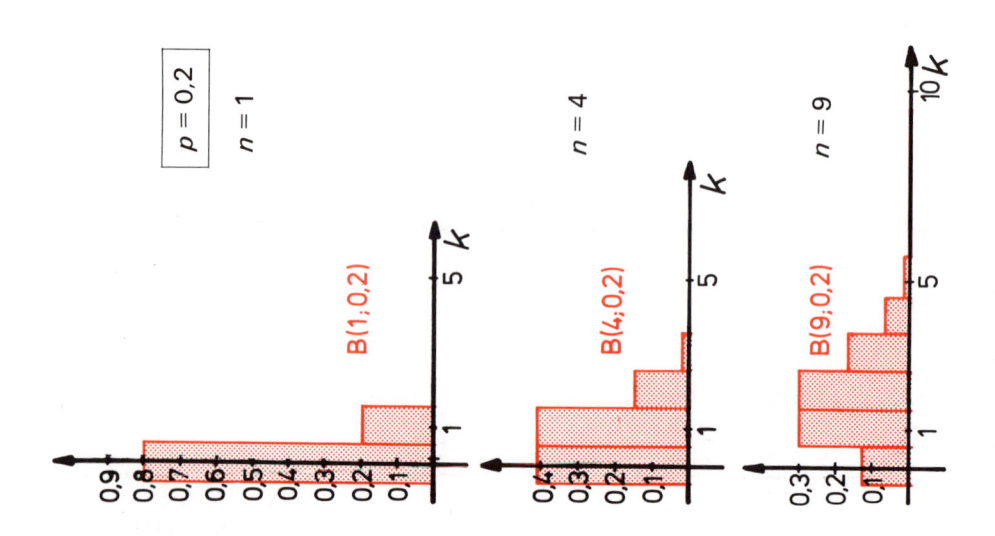

$p = 0,2$

$n = 1$ $B(1; 0,2)$

$n = 4$ $B(4; 0,2)$

$n = 9$ $B(9; 0,2)$

10.2 Eigenschaften der Binomialverteilungen

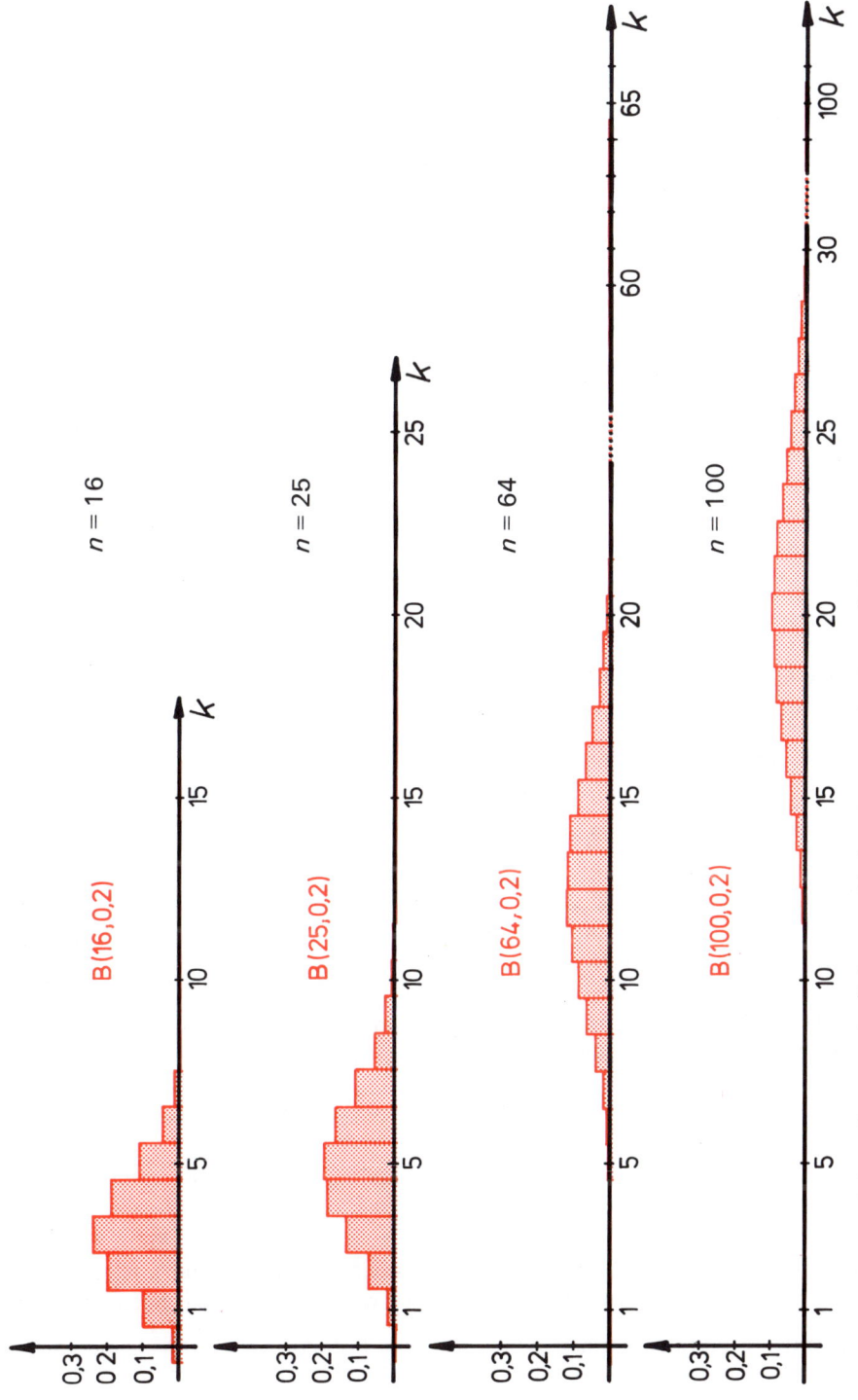

Fig. 145.1 Binomialverteilungen $B(n; \frac{1}{5})$ für verschiedene Längen n der *Bernoulli*-Kette

Wir wollen nun herausfinden, welche Gesetzmäßigkeiten hinter diesen Beobachtungen stecken.

Zu 1., 5. und 8. Das Maximum einer Binomialverteilung kann man leider nicht mit der Differentialrechnung bestimmen, da die Funktion ja nur für ganzzahlige Argumentwerte definiert ist. Es gibt aber einen einfachen Zusammenhang zwischen den Funktionswerten an der Stelle k und der Nachbarstelle $k-1$:

$$\frac{B(n;p;k)}{B(n;p;k-1)} = \frac{\binom{n}{k} \cdot p^k q^{n-k}}{\binom{n}{k-1} \cdot p^{k-1} q^{n-k+1}} =$$

$$= \frac{n!(k-1)!(n-k+1)!}{k!(n-k)!n!} \cdot \frac{p}{q} =$$

$$= \frac{n-k+1}{k} \cdot \frac{p}{q} =$$

$$= 1 + \frac{(n-k+1)p - kq}{kq} =$$

$$= 1 + \frac{(n+1)p - k}{kq}.$$

Diese Gleichung läßt uns ablesen, wann $B(n;p)$ von $k-1$ zu k wächst, konstant bleibt oder abnimmt:

$k < (n+1)p \Leftrightarrow B(n;p;k-1) < B(n;p;k),$
$k = (n+1)p \Leftrightarrow B(n;p;k-1) = B(n;p;k),$
$k > (n+1)p \Leftrightarrow B(n;p;k-1) > B(n;p;k).$

$B(n;p)$ wächst also stets bis zur größten ganzen Zahl unterhalb von $(n+1)p$. Sollte $(n+1)p$ selbst ganzzahlig sein, so bleibt der Funktionswert dann beim nächsten Schritt erhalten und fällt erst danach (2 benachbarte Maximumsstellen); andernfalls fällt er sogleich ab (Figur 147.1).

> **Satz 18:** Falls $(n+1)p$ ganzzahlig ist, nimmt $B(n;p)$ seinen maximalen Wert an den zwei benachbarten Stellen $k = (n+1)p - 1$ und $k = (n+1)p$ an.
> Falls $(n+1)p$ nicht ganzzahlig ist, liegt das einzige Maximum beim größten Wert von k unterhalb von $(n+1)p$.
> $B(n;p)$ wächst echt monoton bis zum Maximum und nimmt dann echt monoton ab.

Wir verstehen nun, daß die Maximalstelle mit wachsendem n und p nach rechts rückt: $(n+1)p$ wächst sowohl mit n als auch mit p. Zwei gleich hoch gelegene Punkte des Funktionsgraphen gibt es für $p = \frac{1}{5}$ dann, wenn $\frac{n+1}{5}$ eine ganze Zahl ist, in Figur 145.1 bei $n = 4, 9$ und 64.

10.2 Eigenschaften der Binomialverteilungen

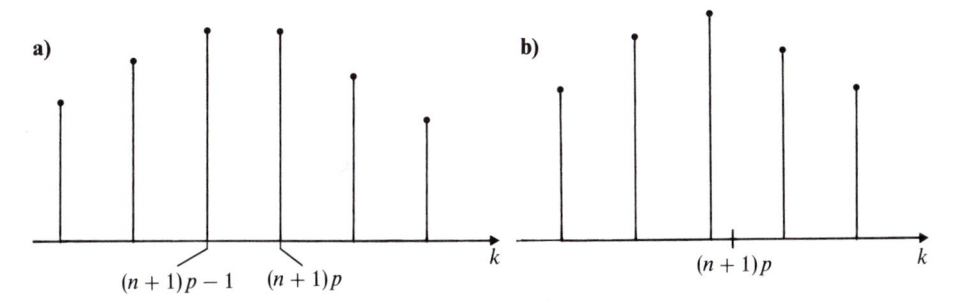

Fig. 147.1 Verhalten von $B(n;p)$ in der Umgebung des Maximums.
a) $(n+1)p$ ganzzahlig, **b)** $(n+1)p$ nicht ganzzahlig

Das Maximum einer Binomialverteilung liegt auch recht genau dort, wo wir es bei naiver Betrachtung vermuten würden: Wir rechnen ja damit, daß etwa der Bruchteil p aller Versuche einen Treffer liefern wird, also: Anzahl der Treffer $\approx n \cdot p$. Die Maximumsstelle der Verteilung unterscheidet sich von diesem Wert höchstens um Eins!

Zu 2. und 4. Zur Untersuchung der Symmetrie-Eigenschaften bilden wir den Term $B(n; 1-p; n-k)$.

$$B(n; 1-p; n-k) = \binom{n}{n-k} \cdot (1-p)^{n-k} p^{n-(n-k)} =$$

$$= \binom{n}{k} \cdot p^k (1-p)^{n-k} =$$

$$= B(n; p; k).$$

Damit ist schon bewiesen:

> **Satz 19:** Die Verteilungen $B(n; p)$ und $B(n; 1-p)$ liegen zueinander symmetrisch bezüglich der Geraden $k = \dfrac{n}{2}$.
>
> Insbesondere ist die Verteilung $B(n; \frac{1}{2})$ in sich achsensymmetrisch bezüglich der Achse $k = \dfrac{n}{2}$.

Wegen dieser Symmetrie genügt es, die Tabellen für die Binomialverteilungen nur bis $p = 0{,}5$ zu führen. Für größere p gibt man der Tabelle einen zweiten »Eingang«. So ist Tabelle 142.1 nicht nur für $p = \frac{1}{6}$, sondern auch für $p = \frac{5}{6}$ verwendbar. Es gelten dann die rechts stehenden rot unterlegten k-Werte, die sich mit den in der gleichen Zeile links stehenden jeweils zu n ergänzen.

Zu 3., 6. und 7. Um diese Beobachtungen analytisch zu untermauern, fehlen uns die mathematischen Hilfsmittel.
Wir besitzen keinen einfachen Rechenausdruck für den Maximalwert einer Binomialverteilung. Für große n gibt es allerdings Näherungsformeln, die zu folgender Grenzwertbeziehung führen:

> **Satz 20:** Es sei $m(n; p)$ der Maximalwert der Binomialverteilung $B(n; p)$. Dann gilt für jedes $p \neq 0, \neq 1$:
> $$\lim_{n \to \infty} [m(n; p) \cdot \sqrt{n}] = \frac{1}{\sqrt{2\pi p(1-p)}}.$$

Hieraus liest man ab, daß für unbeschränkt wachsendes n der Maximalwert von $B(n; p)$ beliebig klein werden muß (Figur 145.1). Daß dann die Verteilung auch »auseinanderläuft«, immer breiter wird, ist verständlich: Die Summe aller Funktionswerte muß ja stets gleich Eins sein, da es sich um eine Wahrscheinlichkeitsverteilung handelt. Wenn auf die einzelne Stelle immer weniger Wahrscheinlichkeit entfällt, muß sich die Gesamtwahrscheinlichkeit auf immer mehr Stellen verteilen.

Für nicht zu kleines n können wir in Satz 20 das Zeichen lim weglassen und die Näherungsgleichung

$$m(n; p) \approx \frac{1}{\sqrt{2\pi n p(1-p)}}$$

aufstellen. Aus ihr entnehmen wir, wie sich der Maximalwert bei festem n mit p ändert. Der Ausdruck $p(1-p)$ hat als Schaubild eine nach unten geöffnete Parabel mit den Nullstellen $p = 0$ und $p = 1$ (Figur 148.1). Er wächst also von $p = 0$ bis $p = \frac{1}{2}$ an. Der Maximalwert $m(n; p)$ muß folglich in diesem Bereich abnehmen, genau wie wir es in Figur 143.1 beobachtet haben. (Eine genauere Auswertung der Näherungsgleichung für $m(n; p)$ erfolgt in Aufgabe 27.)

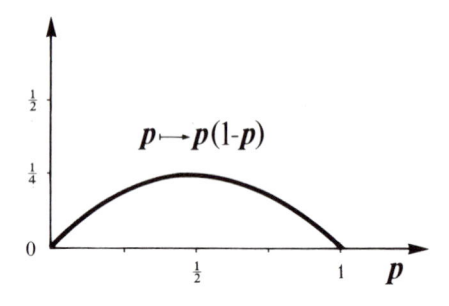

Fig. 148.1   Graph der Funktion $p \mapsto p(1-p)$

Die kumulativen Werte der Binomialverteilung. In den Anwendungen der Binomialverteilungen ist es oft nötig, Wahrscheinlichkeiten zu summieren (siehe Beispiel **2**, Seite 142). Um diese mühsame Arbeit zu erleichtern, stellt man auch Tabellen der »kumulativen« Werte auf, in denen die Funktionswerte von Null bis zu jeder gewünschten Stelle k summiert sind. Zu k liest man also in einer solchen Tabelle nicht die Wahrscheinlichkeit für genau k Treffer, sondern für »0 oder 1 oder ... oder k Treffer«, d.h. für *höchstens k Treffer* ab. Wir wollen diese Wahrscheinlichkeit mit $F_p^n(k)$ abkürzen (F_p^n: »**kumulative Verteilungsfunktion**« zur Binomialverteilung $B(n; p)$). Es gilt also

$$F_p^n(k) = \sum_{i=0}^{k} B(n; p; i). \qquad (*)$$

(Wenn keine Verwechslung möglich ist, lassen wir die Indizes von F_p^n weg.)

Aus den Symmetrie-Eigenschaften der Binomialverteilungen folgen auch solche für die Funktionen F_p^n. Daher haben auch die Tabellen der kumulativen Werte einen zweiten Eingang für $p > \frac{1}{2}$. Bei dessen Benutzung muß man allerdings beachten, daß man nicht mehr $F_p^n(k)$, sondern $1 - F_p^n(k)$ erhält! (Siehe z. B. Barth/Bergold/Haller, Stochastik, Tabellen, Seite 26ff.) Wir wollen uns dies anhand der Wahrscheinlichkeitsbedeutung von F_p^n überlegen. Zu diesem Zweck führen wir noch eine verdeutlichende Schreibweise ein, die auch an anderer Stelle recht nützlich sein wird:

> **Definition 15:** Zu einem Ergebnisraum $\Omega = \{0, 1, ..., n\}$ sei als Wahrscheinlichkeitsverteilung die Binomialverteilung $B(n; p)$ gegeben.
> A sei ein beliebiges Ereignis in Ω. Dann schreiben wir für seine Wahrscheinlichkeit: $P_p^n(A)$.

Es gilt also z. B.: $F_p^n(k) = P_p^n(Z \leq k)$.
Wir gehen nun von den Treffern zu den Nieten über.
$P_p^n(Z \leq k) = P_p^n(\text{»Zahl der Nieten} \geq n - k\text{«})$.
Ist p die Wahrscheinlichkeit für einen Treffer, so ist $q = 1 - p$ die Wahrscheinlichkeit für eine Niete beim Einzelversuch. Treffer und Nieten sind mathematisch gleichberechtigt. Daher gehorcht die Wahrscheinlichkeit für eine gewisse Anzahl von Nieten der Binomialverteilung $B(n; q)$, und es folgt

$P_p^n(\text{»Zahl der Nieten} \geq n - k\text{«}) = P_q^n(Z \geq n - k) =$
$\qquad = 1 - P_q^n(Z < n - k) =$
$\qquad = 1 - P_q^n(Z \leq n - k - 1) =$
$\qquad = 1 - F_q^n(n - k - 1).$

Insgesamt erhalten wir

$$F_p^n(k) = 1 - F_{1-p}^n(n - k - 1) \qquad (**)$$

Beispiel für die Tafelbenutzung. Suchen wir $F_{0,8}^{20}(14)$, so schreiben wir dafür $1 - F_{0,2}^{20}(20 - 14 - 1) = 1 - F_{0,2}^{20}(5)$. Aus der Tafel lesen wir $F_{0,2}^{20}(5) = 0{,}80421$ ab und errechnen $F_{0,8}^{20}(14) = 1 - 0{,}80421 = 0{,}19579$.
Benutzen wir den zweiten Tafeleingang für $p = 0{,}8$ und $k = 14$, so gelangen wir sofort zur Zahl 0,80421, müssen diese aber dann noch von 1 subtrahieren.

10.3. Herstellung einer Binomialverteilung im Experiment

Beispiel 3: Wir wollen die Werte von $B(10; \frac{1}{2})$ experimentell als relative Häufigkeiten herstellen. Dazu müssen wir den 10fach-Wurf einer Laplace-Münze sehr oft ausführen und zählen, wie oft wir dabei 0 Adler, 1 Adler, ..., 10 Adler erhalten. Wir werten Tabelle 9.1 demgemäß aus: Je 2 untereinanderstehende Fünfergruppen werden als ein Ergebnis des 10fach-Wurfes aufgefaßt. Es ergibt sich folgende Häufigkeitsverteilung:

10. Die Binomialverteilung

k	0	1	2	3	4	5	6	7	8	9	10
Anzahl des Auftretens von k Adlern	0	0	4	10	14	23	16	10	2	1	0
Häufigkeit	0	0	0,0500	0,1250	0,1750	0.2875	0,2000	0,1250	0,0250	0,0125	0
$B(10;\frac{1}{2};k)$	0,0010	0,0098	0,0439	0,1172	0,2051	0,2461	0,2051	0,1172	0,0439	0,0098	0,0010

Unter den relativen Häufigkeiten sind die »Idealwerte« $B(10;\frac{1}{2};k)$ eingetragen. Die Abweichungen zwischen Ideal und Wirklichkeit sind nicht allzu groß. Wir schreiben sie dem Zufall zu. Ob dies berechtigt ist, wäre mit den Methoden der *mathematischen Statistik* zu klären.

Mit einem von *Francis Galton* (1822–1911)* angegebenen Gerät kann man eine Binomialverteilung sogar unmittelbar mechanisch erzeugen. Wir besprechen dazu

Beispiel 4: Wir stellen uns eine schachbrettartig angelegte Stadt vor (Figur 150.1). Im Punkte 0 befindet sich eine Kneipe. Ein Betrunkener versucht, nach Hause zu gehen. An jeder Kreuzung geht er mit der Wahrscheinlichkeit p nach rechts und mit der Gegenwahrscheinlichkeit $q = 1 - p$ nach links.

Der Irrweg endet zufallsbestimmt an der Kreuzung Nummer k in der n-ten Zeile. Zur Berechnung der Wahrscheinlichkeit für ein bestimmtes k betrachten wir folgendes Schema:

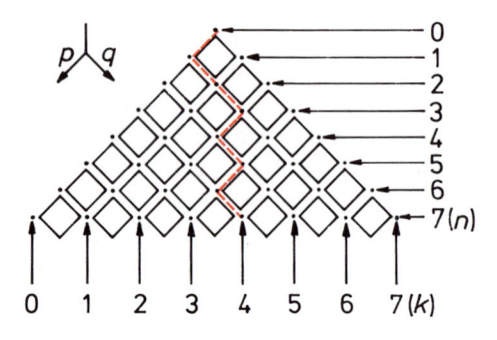

Fig. 150.1 Stadtplan für den Irrweg

An jedem Kreuzungspunkt steht jeweils die Wahrscheinlichkeit, ihn zu erreichen. Ein Kreuzungspunkt kann nur von den beiden darüberliegenden Kreuzungspunkten aus erreicht werden. Die Anzahl der Wege, die zu ihm führen, ist also gleich der Summe der Möglichkeiten, beiden darüber liegenden Punkte zu erreichen. Man erhält also die Anordnung des *Pascal-Stifel*schen Dreiecks. Die gesuchte Wahrscheinlichkeit ergibt sich damit zu $\binom{n}{k} p^k q^{n-k} = B(n;p;k)$.

Für $p = q = \frac{1}{2}$ läßt sich nun der Zufallsweg des Betrunkenen mit einem *Galton-Brett* realisieren.

* Siehe Seite 199.

10.3 Herstellung einer Binomialverteilung im Experiment

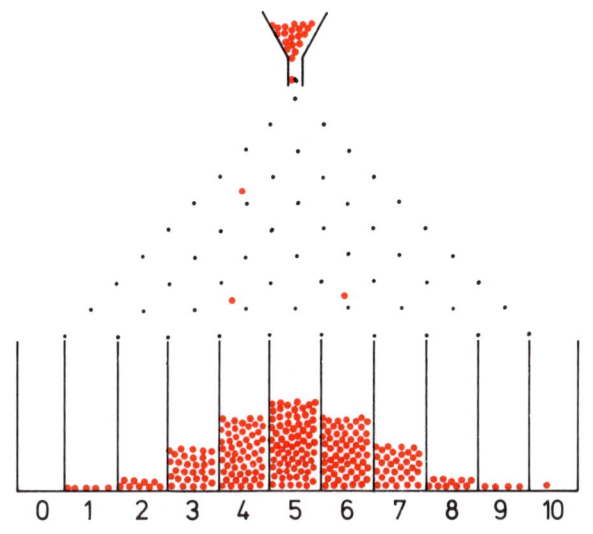

Fig. 151.1 *Galton*-Brett. Das Brett heißt auch *Quincunx*. Faßt man nämlich jeweils 5 Nägel zusammen, so entsteht eine Anordnung der Form ∶·∶, die von den Römern quincunx genannt wurde.

Auf einem vertikal aufgestellten Brett wird ein Quadratgitter durch Nägel erzeugt (vgl. Figur 151.1). Die durch einen Trichter senkrecht auf den ersten Nagel fallenden Kugeln werden mit der Wahrscheinlichkeit $\frac{1}{2}$ nach rechts oder links abgelenkt. Falls der Abstand der Nägel in einem günstigen Verhältnis zum Kugeldurchmesser steht, treffen die Kugeln wieder senkrecht auf die Nägel der nächsten Reihe. In den Fächern sammeln sich die Kugeln dann so an, daß ihre Verteilung der Binomialverteilung $B(n;\frac{1}{2})$ entspricht. Einen Eindruck von den wirklichen Verhältnissen gibt Figur 151.2.

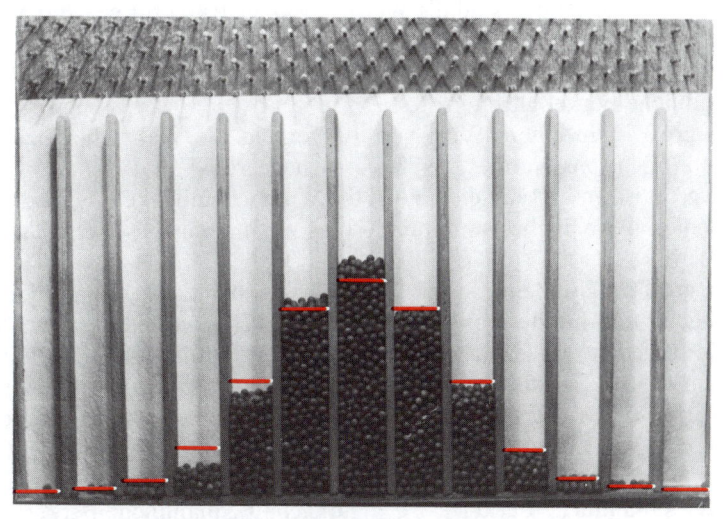

Fig. 151.2 Versuch am *Galton*-Brett. (Die roten Linien geben die Idealwerte an.)

Aufgaben

Zu 10.1.

1. Eine Urne enthält 6 schwarze, 8 weiße und 10 rote Kugeln. Mit welcher Wahrscheinlichkeit erhält man bei 6maligem Ziehen mit Zurücklegen genau 3 rote Kugeln?
2. Eine Maschine stellt Stanzteile mit einem Ausschußanteil von 5% her. Wie groß ist die Wahrscheinlichkeit, daß 4 zufällig ausgewählte Teile ausnahmslos in Ordnung sind?
3. Ich spiele dreimal Roulett und setze jedesmal auf »pair« (Seite 22). Mit welcher Wahrscheinlichkeit werde ich genau zweimal gewinnen?
4. Bei einer Prüfung ist zu 10 Fragen jeweils die richtige von 3 Antworten anzukreuzen. Mit welcher Wahrscheinlichkeit erzielt man bei blindem Raten nur 3 richtige Lösungen?
5. In einer Bevölkerung leben 2% Linkshänder. Wie wahrscheinlich ist es, daß sich unter 7 zufällig zusammentreffenden Personen
    a) genau ein,
    b) mindestens ein Linkshänder befindet?
6. Eine Laplace-Münze werde 8mal geworfen bzw. 8 Laplace-Münzen werden 1mal geworfen.
    a) Berechne die Wahrscheinlichkeit, daß
        1) genau 3mal Wappen erscheint,
        2) mindestens 3mal Wappen erscheint,
        3) höchstens 3mal Wappen erscheint.
    b) Welches der folgenden Ereignisse hat die größte Wahrscheinlichkeit:
    $A := $»Genau 4 Wappen«, $B := $»3 oder 5 Wappen«, $C := $»2 oder 6 Wappen«?
7. Ein Würfel werde viermal geworfen. Zeichne die Funktion $k \mapsto P(»\text{Genau } k \text{ Sechsen«})$.
8. Nach welcher Gleichung sind die Werte in Tabelle 142.1 für $n = 120$ berechnet worden?
9. Eine Sau ferkelt zweimal im Jahr. Die Wahrscheinlichkeit sei für männliche und weibliche Ferkel gleich groß.
    a) Wie groß ist in einem Wurf von 10 Ferkeln die Wahrscheinlichkeit für genau (höchstens, mindestens) 8 weibliche Ferkel?
    b) Wie groß ist im betrachteten Wurf die Wahrscheinlichkeit dafür, daß mindestens ein weibliches und mindestens ein männliches Ferkel geworfen werden?
    •c) Wie groß ist im Zehnerwurf die Wahrscheinlichkeit, daß mindestens i weibliche und mindestens j männliche Ferkel geworfen werden? Welche Werte ergeben sich für $(i|j) = (2|2), (2|5), (5|5), (0|0), (4|8)$?
10. In einem großen Saustall befinden sich 1000 Säue. Im Jahr sind 2000 Würfe zu erwarten (vgl. Aufgabe 9). Wir nehmen an, daß es sich um Zehnerwürfe handelt. Bei wie vielen dieser Würfe enthält der Wurf voraussichtlich
    a) kein männliches Ferkel,   b) mindestens ein männliches Ferkel,
    c) 1 oder 2 männliche Ferkel,   d) genau 2 männliche Ferkel,
    e) genau 5 männliche Ferkel?

11. Von einer Familie ist bekannt, daß sie 8 Kinder hat.
    a) Welche Anzahl von Mädchen ist am wahrscheinlichsten, wenn die Wahrscheinlichkeit für eine Knabengeburt 0,5 ist?
    b) Mit welcher Wahrscheinlichkeit tritt diese Anzahl wirklich auf?
    c) Der empirische Wert der Wahrscheinlichkeit für eine Knabengeburt ist über lange Zeiträume hinweg konstant bei 0,514. Löse Aufgabe a) und b) für diesen Wert.
12. Bei einem Spiel hat Spieler A die Gewinnchance 0,7. Mit welcher Wahrscheinlichkeit gewinnt er trotzdem weniger als die Hälfte von 5 Spielen?
13. Bei einem Glücksautomaten besteht die Gewinnchance $\frac{1}{3}$ für ein Spiel.
    a) Ist die Wahrscheinlichkeit, genau zweimal zu gewinnen, bei 3 oder bei 4 Spielen größer?
    ●b) Zeichne diese Wahrscheinlichkeit in Abhängigkeit von der Zahl n der Spiele ($n = 1, ..., 10$).
    ●c) Für welche Anzahlen n ist die Wahrscheinlichkeit für genau 2maliges Gewinnen am höchsten bzw. liegt sie unter 10%?
14. Jemand würfelt 60mal und hofft, genau 10mal die Eins zu erreichen. Wie groß ist die Chance dafür? – Sein Freund meint, man müsse viel öfter würfeln, um einen solchen Idealfall zu erreichen. Wie groß ist die Wahrscheinlichkeit für 20 Einsen bei 120 Würfen?
15. Zwei Spieler vereinbaren eine Zahl k_0: Wer bei 6maligem Würfeln mindestens k_0 Sechsen erzielt, hat gewonnen.
    a) Bestimme k_0 so, daß das Spiel möglichst fair wird!
    ●b) Denke eine andere Vereinbarung über die Anzahl der zu erzielenden Sechsen aus, so daß das Spiel noch »fairer« wird!
●16. Bei einer schwierigen Operation besteht für Frauen die Chance 0,8, für Männer die Chance 0,7, danach noch mindestens 1 Jahr zu leben. Mit welcher Wahrscheinlichkeit sind von 2 Frauen und 3 Männern (3 Frauen und 2 Männern), die diese Woche operiert werden mußten, nach einem Jahr noch genau 2 Personen am Leben?
17. Wie lang muß eine Zufallsziffernfolge sein, damit mit einer Wahrscheinlichkeit von mehr als a) 99% b) 60% mindestens einmal die Ziffer 3 auftritt?
    c) Überprüfe b) anhand der Zufallszifferntabelle (Tabelle 51.1).
18. Aus einem Skatspiel (32 Karten) werde eine Karte gezogen und wieder zurückgelegt. Wie oft muß dieser Vorgang mindestens ausgeführt werden, damit mit einer Wahrscheinlichkeit, die größer als 0,5 ist, mindestens 2 Herzkarten gezogen werden?
19. Wie viele Laplace-Würfel müssen geworfen werden, damit es günstig ist, darauf zu wetten, daß
    a) mindestens eine Sechs,
    ●b) mindestens zweimal eine Sechs erscheint?

Zu 10.2.

20. Bestimme aus einer Binomialtabelle:
   a) $B(20; 0,8; 16)$ **b)** $B(100; 0,75; 87)$ **c)** $B(50; 0,5; 25)$
   d) $\binom{10}{4} \cdot 0,2^4 0,8^6$ **e)** $0,6^{10}$ **f)** $0,99^{100}$

21. Vervollständige folgende Aufstellung über die kumulative Verteilungsfunktion einer Binomialverteilung!

n	9	9	20	20	200	9	9	20	20	200
p	0,05	0,4	0,2	0,35	0,15	0,95	0,6	0,8	0,65	0,85
x	2	2	16	3,7	27,2	2	2	16	3,7	171,6
$F_p^n(x)$										

22. Bestimme aus einer Tabelle der kumulativen Werte:
   a) $P_{0,8}^{20}(Z \leq 8)$ **b)** $P_{0,2}^{20}(Z \geq 8)$ **c)** $P_{0,2}^{10}(Z = 2)$
   d) $P_{0,9}^{20}(Z < 7)$ **e)** $P_{0,6}^{10}(Z > 3)$ **f)** $P_{0,6}^{10}(Z \geq 4)$
   g) $P_{0,45}^{50}(10 \leq Z \leq 20)$ **h)** $P_{0,75}^{50}(10 < Z \leq 21)$ **i)** $P_{0,65}^{50}(|Z - 25| \leq 4)$
   j) $P_{0,65}^{100}(|Z - 50| > 7)$

23. In einem Sack sind r rote Kugeln und w weiße Kugeln. Es wird eine Kugel gezogen, ihre Farbe notiert, die Kugel zurückgelegt und gut gemischt. Dies wird n-mal gemacht. Mit welcher Wahrscheinlichkeit erhält man insgesamt
   a) genau 5 rote, **b)** genau 5 weiße,
   c) mehr als 5 weiße Kugeln, **d)** keine weiße Kugel?

   Rechnung für $r = 50$ 70 70 30
   $w = 50$ 30 30 70
   $n = 10$ 10 20 20

24. Eine ideale Münze wird 200mal geworfen. Mit welcher Wahrscheinlichkeit liegt die Anzahl der Adler im Intervall [70, 130] bzw. [80, 120], [90, 110], [95, 105], [99, 101] bzw. ist sie genau gleich 100?

25. Eine ideale Münze wird geworfen. Der Anteil der Adler im Wurfergebnis liegt zwischen 40% und 60%. Wie wahrscheinlich ist dies bei 5, 10, 20, 50, 100 und 200 Würfen?

●26. Für n Würfe einer idealen Münze soll ein möglichst enges Intervall gefunden werden, in dem die Anzahl der Adler mit mindestens 90% Wahrscheinlichkeit liegen wird. Löse diese Aufgabe für $n = 10, 50, 100, 200$.

●27. Entnimm aus Tabellen die Maximalwerte von $B(n; p)$ für alle zur Verfügung stehenden n und 3 verschiedene Werte p und trage sie in ein Koordinatensystem ein (Rechtswert: n, Hochwert: Maximalwert; für jedes p eine eigene Punktreihe). Zeichne dann auch für jedes p die Kurve $n \mapsto 1/\sqrt{2\pi n p(1-p)}$ ein und vergleiche!

●28. Beweise: $\sum_{k=j}^{n} B(n; p; k) = 1 - \sum_{k=n-j+1}^{n} B(n; q; k)$.

●29. Beweise: $B(n + 1; p; k) = p \cdot B(n; p; k - 1) + q \cdot B(n; p; k)$.

●30. Leite die Beziehung (∗∗) $F_p^n(k) = 1 - F_{1-p}^n(n-k-1)$ aus der Symmetriebeziehung $B(n; p; k) = B(n; 1-p; n-k)$ und der Beziehung (∗) für F_p^n her!

31. **a)** In einer Urne befinden sich 20 Kugeln; davon sind 8 schwarz. Es werden 3 Kugeln miteinander der Urne entnommen. Ein Treffer liegt vor, wenn sich darunter mindestens eine schwarze Kugel befindet. Der Versuch wird 10mal ausgeführt. Gib die Wahrscheinlichkeitsverteilung für die Anzahl der Treffer an.
   b) Löse die Aufgabe **a)** allgemein: Von N Kugeln in der Urne sind S schwarz. m Kugeln werden miteinander entnommen; der Versuch wird n-mal ausgeführt.

●32. Zum 50köpfigen Aufsichtsrat einer Firma gehören 8 Mathematiker. Durch das Los wird jährlich ein 5köpfiger Vorstand gewählt. In der 20jährigen Geschichte der Firma ist es 11mal vorgekommen, daß (mindestens) ein Mathematiker im Vorstand war. Wie wahrscheinlich ist es, daß derart häufig oder noch häufiger Mathematiker in den Vorstand gewählt werden? (Näherungslösung mit der Binomialtabelle genügt)

33. A und B vereinbaren folgende Spielregel: A wirft 3 5-DM-Münzen, B wirft 2 5-DM-Münzen. (Die Münzen seien Laplace-Münzen.) Gewonnen hat der Spieler, der mehr Adler geworfen hat. Im Fall eines Remis wird ein neues Spiel gespielt.
   a) Die Spielergebnisse werden als Paare
   (Anzahl der Adler von A | Anzahl der Adler von B)
   notiert. Stelle den dazu passenden Ergebnisraum auf.
   b) Es werden die folgenden Ereignisse definiert: $A := $ »A gewinnt das Spiel«, $B := $ »B gewinnt das Spiel«, $R := $ »Remis«. Gib die entsprechenden Ergebnismengen an.
   c) Stelle tabellarisch die Wahrscheinlichkeiten aller Elementarereignisse des Ergebnisraums aus **a)** auf. Liegt ein *Laplace*-Experiment vor? Begründung!
   d) Berechne $P(A)$, $P(B)$ und $P(R)$. Wie groß ist die Wahrscheinlichkeit, daß in den ersten 3 Spielen keine Entscheidung fällt?
   e) Es wird nun so lange gespielt, bis A oder B einmal gewinnt, höchstens aber n-mal. Wie groß ist die Wahrscheinlichkeit, daß A Sieger wird? Wie groß ist sie näherungsweise für sehr große n (Grenzwert für $n \to \infty$)?

34. Ein Tennis-Match ist entschieden, wenn einer der Spieler 3 Sätze gewonnen hat. Jeder Satz wird bis zur Entscheidung gespielt, d. h., im Tennis gibt es kein Unentschieden. Spieler A gewinne einen Satz mit der Wahrscheinlichkeit p.
   a) Wie viele Sätze werden mindestens, wie viele höchstens benötigt? Berechne die Wahrscheinlichkeit für jede mögliche Anzahl von Sätzen und prüfe, ob die Summe gleich Eins ist!
   b) Stelle die Wahrscheinlichkeiten von **a)** für 2 gleichstarke Gegner graphisch dar!

35. Eine Fußballmannschaft gewinne ihre Spiele allgemein mit der Wahrscheinlichkeit p und spiele mit der Wahrscheinlichkeit p' unentschieden. Unabhängigkeit der Spiele wird angenommen.

a) Man zeichne die »Gewinncharakteristik« für eine Runde von 5 Spielen, d.h. die Funktion $p \mapsto P(\text{»mindestens 3 Spiele gewonnen«})$ (Einheit 10 cm). Für welchen Wert p ist die Gewinnchance für die Spielrunde genau gleich $\frac{1}{2}$? (Vermutung? – Graphische und rechnerische Prüfung!)

b) Nun werde wie üblich gewertet: Gewonnenes Spiel 2 Punkte, Unentschieden 1 Punkt, verlorenes Spiel 0 Punkte. Wie groß ist die Wahrscheinlichkeit, die Runde zu gewinnen, d.h. mehr als die Hälfte aller erreichbaren Punkte zu erhalten? (Formel mit p und p'.) Setze die Daten $p = 0{,}7$ und $p' = 0{,}1$ ein und vergleiche mit dem entsprechenden Ergebnis aus **a)**!

36. Ein Taxistandplatz ist für 10 Taxen vorgesehen. Die Erfahrung zeigt, daß ein Wagen sich durchschnittlich 12 Minuten pro Stunde am Standplatz aufhält. Genügt es, den Standplatz für 3 wartende Wagen anzulegen, ohne daß dadurch in mehr als 15% aller Fälle ein Taxi keinen Platz findet?
Welche Anzahl von Taxen wird man am häufigsten am Standplatz antreffen?

37. Bei einer Versicherung sind 20 Agenten beschäftigt, die 75% ihrer Zeit im Außendienst verbringen. Wie viele Schreibtische müssen angeschafft werden, damit mindestens 90% der Innendienstzeit jeder Agent einen eigenen Schreibtisch zur Verfügung hat?

Zu 10.3.

38. Werte Tabelle 8.1 folgendermaßen aus: Die 25 Zahlen jedes Kästchens werden als 25 Versuchsausgänge aufgefaßt. Bestimme in jeder solchen *Bernoulli*-Kette der Länge 25 die Anzahl der Sechsen und berechne die Häufigkeiten für das Auftreten von 0, 1, ..., 25 Sechsen bei diesen 48 Versuchen. Vergleiche das Ergebnis mit den in Tabelle 142.1 angegebenen Werten!

39. Zwei Wanderer A und B gehen mit Schritten der Länge 1 auf der Zahlengeraden unabhängig voneinander spazieren. A beginnt bei 0 und geht jede Sekunde mit der Wahrscheinlichkeit $\frac{2}{3}$ einen Schritt nach rechts (d.h. in positiver Richtung), mit der Wahrscheinlichkeit $\frac{1}{3}$ einen Schritt nach links. Er bleibt nie stehen. B beginnt bei $-k$ und geht jede Sekunde mit der Wahrscheinlichkeit $\frac{5}{8}$ einen Schritt nach rechts, mit der Wahrscheinlichkeit $\frac{3}{8}$ ruht er sich eine Sekunde aus, was auch schon in der 1. Sekunde eintreten kann.

a) Die beiden Wanderer gehen k Sekunden lang. Man schreibe $+1$ für einen Schritt nach rechts, -1 für einen Schritt nach links und 0 für eine Sekundenpause. Gib für $k = 3$ je einen Ergebnisraum Ω_A bzw. Ω_B für A bzw. B an und bestimme die zugehörigen Wahrscheinlichkeitsverteilungen P_A und P_B.

b) Auf welchen Zahlen kann sich der Wanderer A nach 3 Sekunden befinden? Mit welcher Wahrscheinlichkeit tritt dies jeweils ein? Beantworte die gleichen Fragen für den Wanderer B!

c) Berechne die Wahrscheinlichkeit dafür, daß A sich nach 3 Sekunden auf einer positiven Zahl befindet.

d) Wie groß ist die Wahrscheinlichkeit dafür, daß sich A und B nach drei Sekunden treffen?

e) Zeige, daß A nach genau $k = 2n - 1$ Sekunden sicher nicht in 0 ist. Wie groß ist die Wahrscheinlichkeit dafür, daß A und B sich nach genau $k = 2n$ Sekunden in 0 treffen?

40. Einer Lieferung von Glühbirnen werden 10 Stück entnommen und nacheinander geprüft. Wenn sich 2 oder mehr defekte Birnen finden sollten, wird die Lieferung vereinbarungsgemäß abgelehnt.

Die Lieferung enthalte den Anteil p an defekten Glühbirnen und sei so umfangreich, daß sich p durch die Entnahme der Prüfstücke nicht merklich ändert. Mit welcher Wahrscheinlichkeit $f(k)$ kann die Prüfung nach dem k-ten Stück beendet werden? Zeichne die Funktion $k \mapsto f(k)$ für $p = 15\%$.

Bei den folgenden »**Wartezeit-Aufgaben**« sei die Länge n der *Bernoulli*-Kette beliebig, aber jeweils hinreichend groß.

41. a) Wie groß ist die Wahrscheinlichkeit, daß dem ersten Treffer genau k Nieten vorausgehen? Stelle die Wahrscheinlichkeiten für $p = \frac{1}{4}$ und $k = 0, \ldots, 10$ graphisch dar.

b) Mit welcher Wahrscheinlichkeit erscheint der 1. Treffer erst beim k-ten Wurf oder noch später?

42. Ein Laplace-Würfel werde so lange geworfen, bis eine Sechs erscheint.

a) Wie groß ist die Wahrscheinlichkeit dafür, daß die Sechs frühestens beim 4. Wurf auftritt?

b) Überprüfe das Resultat von **a)** an Tabelle 8.1. Fasse dabei die 80 Halbzeilen als 80 Anfänge von *Bernoulli*-Ketten auf.

●43. a) Wie groß ist die Wahrscheinlichkeit, daß dem 2. Treffer genau k Versuche (Nieten und 1 Treffer) vorausgehen?

b) Wie groß ist die Wahrscheinlichkeit, daß dem m-ten Treffer genau k Versuche (Nieten und $m - 1$ Treffer) vorausgehen?

c) Mit welcher Wahrscheinlichkeit erscheint der m-te Treffer erst beim k-ten Teilversuch oder noch später?

44. Ein Laplace-Würfel werde so lange geworfen, bis die zweite Sechs fällt.

a) Wie groß ist die Wahrscheinlichkeit dafür, daß dies beim 10. Wurf geschieht?

b) Wie groß ist die Wahrscheinlichkeit dafür, daß dies *frühestens* beim 10. Wurf geschieht?

c) Wie groß ist die Wahrscheinlichkeit dafür, daß dies *spätestens* beim 10. Wurf geschieht?

d) Überprüfe die in **b)** und **c)** errechneten Wahrscheinlichkeiten an Tabelle 8.1. Fasse dabei die 80 Halbzeilen als 80 Anfänge von *Bernoulli*-Ketten auf.

11. Das Testen von Hypothesen

Das **Paris-Urteil** von *Joseph Hauber* (1766–1834) – Bayerische Staatsgemäldesammlungen. Der trojanische Prinz *Paris* hat auf dem Berg Ida zu entscheiden, welche der drei Göttinnen *Hera*, *Athene* und *Aphrodite* die schönste sei. Das von *Paris* angewandte Testverfahren, die Testgröße und die Entscheidungsregel sind nicht überliefert, lediglich der Ausfall des Tests: *Aphrodite* erhielt den mit der Aufschrift »Der Schönsten« versehenen goldenen Apfel der Zwietrachtgöttin *Eris* zugesprochen.

11.1. Zur Geschichte und Aufgabe der Statistik

Στοχαστικὴ τέχνη, *Stochastik*, ins Lateinische übersetzt *ars conjectandi* (der Titel von *Jakob Bernoulli*s Buch über unseren Gegenstand) ist die Kunst, im Falle von Ungewißheit auf geschickte Weise Vermutungen anzustellen. Ursprünglich entwickelte sich die Stochastik aus dem Bedürfnis, die Gewinnchancen bei Glücksspielen in den Griff zu bekommen (Seite 69). Wenn dieser Gesichtspunkt auch heute noch interessant ist, so würde er allein es doch kaum rechtfertigen, daß Stochastik in der Schule gelehrt wird! Die wichtigste Anwendung findet die »Kunst des Vermutens« heute als *mathematische Statistik* in allen Zweigen der Wirtschaft, der Technik, der Politik und der Wissenschaften.

Verstand man Statistik schon immer in diesem Sinn? Nein; denn die mathematische Statistik entstand erst in diesem Jahrhundert und speist sich aus mehreren geschichtlichen Quellen.

Am Anfang steht die *Amtliche Statistik*, die bevölkerungsstatistischen Erhebungen. Überliefert sind uns Volkszählungen aus dem Alten Reich der Ägypter (um 2600 v. Chr.) und aus China. Der 6. König Roms, *Servius Tullius* (Regierungszeit 577–534), bestimmte in seiner Verfassung, alle 5 Jahre den census durchzuführen, eine Volkszählung, verbunden mit einer Erhebung über die Vermögensverhältnisse der Bürger und einer Einteilung für den Waffendienst. Eine solche Einteilung in Zensusklassen war auch in Griechenland üblich. Unter dem im Jahre 27 v. Chr. von *Augustus* (63 v. Chr. bis 14 n. Chr.) eingerichteten Prinzipat fanden die ersten Volkszählungen in den Provinzen des Römischen Reichs statt, so 27 v. Chr. in Gallien und 14 n. Chr. in Germanien. Die berühmteste Volkszählung ist wohl jener Provinzialcensus, der in Judäa im Jahre 6 n. Chr. durchgeführt wurde, als es römische Provinz wurde, und den *Lukas* in seinem Evangelium (2,1) irrtümlich für eine Reichszählung hält. Der 70. und letzte census fand 73 n. Chr. statt. Aber schon aus dem Alten Testament sind Volkszählungen bekannt. So künden das 2. Buch Mose (30,11) und das 4. Buch Mose (1), das auf lateinisch bezeichnenderweise *numeri* heißt, von einer von Gott angeordneten Volkszählung (um 1200 v. Chr.). König *David* (1004–965) hingegen verführte der Satan zu einer Volkszählung, wie im 2. Buch Samuel (24,2) und im 1. Buch der Chronik (21,2) berichtet wird. Für diesen Fürwitz wurde das Volk Israel mit der Pest bestraft. *Helmut Swoboda* meint:

> »Diese biblische Warnung bestimmte bis in die Neuzeit das Verhältnis zur statistischen Erhebung: Es war zweifellos sträfliche Neugier oder vorwitzige Vermessenheit, durch Volkszählungen oder gar durch systematische Beobachtungen von Geburten, Krankheiten und Todesfällen in die unerforschlichen Absichten Gottes Einsicht nehmen zu wollen.«

Die mittelalterlichen Erhebungen wie das karolingische *Capitulare de villis* und das *Domesday Book* (1086) *Wilhelms des Eroberers* sind daher fast ausschließlich Vermögens- oder Ständeerhebungen, so auch 1250 in Asti und 1288 in Mailand. Alle Seelen zählte erstmals Venedig 1422, und 1444 Straßburg, als eine Belagerung drohte. 1449 tat es Nürnberg.

Die Erweiterung des geographischen Horizonts, die wachsende Verflechtung der Staaten untereinander und die Ausweitung der Wirtschaftsbeziehungen zu Beginn der Neuzeit ließen eine weitere Quelle der heutigen Statistik entstehen, die *Staatskunde* als *Lehre von den Staatsmerkwürdigkeiten*, auch *Universitätsstatistik* genannt. So ist *Francesco Sansovino*s (1521–1586) Werk *Del governo et amministratione di diversi regni, et republiche,* […] (1562) eine Sammlung von Staatsbeschreibungen. *Hermann Conring* (1606–1681) führte diese beschreibende Staatswissenschaft als Lehrfach an der Universität Helmstedt ein. *Gottfried Achenwall* (1719–1772) führte *Conring*s Arbeiten in Göttingen weiter. In seiner *Staatsverfassung* definierte er 1748 das Wort »Statistik« im Sinne von Staatskunde, wohl durch Rückgriff auf den lateinischen Begriff des *status rei publicae*, des Zustands des Staates. Er schreibt:

»Der Inbegriff der wirklichen Staatsmerkwürdigkeiten eines Reichs, oder einer Republik, macht ihre Staatsverfassung im weitern Verstande aus: und die Lehre von der Staatsverfassung eines oder mehrerer einzelner Staaten, ist die Statistik [Staatskunde], oder Staatsbeschreibung.«

Er grenzt Statistik gegen die philosophische Staatslehre und gegen das Staatsrecht ab. Sein Schüler *August Ludwig von Schlözer* (1735–1809) in Göttingen und *Anton Friedrich Büsching* (1724–1793) in Berlin waren bedeutende Vertreter dieser Statistik.

Die dritte Quelle der modernen Statistik, die *Bevölkerungsstatistik* oder *Politische Arithmetik*, entsprang in England. Der Tuchhändler *John Graunt* (1620–1674) legte die Sterbelisten der Stadt London, beginnend mit dem Jahre 1603, seiner 1662 erschienenen Studie *Natural and Political Observations, mentioned in a Following Index, and Made upon the Bills of Mortality* zugrunde, dem ersten Werk über Bevölkerungsstatistik. Er wurde zum Begründer der Biometrie und der Bevölkerungsstatistik, die der Nationalökonom Sir *William Petty* (1623–1687) *Politische Arithmetik* nannte. Man sammelte bevölkerungsstatistische Massentatsachen und fragte nach ihren Ursachen und Regelmäßigkeiten. Eine erste Anwendung fanden solche Untersuchungen in der Ermittlung der Prämien für Leibrenten mittels einer Statistischen Mortalitätstheorie durch *Edmond Halley** (1656–1742) in *An Estimate of the Degrees of Mortality of Mankind, drawn from curious Tables of the Births and Funerals at the City of Breslaw; with an Attempt to ascertain the Price of Annuities upon Lives* (1693). Sein Freund *Abraham de Moivre* (1667–1754) führte diese Untersuchungen weiter in seinen *Annuities on lives* (1725, 1743, 1750, 1752). *John Arbuthnot* (1667–1735) versuchte 1710 einen mathematischen Gottesbeweis auf statistischer Grundlage, ausgehend von der Tatsache der zahlenmäßigen Gleichheit der Geschlechter, obwohl in den letzten 82 Jahren in London fast konstant 18 Knabengeburten auf 17 Mädchengeburten kamen. Der bekannteste Vertreter der Politischen Arithmetik ist *Thomas Robert Malthus* (1766–1834). In Deutschland findet die Politische Arithmetik durch die Leistungen des Feldpredigers und späteren Oberkonsistorialrats *Johann Peter Süßmilch* (1707–1767) Anerkennung. Bevölkerungsstatistik dient auch bei ihm dem Nachweis, daß Gott die Welt weise eingerichtet hat, wie der Titel seines Werks zeigt: *Die göttliche Ordnung in den Veränderungen des menschlichen Geschlechts aus der Geburt, dem Tode und der Fortpflanzung desselben erwiesen* (1741).

Aber schon 1666 wurde die alte biblische Warnung in den Wind geschlagen; in La Nouvelle France (Quebec) fand die erste Volkszählung eines ganzen Landes in der Neuzeit statt. Deutsche Staaten begannen ab 1720 mit Volkszählungen. Schweden ordnete als erstes Land der Neuzeit 1749 regelmäßige Volkszählungen an; 1756 schuf es als erstes Land ein Statistisches Zentralamt, das sich mit der fortlaufenden Analyse der Bevölkerungszahlen beschäftigen sollte. 1790 begannen die USA mit regelmäßigen Volkszählungen, wie sie die Unionsverfassung als Grundlage für Wahlen verlangte. 1800 entstand in Paris das Bureau de Statistique, 1801 fanden erste Volkszählungen in Frankreich und Großbritannien (beschlossen bereits 1753) statt. Frankreich verwendete dabei Methoden, die *Laplace* vorgeschlagen hatte.

Die neue Amtliche Statistik, die Universitätsstatistik und die Politische Arithmetik verschmolzen im 19. Jahrhundert zur *Deskriptiven Statistik*. Diese untersucht eine Gesamtheit nach bestimmten, ihr wesenseigenen Merkmalen. Statistik in diesem Sinne ist also eine Kunst des geschickten Zählens und der Handhabung von Zählergebnissen. Von Vermutungen oder vom Zufall ist dabei nicht die Rede. Man rechnet im Gegenteil damit, daß durch das Erheben einer sehr großen Anzahl von Daten sich die Besonderheiten des Einzelfalls »herausmitteln« und dafür die allgemeinen Gesetzmäßigkeiten, der »Trend«, zutage treten.

Das Eindringen erster Vorstellungen aus der Wahrscheinlichkeitstheorie führte bei *Adolphe Quetelet* (1796–1874) zur Schaffung des statistischen Idealtyps, des *homme moyen*. Sir *Francis Galton* (1822–1911) verfeinerte u.a. diese Begriffsbildung und begründete zusammen mit *Karl Pearson* (1857–1936) und Sir *Ronald Aylmer Fisher* (1890–1962) die biometrische Schule der Statistik.

---

* Gesprochen hæli.

11.1 Zur Geschichte und Aufgabe der Statistik

Zu Beginn dieses Jahrhunderts zeichnete sich jedoch eine große Wende in der Statistik ab, die in den 30er Jahren zur Geburt der modernen Statistik, der *Mathematischen Statistik* oder auch der *Analytischen Statistik*, führte. Man erkannte, daß es vielfach unmöglich war, eine Gesamtheit durch eine Vollerhebung zu erfassen. Denken wir nur an die Qualitätskontrolle in der Industrie. Es wäre finanziell nicht tragbar und auch technisch oft unmöglich, *alle* Produkte einer Serienfertigung peinlich genau zu prüfen. Statt dessen schlug in den zwanziger Jahren *W. H. Shewhart* von den Bell Telephone Laboratories vor, eine *Zufallsstichprobe** von verhältnismäßig wenigen Stücken aus der laufenden Produktion zu entnehmen und diese um so sorgfältiger zu prüfen. Vom Prüfergebnis schließt man dann auf den Zustand der gesamten Ware und entscheidet, ob die Produktion weiterlaufen darf oder gestoppt werden muß. Dabei können natürlich Irrtümer vorkommen. Mit Hilfe der Mathematik ist es aber möglich, das Risiko des Irrtums zu kalkulieren und von vorneherein in gewünschten Grenzen zu halten**. Das Ziel der Mathematischen Statistik ist also nicht mehr die *Vollerhebung*. Statt ihrer sollen *Zufallsstichproben* Aufschluß geben über die Eigenschaften der Gesamtheit; Vermutungen, sog. *statistische Hypothesen*, sollen durch Stichproben entschieden werden. Die darauf basierenden Folgerungen heißen *statistische Schlüsse*, die natürlich im Sinne der klassischen Logik nie zwingend sein können. Unter Verwendung von Methoden der Höheren Mathematik entstand eine Vielfalt von Testverfahren zur Entscheidung von Hypothesen. Die von *R. A. Fisher* und anderen begründeten Verfahren wurden von *Egon Sharpe Pearson* (1895–1980) und *Jerzy Neyman* (1894–1981) zu einer Theorie der Stichproben ausgebaut. Während des 2. Weltkriegs entwarf *Abraham Wald* (1902–1950) die *Sequentialanalyse*, die als Kriegsgeheimnis galt und erst 1947 veröffentlicht werden konnte. Nach dem Kriege entwickelte er die *statistische Entscheidungstheorie*, die es erlaubt, auch in Situationen großer Ungewißheit noch vernünftig begründbare Entscheidungen zu fällen. Und so wird Statistik heute aufgefaßt, wenngleich die Amtliche Statistik immer noch das Material für viele Entscheidungen liefern muß.

Worin unterscheidet sich nun die mathematische Statistik von der gewöhnlichen Wahrscheinlichkeitsrechnung, die wir bisher ausgiebig betrieben haben? Wir erläutern dies am wohlvertrauten Urnenbeispiel. Die Urne enthalte schwarze und farbige Kugeln. Es soll eine Stichprobe von $n = 5$ Kugeln mit Zurücklegen entnommen und die zufallsbedingte Anzahl Z der schwarzen Kugeln in ihr bestimmt werden. Als Ergebnisraum wählen wir die Menge der möglichen Werte von Z, also $\Omega = \{0, 1, 2, 3, 4, 5\}$; die Wahrscheinlichkeitsverteilung ist dann eine Binomialverteilung:

$$P(Z = k) = B(5; p; k) = \binom{5}{k} p^k q^{5-k} \quad \text{mit} \quad q = 1 - p.$$

Der Parameter p ist dabei der Anteil schwarzer Kugeln in der Urne. Unsere bisherigen Aufgaben enthielten im Prinzip immer die folgende

Erste Art der Fragestellung: Gegeben sei die Zusammensetzung des Urneninhalts, also der Wert von p, z.B. $p = \frac{1}{2}$. Wie wird die Anzahl Z vermutlich ausfallen? Zu jeder einschlägigen Vermutung können wir die Wahrscheinlichkeit dafür ausrechnen, daß diese Vermutung eintrifft. Beispielsweise ist die Vermutung »Z wird eine Primzahl sein« richtig mit der Wahrscheinlichkeit, die zu dem Ereignis $\{2, 3, 5\}$ gehört. Bei $p = \frac{1}{2}$ ist die »Sicherheit des Urteils« gleich

$$\left[\binom{5}{2} + \binom{5}{3} + \binom{5}{5}\right] \cdot 2^{-5} = \tfrac{21}{32} \approx 66\%.$$

---
* Das Wort *Stichprobe* entstammt der Bergmannssprache. Die alten Schmelzöfen wurden angestochen, um die Schmelze auf ihren Zustand zu prüfen.
** Auf die große Bedeutung der Teilerhebung wies 1895 als erster der Norweger *Anders Nicolai Kiaer* (1838–1919) hin.

Sehr pauschale Vermutungen wie die eben genannte sind mit großer, schärfere Vermutungen (z. B. »Z wird gleich 3 sein«) sind mit geringer Wahrscheinlichkeit richtig.

Bei der Qualitätskontrolle liegt ein ganz anderes Problem vor. Die »Urne« ist die gesamte Produktion, »schwarze Kugeln« sind die mißratenen Stücke, und ihr Anteil p in der Produktion ist *unbekannt*! In das Gebiet der mathematischen Statistik gehört die

Zweite Art der Fragestellung: Gegeben sei der Ausfall der Stichprobe, also der Wert, den Z angenommen hat, z. B. $Z = 3$. Wie groß ist vermutlich der Anteil p von schwarzen Kugeln in der Urne? Fragen dieser Art haben wir bisher nur am Rande besprochen. Worin besteht die eigentümliche Schwierigkeit dieser Fragestellung? Will man eine Vermutung über den Parameter p formulieren, so muß man zuerst wissen, welche Werte für p überhaupt in Frage kommen. Befinden sich z. B. 20 Kugeln in der Urne, so ist p eine der Zahlen $0, \frac{1}{20}, \ldots, \frac{19}{20}, 1$. Weiß man nichts über die Gesamtzahl der Kugeln, so kann p jede rationale Zahl des Intervalls $[0; 1]$ sein. Zu jedem Wert von p gehört eine andere Wahrscheinlichkeitsverteilung über dem Ergebnisraum Ω. Aufgrund des Stichprobenresultats (3 von 5 gezogenen Kugeln sind schwarz) sollen wir unter diesen Wahrscheinlichkeitsverteilungen die richtige herausfinden. Mathematische Statistik ist also deshalb komplizierter, weil man zu ein und demselben Ergebnisraum Ω stets mehrere verschiedene Wahrscheinlichkeitsverteilungen gleichzeitig im Auge behalten muß. Im einfachsten aller denkbaren Fälle sind es nur zwei verschiedene Verteilungen, für deren eine man sich entscheiden soll. Wir werden vor allem diesen Fall eingehend studieren.

Anmerkung: Die unbekannte Zahl p ist in unserem Beispiel selber eine Wahrscheinlichkeit, nämlich z. B. des Ereignisses »Die erste gezogene Kugel ist schwarz«. Da wir aber nur die Gesamtzahl Z schwarzer Kugeln bestimmen und die Reihenfolge ihres Erscheinens gar nicht beachten, spielt diese Eigenschaft von p hier keine Rolle.

11.2. Test bei zwei einfachen Hypothesen

Beispiel 1: An eine Werkstatt werden Schachteln mit Schrauben geliefert. Ein Teil davon enthält Erste Qualität, das sind Schrauben, von denen nur 10% die vorgeschriebenen Maßtoleranzen nicht einhalten. Die restlichen Schachteln enthalten Zweite Qualität, mit einem Ausschußanteil von 40%. Die Lieferfirma hat vergessen, die Schachteln nach ihrem Inhalt zu kennzeichnen. Da es für die Verarbeitung wichtig ist, die Qualität der Schrauben zu kennen, entschließt man sich, aus jeder neuen Schachtel vor der Verwendung 5 Schrauben auszuwählen und genau zu messen. Die Werkstatt legt fest:
Sind alle Schrauben bis auf höchstens eine in Ordnung, so soll der Schachtelinhalt als Erste Qualität behandelt werden, andernfalls als Zweite Qualität.
Dieses *Entscheidungsverfahren* wird praktische Folgen haben. Wir versuchen, sie vorherzusagen und zu beurteilen, ob das Verfahren als vernünftig anzusehen ist.

Zu diesem Zweck konstruieren wir ein mathematisches Modell des Verfahrens. Die Entscheidung richtet sich nur nach der in der Stichprobe zufällig enthaltenen Anzahl Z schlechter Schrauben. Z wird daher **Testgröße** genannt. Wir wählen die Menge der möglichen Werte von Z als Ergebnisraum: $\Omega = \{0, 1, 2, 3, 4, 5\}$. Die Stichprobe wird zwar ohne Zurücklegen gezogen. Da aber in einer Schachtel weit mehr als 5 Schrauben enthalten sind, können wir in guter Näherung eine Stichprobe mit Zurücklegen annehmen. Damit ist die Wahrscheinlichkeitsverteilung auf Ω eine Binomialverteilung, und zwar $B(5; \frac{1}{10})$, falls es sich um eine Schachtel mit Erster Qualität handelt, $B(5; \frac{4}{10})$ für Schachteln Zweiter Qualität.

Für jede zu prüfende Schachtel gibt es nun zwei Vermutungen, nämlich

Hypothese 1: Die Schachtel enthält Schrauben Erster Qualität, d.h. den Ausschußanteil $p = \frac{1}{10}$, oder: $P(Z = k) = B(5; \frac{1}{10}; k)$;

Hypothese 2: Die Schachtel enthält Schrauben Zweiter Qualität, d.h. den Ausschußanteil $p = \frac{4}{10}$, oder: $P(Z = k) = B(5; \frac{4}{10}; k)$.

Die beiden Hypothesen schließen einander aus; man nennt sie daher auch **Alternativen*** und das Verfahren, das zur Entscheidung zwischen ihnen führt, einen **Test****, hier genauer einen **Alternativtest**. Jede der beiden Hypothesen legt auf dem Ergebnisraum eine Wahrscheinlichkeitsverteilung eindeutig fest, die wir im folgenden kurz mit $P_{0,1}$ bzw. $P_{0,4}$ bezeichnen werden. Da die Hypothesen jeweils durch genau einen Wert für p beschrieben werden, nennt man sie *einfach*. Die Entscheidungsregel der Werkstatt, den Schachtelinhalt als Erste Qualität zu akzeptieren, wenn alle Schrauben bis auf höchstens eine in Ordnung sind, lautet dann in unserem mathematischen Modell: Die Hypothese 1 wird *angenommen*, wenn das Ereignis $A := \text{»}Z \leq 1\text{«}$ eintritt. Das Ereignis A heißt daher »**Annahmebereich** der Hypothese 1«. Das Ereignis $\bar{A} = \text{»}Z > 1\text{«}$ führt, wenn es eintritt, zur Ablehnung der Hypothese 1. Man nennt es den **Ablehnungsbereich**, manchmal auch den »kritischen Bereich« oder die »kritische Region« für die Hypothese 1. $\bar{A}$ ist offensichtlich der Annahmebereich für die Hypothese 2.

Wenn wir die Stichprobe gezogen haben, so liegt sowohl im mathematischen Modell als auch in der Realität das Urteil fest. Da der Ausfall der Stichprobe zufallsbestimmt ist, wird auch unser Urteil vom Zufall diktiert. In zwei von vier denkbaren Fällen wird unser Urteil richtig sein, nämlich

1. wenn die Hypothese 1 zutrifft und A eintritt, oder
2. wenn die Hypothese 2 zutrifft und $\bar{A}$ eintritt.

In der Realität:

1. wenn der Schachtelinhalt Erste Qualität ist und alle 5 geprüften Schrauben bis auf höchstens eine in Ordnung sind, oder
2. wenn der Schachtelinhalt Zweite Qualität ist und mehr als eine der 5 geprüften Schrauben nicht in Ordnung sind.

Falsch hingegen ist das Urteil,

3. wenn die Hypothese 1 zutrifft und $\bar{A}$ eintritt, oder
4. wenn die Hypothese 2 zutrifft und A eintritt.

---

* alter (lat.) = der eine von zweien, der andere.

** Zur Herkunft des Wortes: lat. *testum:* Schüssel; altfranz. *test:* Tiegel für alchimistische Versuche; engl. *test:* Versuch, Prüfung.

In der Realität:
3. wenn der Schachtelinhalt Erste Qualität ist und mehr als eine der geprüften Schrauben nicht in Ordnung sind, oder
4. wenn der Schachtelinhalt Zweite Qualität ist und alle 5 geprüften Schrauben bis auf höchstens eine in Ordnung sind.

Mittels eines Baumes läßt sich die Situation veranschaulichen:

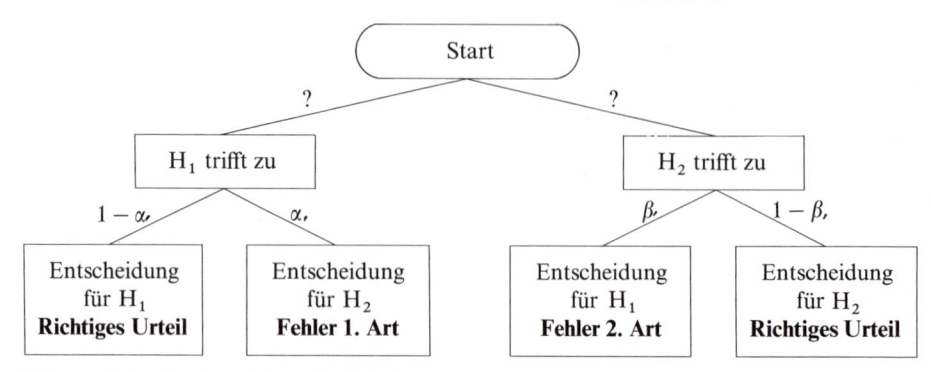

Wie groß ist die Aussicht, ein richtiges Urteil zu fällen? Diese Frage läßt sich nicht pauschal beantworten. Es kommt darauf an, welche Hypothese in Wirklichkeit zutrifft. Ebenso gibt es im allgemeinen zwei verschiedene Wahrscheinlichkeiten für ein Fehlurteil, die wie folgt benannt werden:

$\alpha :=$ Irrtumswahrscheinlichkeit oder Risiko 1. Art;
$\beta :=$ Irrtumswahrscheinlichkeit oder Risiko 2. Art.

α ist die Wahrscheinlichkeit, H_1 abzulehnen, obwohl H_1 in Wirklichkeit zutrifft. In unserem Beispiel 1 (Seite 162) erhalten wir

$\alpha = P_{0,1}(\bar{A}) = P_{0,1}^5(Z > 1) = 0{,}08146$,

entsprechend

$\beta = P_{0,4}(A) = P_{0,4}^5(Z \leq 1) = 0{,}33696$.

Besonders leicht erkennt man die Wahrscheinlichkeiten α und β an den Histogrammen der Wahrscheinlichkeitsverteilungen, die zu den beiden Hypothesen gehören (Figur 164.1).

Fig. 164.1 Wahrscheinlichkeitsverteilung zur Hypothese 1 (Erste Qualität, oben) und Hypothese 2 (Zweite Qualität, unten) von Beispiel 1.
Getönte Flächen: Fehlerwahrscheinlichkeiten 1. Art (α) und 2. Art (β)

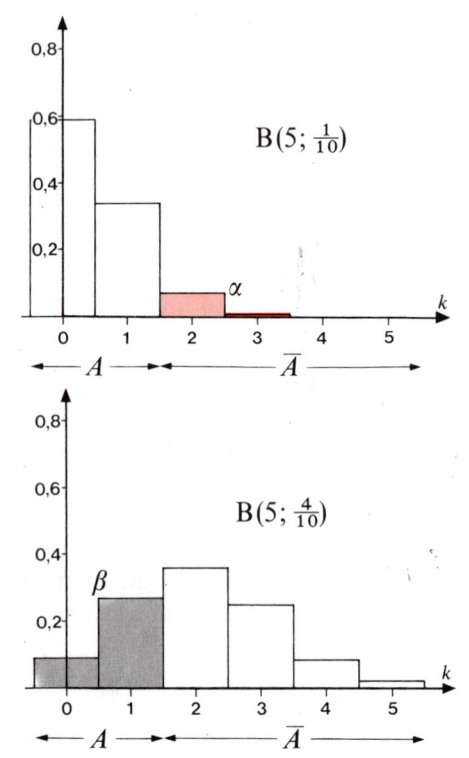

Was besagen nun die beiden Fehlerwahrscheinlichkeiten α und β für die Praxis? Hätte man sehr oft Schachteln mit Schrauben nach dem gegebenen Entscheidungsverfahren zu beurteilen, so würde man in etwa 92% der Fälle, in denen in Wirklichkeit Erste Qualität vorliegt ($p = 0{,}1$), dies aus der Stichprobe richtig erkennen und nur in etwa 8% der Fälle diese Schrauben irrtümlich für Zweite Qualität halten (Fehler 1. Art). Der andere mögliche Irrtum, nämlich Schachteln mit Schrauben Zweiter Qualität für besser zu halten, als sie in Wirklichkeit sind, wird aber in etwa 34% der Fälle vorkommen, in denen Schachteln mit Schrauben Zweiter Qualität untersucht werden (Fehler 2. Art). Unserem Test entspricht also eine recht optimistische Beurteilung der Ware. Es kann sein, daß dies erwünscht ist – daß man vor allem daran interessiert ist, die Erste Qualität nicht irrtümlich zu verwerfen. Dann ist der Test brauchbar. Andernfalls muß er geändert werden. In welcher Richtung, ist klar: Man muß den Annahmebereich für $P_{0,1}$ verkleinern.

Beispiel 2: Das Entscheidungsverfahren von Beispiel 1 (Seite 162) wird wie folgt geändert: Nur wenn alle 5 geprüften Stücke in Ordnung sind, soll die untersuchte Schachtel als Erste Qualität behandelt werden. – Der Annahmebereich für die Hypothese 1 ist also jetzt das Ereignis »$Z = 0$«. Es folgt als Wahrscheinlichkeit

für einen Fehler 1. Art: $\alpha = P^5_{0,1}(Z > 0) = 0{,}40951$,
für einen Fehler 2. Art: $\beta = P^5_{0,4}(Z = 0) = 0{,}07776$.

Die Gefahr, zu viele schlechte Schachteln für gut zu halten, ist gebannt (Wahrscheinlichkeit für den Fehler 2. Art $\approx 8\%$); dafür werden aber nun ca. 41% aller guten Schachteln für schlecht gehalten. Ist man auch mit diesem Resultat nicht zufrieden, so bleibt nur noch der Ausweg, die Stichprobe zu vergrößern. Wenn Zeit und Kosten für die Prüfung der Stücke keine große Rolle spielen, wird man das von vornherein tun. Wir zeigen die Auswirkung in

Beispiel 3: In der Situation von Beispiel 1 (Seite 162) wird eine Stichprobe der Länge 20 gezogen. Figur 166.1 zeigt die beiden möglichen Wahrscheinlichkeitsverteilungen. Die Festsetzung eines Annahmebereichs $A := $»$Z \leq k$« für die Hypothese »$p = 0{,}1$« ist im Bild durch die senkrechte Gerade beim Rechtswert $k + \frac{1}{2}$ angedeutet. In der Zeichnung ist k willkürlich so gewählt, daß sich die beiden Graphen auf der Trennlinie schneiden. Es gilt dann $k = 4$, und die Irrtumswahrscheinlichkeiten sind $\alpha = 0{,}04317 \approx 4\%$ und $\beta = 0{,}05095 \approx 5\%$, also beide recht klein.

Ein Test ist ersichtlich um so zuverlässiger, je größer die Stichprobe ist. Für sehr große Stichprobenlängen n haben die Wahrscheinlichkeitsverteilungen zu den beiden Hypothesen das in Figur 166.2 gezeichnete Aussehen. Die Irrtumswahrscheinlichkeit liegt dann nahe bei null, gleichgültig welche Hypothese zutrifft, falls man nur die Grenze des Annahmebereichs A in das Tal zwischen den beiden Wahrscheinlichkeitsgipfeln legt.

11. Das Testen von Hypothesen

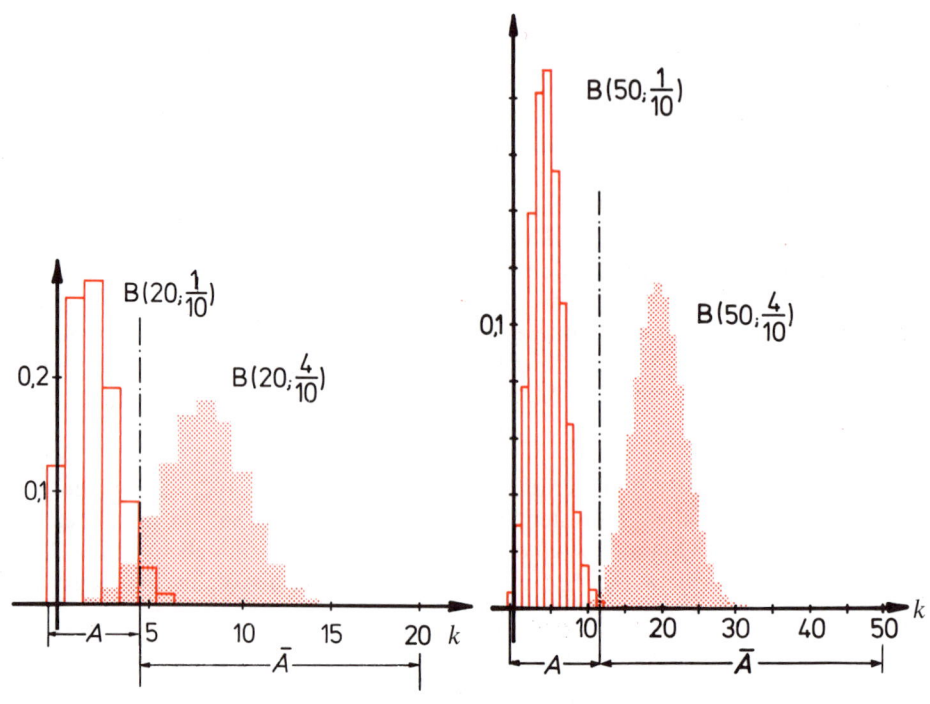

Fig. 166.1 Test der Hypothese »$p = 0{,}1$« gegen die Alternative »$p = 0{,}4$« bei der Stichprobenlänge $n = 20$. Eingezeichneter Annahmebereich für die Hypothese 1: »$Z \leqq 4$«.

Fig. 166.2 Test der Hypothese »$p = 0{,}1$« gegen die Alternative »$p = 0{,}4$« bei der Stichprobenlänge $n = 50$.
$P_{0,1}^{50}(A) \approx P_{0,4}^{50}(\bar{A}) \approx 1$.

Zusammenfassung: Für den Begriff des Tests ist es unwesentlich, daß eine Stichprobe mit Zurücklegen gezogen wird. Es kann sich statt dessen um irgendein anderes Zufallsexperiment handeln. Daher ist in der folgenden Definition nicht von der Binomialverteilung die Rede.

Definition 16: Es seien P_1 und P_2 zwei verschiedene Wahrscheinlichkeitsverteilungen zu ein und demselben Ergebnisraum Ω. Es sei A ein Ereignis in Ω.
Ω, A, P_1 und P_2 bestimmen einen **Test** (für zwei einfache Hypothesen) mit folgender **Entscheidungsregel:**
Tritt A ein, so entscheide »P_1 liegt vor«; tritt dagegen $\bar{A}$ ein, so entscheide »P_2 liegt vor«. P_1 und P_2 heißen Hypothesen oder Alternativen, A heißt Annahmebereich für die Hypothese P_1. Die Wahrscheinlichkeiten für eine Fehlentscheidung sind

$\alpha = P_1(\bar{A})$ (Irrtumswahrscheinlichkeit 1. Art),
$\beta = P_2(A)$ (Irrtumswahrscheinlichkeit 2. Art).

11.2 Test bei 2 einfachen Hypothesen

Die Skizze Figur 167.1 veranschaulicht nochmals die beiden Irrtumswahrscheinlichkeiten. Liegt P_1 vor, dann ist $1-\alpha$ die Sicherheit des Urteils; liegt aber P_2 vor, dann ist $1-\beta$ die Sicherheit des Urteils.

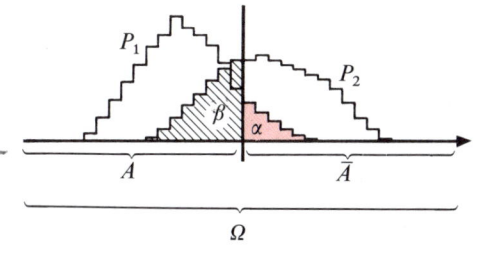

Fig. 167.1 Skizze zum Schema des Tests nach Definition 16

Wie konstruiert man einen Test mit gewünschten Eigenschaften?
In konkreten Situationen sind die beiden Hypothesen vorgegeben; z.B. weiß man, daß der Ausschußanteil in einer Lieferung einen der Werte p_1 oder p_2 hat. Durch Abschätzen des Schadens, den eine Fehlentscheidung 1. bzw. 2. Art verursachen würde, kommt man ferner zu einer Vorgabe für α und β. Stichprobenlänge n und Annahmebereich A für die Hypothese 1 sind nicht vorgeschrieben. Sie sind so zu bestimmen, daß die beiden Gleichungen

$$P^n_{p_1}(A) = 1 - \alpha \quad \text{und} \quad P^n_{p_2}(A) = \beta$$

erfüllt sind – wenigstens näherungsweise. Im allgemeinen können wir diese Gleichungen nur durch Probieren mit Hilfe von Tabellen lösen. Wir zeigen das Vorgehen an

Beispiel 4: In einer Sammlung von Spielsteinen, die die Form von Tetraedern haben, ist ein Teil symmetrisch (jede der 4 verschieden gefärbten Flächen liegt mit gleicher Wahrscheinlichkeit unten), der Rest ist gefälscht (die rote Fläche kommt mit der Wahrscheinlichkeit $\frac{1}{2}$ nach unten zu liegen). Durch mehrmaliges Werfen eines Tetraeders soll entschieden werden, zu welcher Sorte es gehört. Der Fehler, ein symmetrisches Tetraeder für gefälscht zu halten, sei nicht so gravierend. Er darf mit der Wahrscheinlichkeit 20% auftreten. Dagegen soll ein gefälschtes Tetraeder mit 95% Sicherheit als ein solches erkannt werden. Wie oft muß man werfen, und wie ist zu entscheiden?

Lösung:
Stichprobenlänge: n; Testgröße: $Z :=$ Anzahl der Würfe, bei denen die rote Fläche unten liegt.
Hypothese 1: $P(Z=k) = B(n; \frac{1}{4}; k)$ $\quad (k = 0, \ldots, n)$;
Hypothese 2: $P(Z=k) = B(n; \frac{1}{2}; k)$ $\quad (k = 0, \ldots, n)$.
Annahmebereich für die Hypothese 1: $A = \text{\guillemotright} Z \leq k_0 \text{\guillemotleft}$.
Unbekannt sind n und k_0. Sie sind aus den beiden folgenden Gleichungen zu bestimmen:

$$P^n_{0,25}(Z > k_0) = 0,2; \qquad P^n_{0,5}(Z \leq k_0) = 0,05.$$

Die erste Gleichung formen wir noch um zu $P^n_{0,25}(Z \leq k_0) = 0,8$.

In der Tabelle für die kumulativen Werte der Binomialverteilung muß also eine Zeile gefunden werden, die in der Spalte für $p = 0,25$ die Zahl 0,8 und in der Spalte für $p = 0,5$ die Zahl 0,05 enthält. Weil in den Tabellen gewöhnlich die Werte n nur sehr grob gestaffelt sind, können wir keine sehr genaue Lösung erwarten. Wir finden für $n = 20$ in der Zeile $k = 6$ die Werte 0,78578 und 0,05766 und wollen uns mit ihnen begnügen. Dann lautet die Entscheidungsregel:
Wirf ein Tetraeder 20mal. Liegt die rote Fläche höchstens 6mal unten, so entscheide »das Tetraeder ist symmetrisch«.
Der Fehler, ein symmetrisches Tetraeder für gefälscht zu halten, tritt dann mit der Wahrscheinlichkeit $\alpha = 21,4\%$, der entgegengesetzte Fehler mit der Wahrscheinlichkeit $\beta = 5,8\%$ auf.

11.3. Signifikanztest

Die Welt um uns ist so kompliziert, daß wir nur selten in die Lage kommen, uns zwischen zwei klar definierten einfachen Hypothesen entscheiden zu müssen, so wie es in 11.2. angenommen wurde. Meist ist die Auswahl viel größer, die Entscheidung demgemäß schwieriger. Bisweilen kann man aber *eine* der vielen Möglichkeiten gegen alle anderen stellen und sich für diese eine entscheiden oder nicht. Dann kommt man wieder zu einfachen Testverfahren.

Beispiel 5: Der Teetassen-Test*. Lady X. behauptet, sie könne es am Geschmack erkennen, ob der Tee zuerst in der Tasse war und die Milch dazugegeben wurde, oder ob man umgekehrt den Tee auf die Milch gegossen habe. Wir glauben das nicht. Wir setzen Lady X. 10 Tassen Tee mit Milch vor, die in beliebiger – uns bekannter – Weise gefüllt worden sind.
Ehe nun Lady X. probiert, wollen wir uns wieder ein mathematisches Modell für dieses reale Zufallsexperiment zurechtlegen. Das Probieren der Tassen entspricht einer *Bernoulli*-Kette der Länge 10; Treffer beim i-ten Versuch ist das Ereignis »Lady X. beurteilt die i-te Tasse richtig«. Wenn Lady X. sich aufs bloße Raten verlegte, könnte sie genausogut mit einer Laplace-Münze werfen. In diesem Fall hätte also der Parameter der *Bernoulli*-Kette den Wert $\frac{1}{2}$. Besitzt Lady X. hingegen eine Begabung der behaupteten Art, so ist die Wahrscheinlichkeit p für einen Treffer größer als $\frac{1}{2}$. ($p < \frac{1}{2}$ würde bedeuten, daß Lady X. den Sachverhalt zwar mit gewisser Sicherheit richtig erkennen kann, ihn aber verkehrt benennt. Das hätte sie wohl bei eigenen Versuchen längst selbst bemerkt.) Der Wert p ist also ein Maß für die Begabung von Lady X.; je größer p ist, um so begabter ist sie. Wir können nun die Hypothese aufstellen »Lady X. hat keine Begabung«, kurz »Lady X. rät blind«. Zu ihr gehört die Wahrscheinlichkeitsverteilung $B(10; \frac{1}{2})$ für die Anzahl der Treffer. Die Gegenhypothese lautet »Lady X. ist begabt«. Sie läßt sich nicht durch einen einzigen Parameterwert beschreiben; alle Zahlen $p \in]\frac{1}{2}; 1]$ sind möglich. Es gibt somit unendlich viele Wahrscheinlichkeitsverteilungen zu dieser Hypothese. Man nennt Hypothesen, zu denen mehrere Wahrscheinlichkeitsverteilungen gehören, *zusammengesetzt*.

* Dieses Beispiel stammt von dem bedeutenden Statistiker *Sir Ronald Aylmer Fisher* (1890–1962). Siehe S. 197.

Von vorneherein neigen wir dazu, die Hypothese »Lady X. rät blind« anzunehmen. Nur durch beeindruckende, »signifikante« Versuchsergebnisse werden wir uns von dieser Meinung abbringen lassen. Man nennt eine Hypothese, die man nur mit gutem Grund aufgibt, **Nullhypothese.** Sie ist also diejenige Hypothese, bei der man den Fehler, sie abzulehnen, obwohl sie in Wirklichkeit zutrifft, möglichst klein halten will. Unser Standpunkt wird sich auf die *Entscheidungsregel* auswirken, die wir nun aufzustellen haben.

Die Testgröße Z sei die Anzahl der richtig beurteilten Tassen; also $\Omega = \{0, \ldots, 10\}$. Wir wollen nicht allzu streng sein und die Nullhypothese bereits aufgeben, wenn mindestens 7 Tassen richtig beurteilt werden. Damit ist der Annahmebereich für die Nullhypothese: $A = \text{»}Z \leq 6\text{«}$.

Nun lassen wir das reale Zufallsexperiment ablaufen. Lady X. probiert und erkennt 8 der 10 Tassen richtig. Wir sind auf Grund der Entscheidungsregel gezwungen, die Nullhypothese zu verwerfen und Lady X. eine besondere Begabung zuzugestehen. Welche Eigenschaften hat unser Test?
Als Fehler 1. Art werde das irrtümliche Verwerfen der Nullhypothese bezeichnet. Es gilt also: Risiko 1. Art $\alpha = P_{0,5}^{10}(Z > 6) = 0{,}17187 \approx 17\%$.

Dies bedeutet, daß wir solchen Damen, die nur blindlings raten, in immerhin 17% aller Fälle eine Begabung attestieren würden, in 83% der Fälle aber bei der Nullhypothese blieben. Wir würden also mit einer Sicherheit von 83% blindes Raten als solches erkennen. Wie steht es nun mit dem Risiko 2. Art, eine wirklich begabte Lady X. zu verkennen? Leider gibt es keinen eindeutigen Wert β; denn die Alternative »Lady X. ist begabt« setzt sich ja aus unendlich vielen Wahrscheinlichkeitsverteilungen B(10; p) zusammen ($p > 0{,}5$). Zu jedem p gehört ein eigenes β. Zum besseren Verständnis berechnen wir für einige Werte von p das zugehörige β und stellen die Ergebnisse graphisch dar (Tabelle 169.1 und Figur

p	$\beta = P_p^{10}(Z \leq 6)$
0,51	0,81
55	73
60	62
65	49
70	35
75	22
80	12
85	05
90	01
95	001
99	0000

Tab. 169.1 Risiko 2. Art beim Experiment von Beispiel 5 für den Annahmebereich »$Z \leq 6$« der Nullhypothese

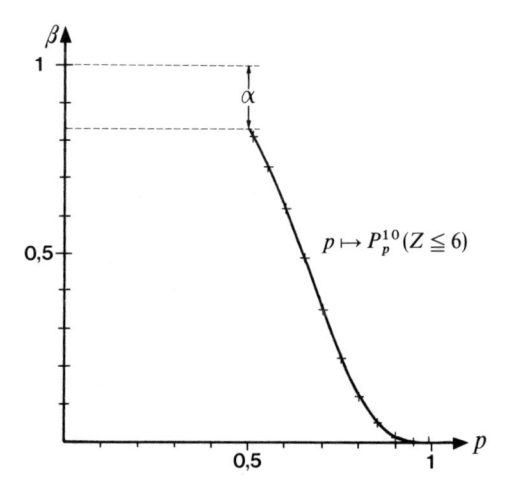

Fig. 169.1 Schaubild zu Tabelle 169.1

169.1). Wir erkennen: Besitzt Lady X. nur geringe Begabung, d. h. ist p nur wenig größer als $\frac{1}{2}$, so ist β groß und nähert sich für $p \to \frac{1}{2}$ dem Wert $1 - \alpha = 83\%$. Schwache Begabungen werden also leicht verkannt. Eine Begabung von $p = 0{,}75$ wird noch mit 22% Wahrscheinlichkeit nicht anerkannt! Starke Begabungen werden dagegen mit großer Sicherheit erkannt ($\beta \to 0$ für $p \to 1$). Wir können zufrieden sein: Der unangenehme Fall, daß Lady X. nur flunkert und wir ihr dennoch hohe Sensibilität bescheinigen, tritt nur mit 17% Wahrscheinlichkeit ein. Daß wir andererseits u. U. einer wirklich begabten Dame Unrecht antun, nehmen wir in Kauf, in der Gewißheit, daß sich das Genie so oder so eines Tages durchsetzen wird.

Es kann natürlich der Einwand kommen, unsere Entscheidungsregel sei zu großzügig; ein Risiko 1. Art von 17% sei untragbar. Nun – unsere Lady hätte auch einen strengeren Test noch bestanden: Auch mit dem Annahmebereich $A' = \text{»}Z \leq 7\text{«}$ für die Nullhypothese hätten wir bei 8 richtig beurteilten Tassen Tee noch auf Begabung erkennen müssen.

p	$\beta = P_p^{10}(Z \leq 7)$
0,51	0,94
55	90
60	83
65	74
70	62
75	47
80	32
85	18
90	07
95	01
99	0001

Tab. 170.1 Wie Tabelle 169.1, jedoch für den Annahmebereich »$Z \leq 7$«.

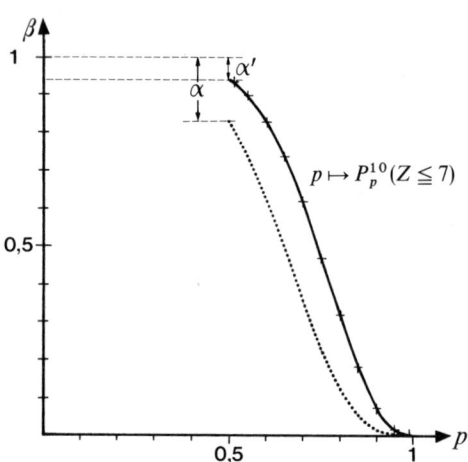

Fig. 170.1 Schaubild zu Tabelle 170.1. Zum Vergleich ist punktiert der Graph von Figur 169.1 beigefügt.

Die Eigenschaften des strengeren Tests zeigen Tabelle 170.1 und Figur 170.1. Das Risiko 1. Art wäre nur mehr $\alpha' = P_{0,5}^{10}(Z > 7) = 5{,}5\%$. Dafür werden aber schwache Begabungen kaum mehr erkannt, und auch das ausgesprochene Genie tut sich schwerer, erkannt zu werden! Die von Lady X. wirklich erbrachte Leistung erscheint bei Anwendung des strengeren Tests in einem noch günstigeren Licht. Wir haben Anlaß zu der nachdenklichen Frage: Warum haben wir überhaupt die Entscheidungsregel mit $A = \text{»}Z \leq 6\text{«}$ diskutiert und nicht gleich das strengere Verfahren? Kann man am Ende Entscheidungsregeln finden, die noch besser zu unserem Versuchsausgang (8 richtig erkannte Tassen) passen, und zwar im Sinne einer Verkleinerung des Risikos 1. Art? Darf man sich denn das Entscheidungsverfahren nachträglich anhand des Versuchsergebnisses aussuchen?

Wesentlich an den statistischen Verfahren ist, daß man für die Richtigkeit der Urteile eine Wahrscheinlichkeit berechnen kann. Diese Wahrscheinlichkeit hat aber nur dann eine praktische Bedeutung, wenn man öfters Urteile nach dem gleichen Verfahren abgibt. Dann ist nämlich ungefähr der Anteil der Urteile richtig, welcher gleich dieser Wahrscheinlichkeit ist. Wechselt man aber das Verfahren nach Bedarf, also letzten Endes zufallsbestimmt, so verlieren die errechneten Wahrscheinlichkeiten jeden Sinn, und man kann sie dann auch nicht mehr als Beleg für irgendwelche Behauptungen anführen. Bei der Vielzahl verschiedener Tests, die man in einem Handbuch der mathematischen Statistik finden kann, ist natürlich die Versuchung groß, sich einen solchen auszusuchen, der irgendeine erwünschte Aussage am besten »bestätigt«. *Vor einem derartigen Mißbrauch der Statistik muß daher ganz besonders gewarnt werden.*

In unserem Fall sind wir jedoch korrekt vorgegangen. Alle in Betracht gezogenen Tests haben die Eigenschaft, begabte von unbegabten Ladies mehr oder minder scharf zu trennen, können also sinnvoll auf das ausgeführte Experiment angewandt werden. Der Test mit dem Annahmebereich »$Z \leq 7$« führt gerade noch zur Ablehnung der Nullhypothese, der nächststrengere mit »$Z \leq 8$« bereits nicht mehr. Wir können daher die von Lady X. gezeigte Leistung wie folgt beschreiben:

– Die Nullhypothese »blindes Raten« wird verworfen.
– Bei vorsichtigster Beurteilung des Versuchsausgangs (Test mit dem kleinstmöglichen Risiko 1. Art) ist die Wahrscheinlichkeit für ein Fehlurteil dabei 5,5%.

Dies ist nichts anderes als eine quantitative Verschärfung der Aussage, daß Lady X. die Teetassen »sehr gut« beurteilt hat.

Wir fassen zusammen:

> Beschränkt man sich bei einem Test darauf, nur für die eine der beiden Hypothesen die Wahrscheinlichkeit α der fälschlichen Ablehnung klein zu machen, so spricht man von einem **Signifikanztest**. Man nennt diese Hypothese dann **Nullhypothese** und α das **Signifikanzniveau**. Ein Versuchsergebnis, das zur Ablehnung der Nullhypothese führt, heißt »signifikant auf dem Niveau α«.

Das Ergebnis von Lady X. ist also signifikant auf dem Niveau 5,5% (und folglich auch auf jedem höheren Niveau, z. B. auf dem 10%-Niveau), jedoch nicht mehr signifikant auf einem niedrigeren Niveau, z. B. auf dem 5%-Niveau.

Ein Wissenschaftler findet sich oft in die Lage versetzt, einen Signifikanztest ausführen zu müssen. Nehmen wir an, er hat irgendeinen interessanten Effekt beobachtet (»8 Tassen richtig erkannt«), der mit den gängigen Anschauungen der Wissenschaft ($p = \frac{1}{2}$) nicht verträglich ist. Er stellt eine neue Hypothese auf ($p > \frac{1}{2}$) und prüft sie durch weitere Experimente. Peinlich wäre es, wenn er seine neue Hypothese bekanntgäbe, obwohl sie falsch ist und der gefundene Effekt nur eine zufällige Abweichung von der Norm war (Fehler 1. Art). Dagegen ist es nicht so schlimm, wenn der Wissenschaftler selbstkritisch und bescheiden auf seine neue Theorie verzichtet (obwohl sie in Wirklichkeit stimmt), weil seine Versuchsergebnisse zufällig nicht deutlich genug dafür sprechen (Fehler 2. Art). Er wird also Entscheidungsverfahren benützen, die auf jeden Fall die Wahrscheinlichkeit α für den Fehler 1.Art klein halten, und sich um den Fehler 2.Art nicht weiter kümmern.

Auf Signifikanztests ist man immer dann angewiesen, wenn man über die Menge der möglichen Alternativen noch keine begründeten Annahmen machen kann, wie im folgenden

Beispiel 6: Zwei verschiedene Düngemittel X und Y sollen verglichen werden. 20 Versuchsfelder werden je zur Hälfte mit X und mit Y gedüngt. Auf 13 Feldern bringt X einen größeren Ertrag als Y, auf den übrigen ist es umgekehrt. Da weitere Anhaltspunkte fehlen, ist eine plausible Nullhypothese: »X und Y sind gleich wirksam«. Wenn sie richtig ist, sind Abweichungen der Erträge in der einen oder anderen Richtung gleich wahrscheinlich. Nennen wir den Mehrertrag bei Düngung mit X einen »Treffer«, so gilt bei Vorliegen der Nullhypothese P_0:

$$P_0(\text{»genau } k \text{ Treffer«}) = B(20; \tfrac{1}{2}; k).$$

Die Trefferzahl 10 ist am wahrscheinlichsten; Trefferzahlen darüber und darunter haben symmetrisch abfallende Wahrscheinlichkeiten. Es bietet sich an, auch den Annahmebereich für die Nullhypothese symmetrisch um 10 zu legen; wählen wir $A := \text{»}7 \leq Z \leq 13\text{«}$, so wird die Nullhypothese bei dem wirklichen Versuchsausgang gerade noch nicht abgelehnt. Es gilt dann

$$\alpha = P_0(\bar{A}) = 2 \cdot P_{0,5}^{20}(Z \leq 6) = 11{,}5\%.$$

Wir können sagen: Selbst bei einem recht großzügigen Maßstab (Signifikanzniveau 11,5%) haben wir keinen Grund, von der Nullhypothese abzugehen. Die Düngemittel haben sich nicht als »signifikant« verschieden erwiesen.

Machen wir einmal die Gegenprobe mit einer angenommenen Alternative! Die Wahrscheinlichkeit für »X-Ertrag > Y-Ertrag« sei auf dem Einzelfeld $p = 0{,}7$, also merklich von 0,5 verschieden. Dann würde das Ereignis A mit der Wahrscheinlichkeit

$$P_{0,7}^{20}(7 \leq Z \leq 13) = P_{0,7}^{20}(Z \leq 13) - P_{0,7}^{20}(Z \leq 6) \approx 39\%$$

eintreten und einen Fehler 2. Art verursachen, nämlich die Düngemittel für gleichwertig zu halten, obwohl X besser ist. Diese Wahrscheinlichkeit ist durchaus nicht niedrig, aber bedeutend niedriger als $1 - \alpha = 88{,}5\%$, der Wert für ein sehr nahe bei 0,5 gelegenes p.

Industrieprodukte werden selten so vorurteilslos verglichen, wie wir es hier dargestellt haben. Meist liegt eine Konkurrenzsituation vor:

Beispiel 7: Der Hersteller behauptet, Dünger X sei besser als Dünger Y. Wie ist nun sinnvoll zu testen? Wenn wir die Behauptung »$p > 0{,}5$« des Herstellers stützen oder ihr widersprechen wollen, so müssen wir sie gegen die andere Behauptung »$p \leq 0{,}5$« stellen. Damit kommen wir eigentlich nicht mehr mit einer *einfachen* (nur einen einzigen Wert von p enthaltenden) Nullhypothese aus. Wir wollen aber die Möglichkeit $p < 0{,}5$, d.h. »X schlechter als Y«, zunächst außer acht lassen, also wieder mit der Nullhypothese »$p = 0{,}5$« von Beispiel **6** (Seite 172) arbeiten. Trotzdem können wir den Annahmebereich des vorigen Beispiels nicht beibehalten. Er würde ja bei extrem wenigen Treffern, z.B. $Z = 3$, zur Ablehnung der Nullhypothese, also dazu führen, daß wir dem Hersteller recht geben müßten! Wir werden statt dessen eine Höchstzahl von Treffern festsetzen, bis zu der wir bei der Nullhypothese »$p = 0{,}5$« bleiben, z.B. $A := $»$Z \leq 13$«. Dann wird die Nullhypothese wieder beim wirklichen Versuchsausgang (auf 13 Feldern hat X einen größeren Ertrag gebracht als Y) gerade noch nicht abgelehnt. Es folgt

$$\alpha = P_{0,5}^{20}(Z > 13) = P_{0,5}^{20}(Z \leq 6) = 5{,}8\%.$$

Wenn wir also weiterhin bei der Nullhypothese bleiben wollen, dann ist das nur auf einem niedrigeren Signifikanzniveau möglich, d.h. unter einem strengeren Maßstab als in Beispiel **6** (Seite 172).
Wie steht es jetzt mit dem Fehler 2. Art? Wir erproben wieder $p = 0{,}7$:
$\beta = P_{0,7}^{20}(A) = P_{0,7}^{20}(Z \leq 13) \approx 39\%$, nahezu derselbe Wert wie früher. – Wenn aber nun das Düngemittel Y besser, also $p < 0{,}5$, beispielsweise $p = 0{,}3$ ist? Dann gilt $\beta = P_{0,3}^{20}(A) = P_{0,3}^{20}(Z \leq 13) = 99{,}97\%.$

Das Ereignis A tritt praktisch mit Sicherheit ein; es ist so gut wie ausgeschlossen, daß der Zufall dem Düngemittelhersteller recht gibt! Dies entspricht genau unserer Absicht. Erweitern wir also die Nullhypothese zur Behauptung »$p \leq 0{,}5$«, so haben wir einen brauchbaren Signifikanztest. (Daß für alle $p < 0{,}5$ die Wahrscheinlichkeit von A große Werte hat, ist plausibel und auch beweisbar; wir gehen darauf nicht ein.)
Man nennt den Test von Beispiel **6** (Seite 172) **zweiseitig**, weil bei ihm der Annahmebereich der Nullhypothese auf beiden Seiten vom Ablehnungsbereich flankiert wird; der zuletzt in Beispiel **7** besprochene Test heißt dagegen **einseitig** (Figur 173.1).

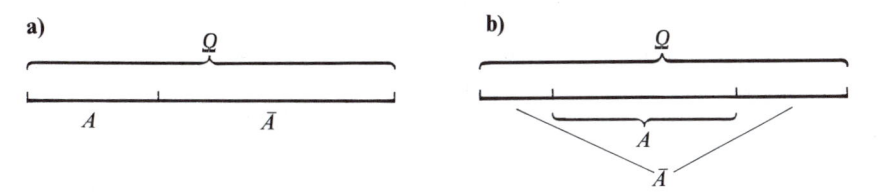

Fig. 173.1 Annahmebereich A und Ablehnungsbereich (kritischer Bereich) $\bar{A}$ für die Nullhypothese a) bei einseitigem, b) bei zweiseitigem Test

> Signifikanztests sind ein- oder zweiseitig anzulegen, je nachdem, welche Alternativhypothesen in Frage kommen. Maßgeblich ist dabei die Forderung, daß in größerem Abstand von der Nullhypothese die Fehlerwahrscheinlichkeiten klein werden müssen.

Wie groß dürfen Fehlerwahrscheinlichkeiten eigentlich sein? – Dies ist wieder eine Entscheidung, die uns die Mathematik nicht abnehmen kann, es sei denn, wir besitzen weitere Informationen, u.a. über die Höhe des Schadens, der durch ein Fehlurteil entsteht. In der Praxis sind solche Informationen oft nicht erhältlich, und man setzt traditionsgemäß die Fehlerwahrscheinlichkeiten auf 1% oder $1^0/_{00}$ fest. Die Ungewißheit beim Zufallsexperiment kann auch durch ausgeklügelte statistische Verfahren nicht aus der Welt geschafft werden! Sie kann nur so weit zurückgedrängt werden, daß sie gegenüber anderen Ungewißheiten, die wir durch die Stochastik sowieso nicht erfassen können, keine Rolle mehr spielt.

Führt beispielsweise ein Meinungsforschungsinstitut eine Umfrage durch: »Kennen Sie das Waschmittel Lunil?«, so läßt sich bei genügend großer Stichprobe mit beliebig hoher Sicherheit beurteilen, ob mehr als die Hälfte der Hausfrauen darauf mit Ja antworten würden. Aber diese Sicherheit ist nichts wert, wenn es höchst ungewiß ist, welche Konsequenzen die einzelne Hausfrau aus ihrer »Kenntnis« von Lunil ziehen wird. Das vollkommenste statistische Verfahren kann einen grundlegenden Mangel in der Fragetechnik nicht beheben!

11.4. Ausblick auf weitere Verfahren der mathematischen Statistik

Wir haben unsere Betrachtungen auf die Testverfahren beschränkt, bei denen man sich für eines von zwei einander ausschließenden Urteilen (Nullhypothese oder Alternative) entscheidet. Wenn man keinen triftigen Grund hat, die in Frage kommenden Möglichkeiten in zwei Klassen einzuteilen, muß ein Test gekünstelt erscheinen. Mißt man z.B. die Länge eines Tisches, so kann der Test »Ist die Länge < 120 cm oder ist sie ≥ 120 cm?« sinnvoll sein, wenn nämlich der Tisch in eine Nische dieser Länge passen soll. Andernfalls aber möchte man eben einfach wissen, wie lang der Tisch ist, ohne eine solche Grenzziehung. Der Statistiker wird dann keinen Test, sondern eine **Schätzung** ausführen. Ist der Tisch mehrmals gemessen worden, so kann man alle Meßwerte zu einem *Schätzwert* für die Länge verarbeiten; die Abweichungen der Meßwerte untereinander geben zusätzlich ein Maß für die *Genauigkeit* des Schätzwerts. Schätzungen führen wir alle im täglichen Leben oftmals aus, ohne dazu einen mathematischen Apparat zu benötigen. Wir schätzen die Länge eines Tisches oder die Geschwindigkeit eines Autos. Die Schätzverfahren der Stochastik führen zu Urteilen von der Art »Die Länge des Tisches liegt zwischen 119 und 123 cm«, wobei man es wieder so einrichten kann, daß die Wahrscheinlichkeit für ein Fehlurteil einen angebbaren Wert hat.

Das Problem des Schätzens führt uns auch an den Anfang der Wahrscheinlichkeitsrechnung zurück. Wir beobachten, daß bei der oftmaligen Wiederholung eines Experiments die Häufigkeiten eines gewissen Ereignisses sich stabilisieren. Wir idealisieren diesen Sachverhalt durch die Annahme, zu dem Ereignis gehöre eine gewisse Zahl p, genannt seine Wahrscheinlichkeit. Die Ereignishäufigkeit ist ein *Schätzwert* für p, der in der Regel falsch sein wird. Die mathematische Statistik kann uns Verfahren liefern, die Schätzung zu verbessern; es bleibt aber dabei, daß die Zahl p aus den Versuchen niemals zweifelsfrei bestimmt werden kann.

11.4 Ausblick auf weitere Verfahren der mathematischen Statistik

In manchen Fällen ist es völlig klar, daß p einen wohlbestimmten Wert hat, auch wenn wir ihn nicht kennen, z. B. wenn wir aus einer Urne Kugeln ziehen und nachsehen, ob sie schwarz sind oder nicht. Durch Öffnen der Urne und Nachzählen könnten wir uns die Kenntnis von p verschaffen.
Problematischer ist es schon, wenn die »Urne« die Bevölkerung eines ganzen Landes ist, aus der eine Person ausgewählt und etwa festgestellt wird, ob sie größer als 180 cm ist oder nicht. Denn das Auszählen der ganzen »Urne« zur Bestimmung von p ist hier eine sehr kostspielige – u. U. auch praktisch undurchführbare – Sache. Dennoch hat natürlich auch hier p einen ganz bestimmten Wert – eben den Bruchteil von über 180 cm großen Menschen in der Gesamtbevölkerung –, auch wenn wir ihn niemals genau erfahren können.
Nehmen wir nun aber den Münzenwurf! Hier ist es prinzipiell unmöglich, die Zahl p »hintenherum« durch Auszählen einer Urne oder dergleichen zu bekommen. Es könnte nur eine physikalische Theorie der Bewegung von Münzen helfen – ein Problem der theoretischen Mechanik, das aber wohl hoffnungslos schwierig wäre.
Die Annahme, p habe trotzdem auch bei der Münze einen ganz bestimmten Wert, bleibt also eine *Fiktion*, allerdings eine Fiktion, die sich in der Erfahrung glänzend bewährt. Genauso ist die Sachlage beim Würfeln oder beim Schießen auf ein Ziel.
Betrachten wir aber nochmals das Experiment des Ziehens von Kugeln aus der Urne! Nur scheinbar ist hier $p = P$ (»Die Kugel ist schwarz«) eine wohlbestimmte Zahl. Denn wenn wir rechnen: $p = \dfrac{\text{Zahl der schwarzen Kugeln}}{\text{Zahl aller Kugeln}}$, so stecken wir ja stillschweigend die Voraussetzung der *Gleichwahrscheinlichkeit* aller Ergebnisse hinein – ganz abgesehen von der weiteren Voraussetzung, daß die Einzelversuche einander nicht beeinflussen!
Die Annahme der Gleichwahrscheinlichkeit scheint zwar weniger tiefgehend zu sein als etwa die Annahme, daß bei einer Münze $P(\text{»Adler«}) = 0{,}5$ sei; sie ist aber im Grunde ebenso problematisch.
Wir erkennen also: Ganz allgemein ist »die« Wahrscheinlichkeit eines Versuchsergebnisses eine fiktive Zahl. Es ist aber sehr vernünftig, mit dieser Fiktion zu arbeiten, denn die Ergebnisse der Theorie beschreiben in völlig befriedigender Weise die Wirklichkeit.
Jede exakte Wissenschaft lebt von Fiktionen, oder, freundlicher ausgedrückt, *Idealisierungen*. Man denke nur etwa an die Begriffe »Länge eines Stabes«, »Masse eines Wasserstoff-Atoms«, »Ladung eines Elektrons«. Auch diese Größen sind letzten Endes aus Zufallsexperimenten, nämlich oftmals wiederholten Messungen, gewonnen und sind deshalb nicht weniger problematisch als unsere Wahrscheinlichkeiten p. Das Erstaunliche ist, daß die Idealisierungen offenbar genau das Richtige treffen insofern, als es mit ihnen gelingt, die Erfahrung zutreffend zu beschreiben. Der Wissenschaftler ist hiervon immer wieder aufs neue fasziniert.
»... Daß die Mathematik in irgendeiner Weise auf die Gebilde unserer Erfahrung paßt, empfand ich als außerordentlich merkwürdig und aufregend« schreibt *Werner Heisenberg* (1901–1976) in seinen Erinnerungen.*

---
* W. *Heisenberg*: Das Naturbild der heutigen Physik, Hamburg: Rowohlt 1972, S. 39.

Aufgaben

Zu 11.2.

1. Bei einer Urne soll ermittelt werden, ob sie 6 rote und 4 grüne Kugeln oder umgekehrt 4 rote und 6 grüne Kugeln enthält. Es ist eine Stichprobe der Länge 5 mit Zurücklegen erlaubt.
   a) Welches Entscheidungsverfahren erscheint als einziges vernünftig? Zu welchen Irrtumswahrscheinlichkeiten führt es?
   b) 10 Personen haben den Test gemäß **a)** ausgeführt, und 6 haben falsch geurteilt. Kann man diese Abweichung vom »Ideal« noch als zufällig bezeichnen?

2. Jemand wählt beim Problem der vorigen Aufgabe das folgende Entscheidungsverfahren: Entscheidung für »6 rote Kugeln in der Urne« genau dann, wenn die ersten 3 gezogenen Kugeln rot sind. Berechne die Irrtumswahrscheinlichkeiten!

• 3. Durch eine Stichprobe mit Zurücklegen der Länge n soll bei einer Urne zwischen den beiden Möglichkeiten der Aufgabe **1** entschieden werden. n sei ungerade, und beide Irrtumswahrscheinlichkeiten sollen gleich groß gemacht werden. Berechne die Irrtumswahrscheinlichkeiten für $n = 1, 3, \ldots$, soweit dies mit der zur Verfügung stehenden Tabelle möglich ist.

4. Bei der Züchtung einer gewissen Blumensorte erhält man rote und weiße Exemplare. Eine der beiden Farben ist ein »dominantes« Merkmal und muß nach den Vererbungsgesetzen mit der Wahrscheinlichkeit $\frac{3}{4}$ auftreten. In einem Kreuzungsversuch ergeben sich 15 Nachkommen. Mit welcher Wahrscheinlichkeit irrt man sich, wenn man die dabei häufiger auftretende Farbe für dominant hält?

5. Beim Test von Aufgabe **1** seien nur 4 Ziehungen erlaubt. Jemand ist in Verlegenheit wegen des Annahmebereichs und hilft sich wie folgt: Wenn genau 2 rote Kugeln gezogen werden, wirft er eine Laplace-Münze und entscheidet sich für »4 grüne Kugeln in der Urne«, wenn der Adler erscheint. Bei mehr oder weniger als 2 roten Kugeln in der Stichprobe wird entsprechend wie in Aufgabe **1** entschieden. Berechne die Fehlerwahrscheinlichkeiten!

• 6. a) Bestimme in Beispiel **1** (Seite 162) die Fehlerwahrscheinlichkeiten 1. Art α und 2. Art β für jeden Annahmebereich $A_k := $»$Z \leq k$« ($k = 0, \ldots, 5$) und stelle jedes A_k durch einen Punkt in einem α-β-Diagramm dar.
   b) Wähle noch 4 andere Annahmebereiche und trage sie ins Diagramm ein. Prüfe, ob bei einem von ihnen sowohl α als auch β oder wenigstens $\alpha + \beta$ kleiner ist als bei allen A_k!

7. Aus einer Urne mit 7 Kugeln werden 3 Stück *ohne* Zurücklegen entnommen. Nach der Zahl Z schwarzer Kugeln in dieser Stichprobe wird entschieden, ob in der Urne 2 oder 4 schwarze Kugeln sind.
   a) Ermittle die beiden Wahrscheinlichkeitsverteilungen und stelle sie graphisch dar.
   •b) Suche unter allen denkbaren Annahmebereichen für die Hypothese »2 schwarze Kugeln«, d.h. unter allen Teilmengen von $\{0, 1, 2, 3\}$, denjeni-

gen aus, bei dem die Summe der Fehlerwahrscheinlichkeiten am kleinsten ist.

8. Man berechne die Irrtumswahrscheinlichkeiten für einen Test mit $n = 100$ und $A := \text{»}Z \leq 22\text{«}$ (übrige Daten wie Beispiel **1**, Seite 162).

9. Welche »Entscheidungsregel« erhält man, wenn man A gegenüber Beispiel **2** (Seite 165) noch weiter verkleinert?

10. Bei dem einen von 2 Spielautomaten ist die Gewinnwahrscheinlichkeit auf 0,45 eingestellt, bei dem andern versehentlich auf 0,55. Man darf an einem der Automaten n-mal spielen und soll dann entscheiden, ob es der für den Spieler günstigere ist.
   a) Wie hat die Entscheidungsregel zu lauten? (Beachte Aufgaben **1** und **5**!)
   b) Für welche n der Binomialtabelle beträgt die Urteilssicherheit wenigstens 70%?

11. Für das Entscheidungsverfahren zu Beispiel **1** (Seite 162) macht ein Mitarbeiter der Werkstatt folgenden Vorschlag: Es werden nacheinander Schrauben aus der gewählten Schachtel geprüft. Sind die ersten 3 Stück in Ordnung, so entscheidet man »$p = 0,1$«, andernfalls »$p = 0,4$«.
   a) Wie groß sind die Fehlerwahrscheinlichkeiten α und β dieses Tests?
   •**b)** Zeichne das α-β-Diagramm für die Regeln »Entscheidung für $p = 0,1$, wenn die ersten k Schrauben in Ordnung sind«, $k = 1, 2, \ldots, 5$.
   •**c)** Trage in das Diagramm von **b)** auch die Regeln »Entscheidung für $p = 0,4$ genau dann, wenn die ersten k Schrauben Ausschuß sind« ein ($k = 1, 2, 3$)!

•**12.** Begründe folgende Aussage: Zeichnet man das α-β-Diagramm der Fehlerwahrscheinlichkeiten für alle überhaupt möglichen Annahmebereiche zu einem Zufallsexperiment und zwei einfachen Hypothesen, so erhält man eine Punktmenge mit dem Symmetriezentrum $(\frac{1}{2}; \frac{1}{2})$.

13. In einer Schießbude gibt es sehr gute und mittelmäßige Gewehre (Treffwahrscheinlichkeiten 0,9 bzw. 0,7). Weil bei einem davon die geheime Kennzeichnung unleserlich geworden ist, macht der Besitzer mit ihm 20 Probeschüsse. Er weiß, daß ihm der Fehler, ein schlechtes Gewehr fälschlich für ein gutes zu halten, mehr Schaden bringt als der umgekehrte Irrtum (Verärgerung anspruchsvoller Kunden!). Er möchte daher die Wahrscheinlichkeit für diesen Fehler nur etwa halb so groß machen wie die für den zweiten Fehler. Welche Entscheidungsregel muß er aufstellen?

14. a) Bei einer Stichprobe der Länge 20 und beim Annahmebereich $\{0, \ldots, 4\}$ sind die beiden Fehlerwahrscheinlichkeiten $\approx 15\%$ und $\approx 5\%$. Wie lauten die beiden Hypothesen? (2 Möglichkeiten! Man orientiere sich an Figur 167.1.)
   b) Gleiche Frage für den Annahmebereich $\{15, \ldots, 20\}$.

15. a) Für welche beiden Hypothesen über p liefert eine Stichprobe der Länge 50 beim Annahmebereich $\{0, \ldots, 15\}$ eine annähernd einheitliche Sicherheit des Urteils von rund 85%?
   b) Gleiche Frage für den Annahmebereich $\{0, \ldots, 30\}$.

16. Bei einer Prüfung werden n Fragen gestellt. Wir nehmen an, daß ein Prüfling alle Fragen unabhängig voneinander je mit der Wahrscheinlichkeit p richtig bearbeitet. Die geforderte Mindestzahl richtiger Antworten soll nun so gewählt werden, daß ein sehr gut vorbereiteter Prüfling ($p = 97\%$) mit einer

Wahrscheinlichkeit von mindestens 97,5% die Prüfung besteht, ein schlecht vorbereiteter ($p = 75\%$) aber mit mindestens 90% Sicherheit durchfällt. Zeige, daß diese Bedingungen bei $n = 15$ nicht, bei $n = 20$ und $n = 50$ jedoch erfüllt werden können und gib jeweils die möglichen Grenzen zwischen »bestanden« und »nicht bestanden« an.

17. Zu einem Ergebnisraum von 6 Elementen sind zwei Wahrscheinlichkeitsverteilungen gegeben:

Ergebnis ω	1	2	3	4	5	6
Wahrscheinlichkeit $P_1(\{\omega\})$	0,1	0,2	0	0,3	0,3	0,1
Wahrscheinlichkeit $P_2(\{\omega\})$	0,4	0,15	0,3	0,05	0,1	0

a) Stelle P_1 und P_2 ähnlich wie in Figur 166.1 graphisch dar. Jemand wählt als Annahmebereich für P_1 das Ereignis $\{4, 5\}$. Mit welchen Wahrscheinlichkeiten sind seine Urteile richtig?

b) Wähle einen Annahmebereich A für die Hypothese »P_1 liegt vor« so, daß das Vorliegen von P_1 mit 80% Sicherheit und das Vorliegen von P_2 mit möglichst großer Sicherheit erkannt wird!

• c) Ein Statistiker konstruiert den Annahmebereich A für P_1 nach folgendem Prinzip: $\omega \in A \Leftrightarrow P_1(\{\omega\}) > P_2(\{\omega\})$.
Welches A und welche Irrtumswahrscheinlichkeiten erhält er?

• d) Begründe, daß man nach dem Prinzip der Aufgabe c) den Test mit der kleinstmöglichen Summe $\alpha + \beta$ der Irrtumswahrscheinlichkeiten erhält! Zeige, daß auch der in Figur 166.1 dargestellte Test das Minimum von $\alpha + \beta$ erreicht.

18. Erläutere die Begriffe »Fehler 1. Art« und »Fehler 2. Art« an folgender Zeitungsüberschrift:
»Sheriff hält Schnupftabak für Rauschgift«.

Zu 11.3.

19. Lady X. konnte auf dem 5%-Niveau keine Begabung attestiert werden (Seite 168). Daraufhin wird der Test abgeändert: Lady X. bekommt 20 Tassen vorgesetzt. Sie beurteilt 16 davon richtig. Auf welchem Signifikanzniveau kann ihr nun eine Begabung attestiert werden?

20. Bei einer Prüfung werden einem Schüler 20 Aufgaben gestellt. Zu jeder Aufgabe werden 4 Lösungen angeboten, von denen genau eine richtig ist.
a) Angenommen, man wendet folgenden Notenschlüssel an:

Zahl der richtig angekreuzten Antworten	0 1 2 3 4	5 6 7 8	9 10 11	12 13 14	15 16 17	18 19 20
Note	6	5	4	3	2	1

Mit welcher Wahrscheinlichkeit erhält dann ein Schüler, der sich völlig aufs Raten verlegt, die Note 1 (2, ..., 6)?

b) Von welcher Anzahl richtig gelöster Aufgaben an können wir die Hypothese »Der Schüler rät blindlings« verwerfen, wenn wir höchstens 5% Wahrscheinlichkeit dafür riskieren wollen, daß wir ihm irrtümlich Wissen bescheinigen?

21. Es gibt Lego-Steinchen, die auf einer von 4 gleichberechtigten Seitenflächen einen Buchstaben tragen. 50 Steinchen sind auf eine solche Fläche gefallen; 12 haben den Buchstaben oben liegen. Ist die Annahme der Symmetrie gerechtfertigt? (Zweiseitiger Test; Signifikanzniveau 10%).

22. Entwirf einen Test der Nullhypothese »Eine Münze ist symmetrisch«, der 50 (100, 200) Münzenwürfe benutzt und ein Signifikanzniveau von jeweils möglichst genau 10% hat! Welche Wahrscheinlichkeit hat jeweils ein Fehler 2. Art bei einer Münze mit $P($»Adler«$) = 0{,}6$? Zu welchen Entscheidungen führen die 3 Tests bei Tabelle 9.1, aufgefaßt als sechzehn 50fach-Würfe bzw. acht 100fach-Würfe bzw. vier 200fach-Würfe?

23. Um zu prüfen, ob ein eben ausgeschlüpftes Küken Formen unterscheiden kann, legt man ihm »Körner« aus Papier vor. Es sind zur Hälfte Dreiecke, zur Hälfte Kreise mit gleicher Fläche wie die Dreiecke. Man läßt es 20mal picken. Ergebnis: 10111001111011011111 (Dreieck 0, Kreis 1). Das Ergebnis scheint für angeborenen Formensinn zu sprechen. Welche Wahrscheinlichkeit hätte dieses oder ein noch »besseres« Ergebnis unter der Voraussetzung, daß das Küken keine Formen unterscheiden kann? – Gleiche Frage für das Ergebnis 111011101.

24. In Aufgabe **89** (Seite 111) lautet die Nullhypothese: »Ausschußanteil beim neuen Verfahren gleich 50%«. Als Alternative nehmen wir nun an, daß dieser Ausschußanteil gleich 40% sei. Als Annahmebereich für die Nullhypothese werde das Ereignis »mindestens 3 defekte Transistoren in einer Stichprobe von 10 Stück« festgesetzt. Bestimme die Fehlerwahrscheinlichkeiten!

25. In Aufgabe **88** (Seite 111) wendet die Polizei ein statistisches Entscheidungsverfahren an. Es kann auf zwei Arten als Test aufgefaßt werden.
    a) Test des einzelnen Würfels. Nullhypothese: »Der Würfel ist gut« (in dem Sinne, daß die Sechs mit der Wahrscheinlichkeit $\frac{1}{6}$ auftritt). Wie lautet der Annahmebereich für die Nullhypothese? Wie groß ist die Wahrscheinlichkeit für den Fehler 1. Art? Wie groß ist die Wahrscheinlichkeit für den Fehler 2. Art, wenn die Sechs mit der Wahrscheinlichkeit $\frac{1}{5}$ bzw. $\frac{1}{10}$ auftritt?
    b) Test der ganzen Spielhölle. Nullhypothese: »Alle Würfel sind gut«. Wie lautet die Alternative? Das Ereignis »Zahl der für gut befundenen Würfel $= k$« hat die Wahrscheinlichkeit $B(n; \bar{p}; k)$, wenn es n Würfel in der Spielhölle gibt und die Nullhypothese zutrifft. Welchen Wert hat $\bar{p}$? Anzeige wegen Betruges werde erstattet, wenn nicht mehr als 70% der Würfel sich als »gut« erweisen. Mit welcher Wahrscheinlichkeit erfolgt die Anzeige zu Unrecht bei $n = 50$ bzw. $n = 100$? (Näherungsrechnung mittels Binomialtabelle genügt.)

26. Aufgabe **96** (Seite 112) beschreibt, wie man eine Person auf mediale Begabung testen kann. Wie lautet die Nullhypothese, wie ihr Annahmebereich? Wie groß ist die Fehlerwahrscheinlichkeit 1. Art? – Man wird diesen Test als

vernünftig ansehen können. Die zitierte Aufgabe enthält aber implizite noch ein zweites Testverfahren mit der Nullhypothese: »Keine der 500 geprüften Personen ist medial begabt«. Welcher Annahmebereich wird durch den Aufgabentext suggeriert? Warum wäre dieser Annahmebereich in hohem Grade unsinnig?

27. Eine Firma behauptet, das von ihr hergestellte Haarwasser heile in mehr als 70% aller Fälle Kahlköpfigkeit. Man stelle für die Stichprobenlänge 20 eine Entscheidungsvorschrift für das Testen dieser Hypothese auf, und zwar so, daß die Wahrscheinlichkeit für den Fehler 1. Art (die Behauptung zu glauben, obwohl sie nicht stimmt) höchstens 5% ist. Warum muß unbedingt ein einseitiger Test gewählt werden?

28. Das neue Waschmittel Lunil soll durch eine große Werbeaktion eingeführt werden. Wenn es der Werbeagentur gelingt, Lunil bei mehr als 45% der Bevölkerung bekannt zu machen, erhält sie von den Lunil-Werken eine besondere Prämie. Die Entscheidung soll auf Grund einer Befragung von 200 Personen getroffen werden. Wie muß die Entscheidungsregel lauten, wenn die Lunil-Werke nur 0,5% Risiko dafür eingehen wollen, daß die Agentur zu Unrecht die Prämie erhält? Wie hoch ist dann das Risiko für die Agentur, die Prämie nicht zu erhalten, obwohl 60% der Bevölkerung von Lunil erfahren haben?

● 29. Der Kaufpreis für eine Sendung Äpfel wird unter der Annahme vereinbart, daß 15% des Obstes unbrauchbar sind. Sollte die Qualität wider Erwarten besser sein, so ist ein gewisser Preisaufschlag zu zahlen; ist sie schlechter, so wird ein Preisnachlaß gewährt. Die Entscheidung wird nach folgender Regel getroffen: Sind von 50 zufällig gewählten Äpfeln mehr als 11 faul oder wurmbefallen, dann: Preisnachlaß. Sind weniger als 5 Stück unbrauchbar, dann: Preisaufschlag. In allen anderen Fällen gilt der vereinbarte Preis.
a) Wie groß ist das Risiko des Verkäufers, einen ungerechtfertigten Preisnachlaß hinnehmen zu müssen, im ungünstigsten Fall?
b) Wie groß ist das Risiko des Käufers, einen ungerechtfertigten Preisaufschlag hinnehmen zu müssen, im ungünstigsten Fall?
c) Bei gleicher Stichprobenlänge sollen die beiden Risiken aus **a)** und **b)** unter 5% gedrückt werden. Welches Entscheidungsverfahren kann man wählen?
d) Der wahre Gehalt der Sendung an unbrauchbarem Obst sei 25%. Mit welcher Wahrscheinlichkeit wird (beim ursprünglichen Entscheidungsverfahren) Preisnachlaß bzw. Preisaufschlag erzielt?

30. In der Zeitung steht: »Die Hälfte unserer Erwerbspersonen verdient weniger als 1600 DM monatlich!« Wir wählen daraufhin 100 Personen mit Einkommen zufallsbestimmt aus und finden, daß nur 42 davon ein Monatseinkommen unter 1600 DM haben. Auf welchem Signifikanzniveau können wir die Zeitungsbehauptung ablehnen (zweiseitiger Test)?

31. Die Glühlampen einer bestimmten Marke haben zu 25% eine Brenndauer unter 1000 Stunden. Die Konkurrenz bringt einen neuen Typ auf den Markt, bei dem dieser Anteil angeblich kleiner ist. Wie viele von 100 Lampen der neuen Sorte müssen mehr als 1000 Stunden brennen, wenn man der Behauptung bei nur 5% Fehlerrisiko glauben soll?

●32. Ein Präparat zur Steigerung der Konzentrationsfähigkeit wird an 15 Personen ausprobiert. Sie lösen an einem Tag Denkaufgaben ohne vorherige Stärkung, an einem andern Tag verwandte Aufgaben nach Einnahme des Mittels. Bei 9 von ihnen zeigt sich eine Leistungssteigerung, bei 6 ist es umgekehrt. Wie ist auf dem 30%-Niveau zu testen, wenn
a) eine Leistungsminderung durch das Präparat ausgeschlossen ist,
b) eine solche Leistungsminderung in Betracht gezogen wird?
Welche Entscheidung wird in jedem der Fälle getroffen?

33. Bei einem Blutalkoholgehalt von mehr als 0,8 Promille ist Autofahren strafbar. Das Gesetz zieht rigoros diese Grenze. In einer Klinik kann der Blutalkohol praktisch zweifelsfrei gemessen werden; der Schnelltest auf der Straße ist nicht so zuverlässig. Das Testergebnis – es lautet »Alkoholgehalt größer bzw. kleiner als $0,8^0/_{00}$« – kann in zweifacher Weise falsch sein. Erläutere die beiden Fehlermöglichkeiten und ihre Folgen! Welche Wahl der Fehlerwahrscheinlichkeiten entspricht unserem Rechtsgrundsatz »in dubio pro reo«? Welche besondere Problematik ergibt sich daraus, daß der Blutalkoholgehalt eines Fahrers auch beliebig genau bei $0,8^0/_{00}$ liegen kann?

Anhang I
Abituraufgaben

Aufgaben aus dem Grundkursabitur in Bayern aus den Jahren 1979 bis 1981.

1979/I.
In einer Urne befinden sich 4 weiße, 5 schwarze und 3 gelbe Kugeln. Bei einem Zufallsexperiment wird eine Kugel gezogen. Ihre Farbe wird notiert (w, s oder g), und die Kugel wird nicht in die Urne zurückgelegt. Anschließend wird eine zweite Kugel gezogen und deren Farbe notiert.
1. Bestimmen Sie für dieses Experiment einen geeigneten Ergebnisraum. Stellen Sie alle möglichen Ergebnisse in einem Baumdiagramm dar.
2. Gegeben ist das Ereignis $E := \{ww, ss, gg\}$.
   Formulieren Sie E und $\bar{E}$ in der Umgangssprache.
3. a) Mit welcher Wahrscheinlichkeit ist die zuerst gezogene Kugel schwarz? (Ereignis A.)
   b) Bestimmen Sie die Wahrscheinlichkeit des Ereignisses B, daß die erste Kugel schwarz und die zweite Kugel gelb ist.
   c) Mit welcher Wahrscheinlichkeit ist die als zweite gezogene Kugel gelb? (Ereignis C.)
   d) Sind die Ereignisse A und C unabhängig? Begründen Sie Ihre Antwort.
   e) Wie groß ist die Wahrscheinlichkeit dafür, daß die erste Kugel schwarz oder die zweite Kugel gelb ist?
   f) Berechnen Sie die Wahrscheinlichkeiten $P(E)$ und $P(\bar{E})$ für das Ereignis E aus Teilaufgabe 2.
4. Formulieren Sie die Ereignisse $A \cap \bar{C}$ und $\overline{A \cup C}$ in der Umgangssprache, wenn A und C die in Teilaufgabe 3 definierten Ereignisse sind.

1979/II.
1. Bei einer Prüfung mit 15 Fragen sind zu jeder Frage vier Antwortmöglichkeiten gegeben; von diesen bietet nur eine die richtige Antwort.
   a) Wie groß ist die Wahrscheinlichkeit, bei einer Frage zufällig die richtige Antwort anzukreuzen?
   b) Wie groß ist die Wahrscheinlichkeit, daß jemand, der sich die Antworten rein zufällig aussucht, mindestens 8 Fragen richtig beantwortet? (Tafelablesung!)
2. a) S ist an einem Sonntag geboren. Wie groß ist die Wahrscheinlichkeit dafür, daß eine Person, die S zufällig trifft, auch ein „Sonntagskind" ist? (Es wird angenommen, daß die Geburten gleichmäßig auf die Wochentage verteilt sind.)
   b) Das Ereignis E ist durch sein Gegenereignis $\bar{E}$ definiert.
   $\bar{E} :=$ »Von n Personen, die S zufällig trifft, ist keine an einem Sonntag geboren.« Formulieren Sie das Ereignis E in der Umgangssprache und bestimmen Sie $P(\bar{E})$ und $P(E)$ in Abhängigkeit von n.
3. Jemand hat einen Laplace-Würfel so angefertigt, daß seine 6 Flächen die Zahlen 1, 1, 1, 1, 2, 2 tragen. Zwei Spieler A und B vereinbaren folgendes Spiel:
   Mit diesem Würfel wird dreimal gewürfelt. Erscheint dabei die Eins öfter als die Zwei, dann gewinnt A, sonst gewinnt B.
   a) Zeichnen Sie zu diesem Experiment »dreifacher Wurf« ein Baumdiagramm und vermerken Sie dort die den einzelnen Ergebnissen entsprechenden Wahrscheinlichkeiten in geeigneter Weise.
   b) Mit welcher Wahrscheinlichkeit gewinnt A?
   c) Wenn A gewinnt, erhält er von B eine Mark. Gewinnt B, so erhält er von A zwei Mark. Kann B mit dieser Vereinbarung zufrieden sein? Begründen Sie Ihre Antwort anhand eines geeigneten Beispiels.

1979/III.

1. Eine Urne enthält 1 schwarze und 4 weiße Kugeln. Die Kugeln unterscheiden sich nur in ihrer Farbe.
   a) Ein Zufallsexperiment besteht darin, nacheinander 10 Kugeln zu ziehen, wobei nach jedem Zug die Kugel wieder in die Urne zurückgemischt wird.
   Berechnen Sie die Wahrscheinlichkeiten folgender Ereignisse:
   $A :=$ »Die 1. Kugel ist schwarz«, $\qquad B :=$ »Genau zwei Kugeln sind schwarz«,
   $C :=$ »Nur die 1. Kugel ist schwarz«, $\qquad D :=$ »Mindestens eine Kugel ist schwarz«,
   $E :=$ »Höchstens eine Kugel ist schwarz«.
   b) Wie viele Kugeln muß man aus dieser Urne mit Zurücklegen mindestens ziehen, damit mit einer Wahrscheinlichkeit von mehr als 90% erwartet werden kann, daß sich unter den gezogenen Kugeln mindestens 1 schwarze befindet?
2. Eine Packung enthält 10 Lose, und zwar 8 Nieten und 2 Gewinnlose. Es werden auf einmal 2 Lose entnommen.
   a) Bestimmen Sie einen geeigneten Ergebnisraum Ω.
   b) Berechnen Sie die Wahrscheinlichkeiten folgender Ereignisse:
   $A :=$ »Kein Gewinnlos wird gezogen«,
   $B :=$ »Genau ein Gewinnlos wird gezogen«.
   c) Formulieren Sie das Ereignis $C = \overline{A \cup B}$ in der Umgangssprache. Welche Wahrscheinlichkeit hat dieses Ereignis C?
   d) Welcher Zusammenhang besteht zwischen den Wahrscheinlichkeiten $P(A)$, $P(B)$ und $P(C)$? Begründen Sie Ihre Antwort.

1980/I.

In einer Urne befinden sich 6 Kugeln mit den Zahlen 1, 1, 4, 5, 5, 5. Die Kugeln unterscheiden sich nur durch die aufgedruckte Zahl.
1. Es wird jeweils eine Kugel entnommen, ihre Zahl notiert und die Kugel wieder in die Urne zurückgemischt. Anschließend wird eine zweite Kugel gezogen und die Summe der beiden Zahlen gebildet.
   a) Stellen Sie alle möglichen Summenwerte als Ergebnisse dieses Experimentes zusammen. Bestimmen Sie die Wahrscheinlichkeiten für diese Summenwerte.
   b) Berechnen Sie die Wahrscheinlichkeiten folgender Ereignisse:
   $A :=$ »Es werden zwei verschiedene Zahlen gezogen«,
   $B :=$ »Der Summenwert ist kleiner als 8«.
   c) Formulieren Sie das Ereignis $\overline{A} \cap \overline{B}$ in der Umgangssprache und geben Sie sein Gegenereignis an.
2. Nun wird wieder aus obiger Urne mit Zurücklegen gezogen.
   a) Mit welcher Wahrscheinlichkeit erhält man bei 3 Ziehungen mindestens einmal eine Kugel mit der Zahl 5?
   b) Was ist wahrscheinlicher: Bei 3 Ziehungen mindestens einmal eine Kugel mit der Zahl 5 oder bei 6 Ziehungen mindestens zweimal eine Kugel mit der Zahl 5 zu ziehen? (Begründen Sie Ihre Antwort durch Rechnung.)
   c) Ab wieviel Ziehungen wird die Wahrscheinlichkeit, daß mindestens eine Kugel mit der Zahl 5 gezogen wird, größer als 99%?
3. Jetzt wird aus obiger Urne ohne Zurücklegen gezogen. Mit welcher Wahrscheinlichkeit erhält man
   a) bei dreimaligem Ziehen genau zweimal eine Kugel mit der Zahl 1,
   b) bei zweimaligem Ziehen mindestens den Summenwert 9?
   Erläutern Sie kurz Ihre Ansätze.

1980/II.
In Urne A sind 7 grüne und 3 rote (sonst gleichartige) Kugeln.
1. Aus Urne A werden nacheinander 2 Kugeln *ohne Zurücklegen* gezogen.
   a) Geben Sie einen geeigneten Ergebnisraum dieses Experimentes an.
   b) Mit welcher Wahrscheinlichkeit werden zwei Kugeln gleicher Farbe gezogen?
   c) Sind die Ereignisse
   $E_1 :=$ »Die erste gezogene Kugel ist grün« und
   $E_2 :=$ »Die zweite gezogene Kugel ist rot«
   unabhängig? Begründen Sie Ihre Antwort.
2. Nunmehr wird eine Kugel aus Urne A gezogen, ihre Farbe wird notiert, und die Kugel wird wieder in die Urne A zurückgelegt. Nach dem Mischen des Urneninhalts wird die Ziehung in gleicher Weise mehrere Male wiederholt.
   a) Berechnen Sie die Wahrscheinlichkeit dafür, daß beim 4. Zug zum erstenmal eine grüne Kugel erscheint.
   b) Mit welcher Wahrscheinlichkeit sind von 5 gezogenen Kugeln 2 rot und 3 grün?
3. Außer der Urne A wird jetzt noch eine Urne B verwendet, die zunächst 4 grüne und 6 rote Kugeln enthält (alle Kugeln in beiden Urnen unterscheiden sich nur durch die Farbe). Man zieht aus Urne A eine Kugel, legt sie in Urne B, mischt dort die Kugeln und zieht dann eine Kugel aus Urne B.
   Mit welcher Wahrscheinlichkeit ist diese Kugel rot?
   Erläutern Sie kurz Ihren Ansatz.

1980/III.
1. Eine Laplace-Münze (Kopf bzw. Zahl) wird viermal geworfen; dabei sind die Ereignisse A und B wie folgt definiert:
   $A :=$ »Kopf erscheint genau 0mal, 2mal oder 4mal«.
   $B :=$ »Beim dritten Wurf tritt Kopf auf; die Ergebnisse der anderen Würfe sind beliebig«.
   a) Geben Sie für dieses Zufallsexperiment einen passenden Ergebnisraum Ω sowie die Ereignisse A und B als Teilmengen von Ω an. Berechnen Sie die Wahrscheinlichkeiten $P(A)$ und $P(B)$.
   b) Zeigen Sie, daß die Ereignisse A und B unabhängig sind.
   c) Berechnen Sie die Wahrscheinlichkeiten der Ereignisse, die durch folgende Aussagen beschrieben werden:
   $E_1 :=$ »Keines der beiden Ereignisse A, B tritt ein«,
   $E_2 :=$ »Genau eines der beiden Ereignisse A, B tritt ein«,
   $E_3 :=$ »Mindestens eines der beiden Ereignisse A, B tritt ein«.
2. Ein Elektrohändler erhält eine größere Sendung gleichartiger Glühlampen. Dabei garantiert die Lieferfirma, daß alle Lampen einwandfrei sind. Da in der Fabrikation gelegentlich ein Fehler auftritt, der nur schwer feststellbar ist, kommt es bei manchen Sendungen zu einem Ausschußanteil von 5%. Der Händler vereinbart deshalb mit dem Lieferanten einen Preisnachlaß, wenn bei einem Test gewisse Fehler auftreten. Dabei stehen zwei Verfahren zur Wahl:
   I: Der Sendung werden 10 Lampen entnommen und geprüft. Ist mindestens eine defekte Lampe in der Stichprobe, so wird der Preisnachlaß gewährt.
   II: Der Sendung werden 20 Lampen entnommen und geprüft. Sind mindestens zwei defekte Lampen in der Stichprobe, so wird der Preisnachlaß gewährt.
   a) Bei welchem Verfahren wird der Preisnachlaß mit größerer Wahrscheinlichkeit gewährt, wenn die Sendung tatsächlich 5% Ausschuß enthält? Beantwortung durch Rechnung.
   b) Mit welcher Wahrscheinlichkeit erhält der Händler beim Verfahren II keinen Preisnachlaß, obwohl die Sendung 5% Ausschuß enthält?
   Hinweis: Da die Sendung sehr groß ist, kann »mit Zurücklegen« gerechnet werden.

Anhang I: Abituraufgaben (Bayern) der Jahre 1979 bis 1981

1981/I.

Ein regelmäßiges Tetraeder trägt auf seinen 4 Seitenflächen die Zahlen 1, 2, 3 und 4. Nach jedem Wurf mit dem Tetraeder wird die Zahl auf der unten liegenden Fläche als »Augenzahl« notiert; diese Zahl gilt als geworfen. Jede Augenzahl tritt mit der gleichen Wahrscheinlichkeit auf.

1. Das Tetraeder wird dreimal nacheinander geworfen. Als Ergebnisraum eignet sich die Menge der 3-Tupel:
   $\Omega = \{(1;1;1), (1;1;2), (1;1;3), ..., (4;4;4)\}$.
   Berechnen Sie die Wahrscheinlichkeiten folgender Ereignisse:
   $A :=$ »Die Augenzahl ist jedesmal 1«,
   $B :=$ »Die Augenzahl 1 kommt genau zweimal vor«,
   $C :=$ »Mindestens zwei Augenzahlen sind gleich«,
   $D :=$ »Jede der Augenzahlen 1, 2, 3 erscheint genau einmal«.
2. Nun wird das Tetraeder sechsmal nacheinander geworfen.
   Wie groß ist die Wahrscheinlichkeit, die Augenzahl 1
   a) wenigstens einmal,
   b) genau einmal
   zu werfen? (Hinweis: *Bernoulli*-Kette.)
3. Wie oft muß man das Tetraeder mindestens werfen, um mit einer Wahrscheinlichkeit von mehr als 90% wenigstens einmal die Augenzahl 1 zu erhalten?
4. Jemand glaubt nur dann, daß die Augenzahl 1 tatsächlich mit der Wahrscheinlichkeit $p_0 = \frac{1}{4}$ geworfen wird, wenn bei einer Stichprobe mit 50 Würfen die Anzahl der auftretenden Einsen mindestens 10 und höchstens 15 ist. Wie groß ist die Wahrscheinlichkeit, daß er die Aussage $p_0 = \frac{1}{4}$ für falsch hält, obwohl sie zutrifft? Was besagt das Ergebnis?

1981/II

1. Ein ungewöhnlicher Laplace-Würfel (kurz L_u-Würfel genannt) trägt auf seinen sechs Flächen die Zahlen 1, 1, 4, 4, 6, 6.
   a) Dieser L_u-Würfel wird dreimal nacheinander geworfen. Ein möglicher Ergebnisraum ist die Menge der 3-Tupel:
   $\Omega = \{(1;1;1), (1;1;4), (1;1;6), (1;4;1), ..., (6;6;6)\}$.
   Berechnen Sie die Wahrscheinlichkeiten für die Ereignisse
   $A :=$ »Es wird mindestens eine 1 geworfen«,
   $B :=$ »Es wird höchstens eine 1 geworfen«.
   b) Beschreiben Sie folgende Verknüpfungen der Ereignisse aus Teilaufgabe 1a mit Worten und berechnen Sie ihre Wahrscheinlichkeiten:
   $A \cap B$, $\overline{A \cap B}$, $A \cap \overline{B}$.
2. Nun wird der L_u-Würfel aus Teilaufgabe 1 fünfmal geworfen.
   a) Mit welcher Wahrscheinlichkeit fällt beim vierten Wurf erstmals die Zahl 1?
   b) Wie groß ist die Wahrscheinlichkeit, daß unter den fünf gewürfelten Zahlen genau einmal die Eins und viermal die Sechs erscheint?
3. Außer dem bisherigen L_u-Würfel wird jetzt noch ein zweiter Laplace-Würfel (kurz L_v-Würfel genannt) benützt, dessen Flächen die Zahlen 1, 1, 6, 6, 6, 6 tragen. Der L_u- und der L_v-Würfel werden gleichzeitig geworfen, und die beiden sich ergebenden Augenzahlen werden addiert. Bestimmen Sie die Wahrscheinlichkeiten für alle Summenwerte der Augenzahlen, die bei diesem Experiment auftreten können.

Anhang II

Experimentelle Bestimmung der Zahl π nach *Buffon* (1707–1788)

Man denke sich die Ebene überdeckt von einer Parallelenschar mit Abstand d. Eine Nadel der Länge a ($a < d$) werde willkürlich auf die Parallelenschar geworfen. Wie groß ist die Wahrscheinlichkeit, daß die Nadel eine der Parallelen schneidet?

Lösung: x sei der Abstand des tiefsten Punkts der Nadel von der nächsten höheren Parallelen. (Siehe Figur 186.1 und 186.2.)

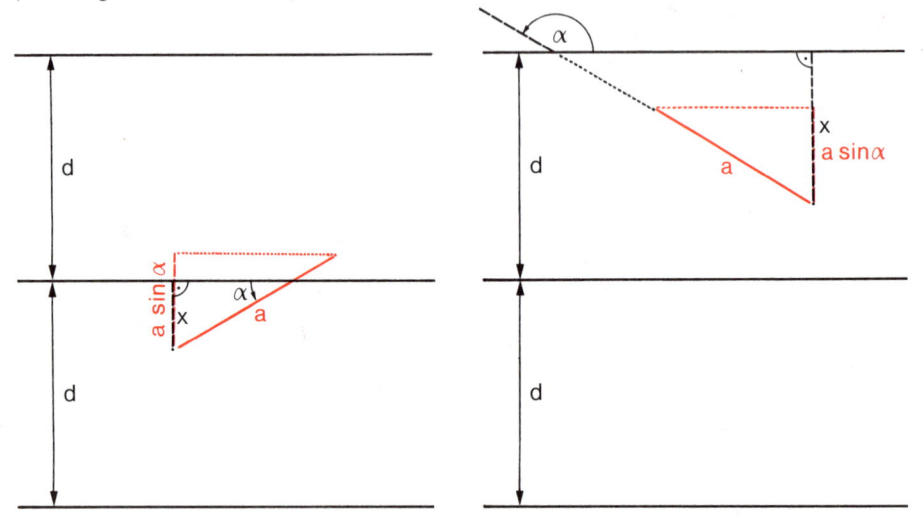

Fig. 186.1 Die Nadel schneidet eine Parallele der Schar.

Fig. 186.2 Die Nadel schneidet keine Parallele der Schar.

α ist der Winkel, um den man eine Parallele gegen den Uhrzeigersinn drehen muß, damit sie parallel zur Nadel zu liegen kommt. Offensichtlich gilt $0 \leq \alpha < \pi$. Man erkennt, daß die Nadel eine Parallele der Schar genau dann schneidet, wenn $x \leq a \cdot \sin \alpha$ ist. Jede mögliche Lage der Nadel zur Parallelenschar ist durch die Angabe der Werte x und α eindeutig bestimmt. In einem rechtwinkligen α-x-Koordinatensystem lassen sich die möglichen Lagen als Punktmenge $\{(\alpha|x) | 0 \leq \alpha < \pi \land 0 \leq x < d\}$ darstellen. Diese Punktmenge erfüllt ein Rechteck mit den Seiten π und d.

Genau diese Punktmenge wollen wir nun als unendlichen Ergebnisraum Ω für das Werfen der Nadel verwenden. Das uns interessierende Ereignis $A :=$ »Die Nadel schneidet eine Parallele« wird dann durch die »günstigen Punkte« dieses Rechtecks gebildet. Das sind aber die Punkte, die der Bedingung $x \leq a \cdot \sin \alpha$ genügen. Sie liegen im Rechteck auf und unterhalb des Graphen der Funktion mit der Gleichung $x = a \cdot \sin \alpha$. (Figur 187.1.) Die Laplace-Annahme bedeutet hier, daß sich die Wahrscheinlichkeiten von Ereignissen wie die Flächenmaßzahlen von Figuren verhalten, die von den jeweils günstigen Punkten gebildet werden. Damit erhalten wir $P(A) = \dfrac{P(A)}{P(\Omega)} = \dfrac{\text{Flächeninhalt von } A}{\text{Flächeninhalt von } \Omega}$. Der Flächeninhalt von Ω ergibt sich als Inhalt des Rechtecks zu πd. Der Flächeninhalt von A ergibt sich durch Integration zu $\int_0^\pi a \cdot \sin \alpha \, d\alpha = \left[-a \cdot \cos \alpha\right]_0^\pi = 2a$. Damit erhalten wir schließlich $P(A) = \dfrac{2a}{\pi d}$. Aufgelöst nach

Anhang II: Experimentelle Bestimmung der Zahl π nach Buffon (1707–1788)

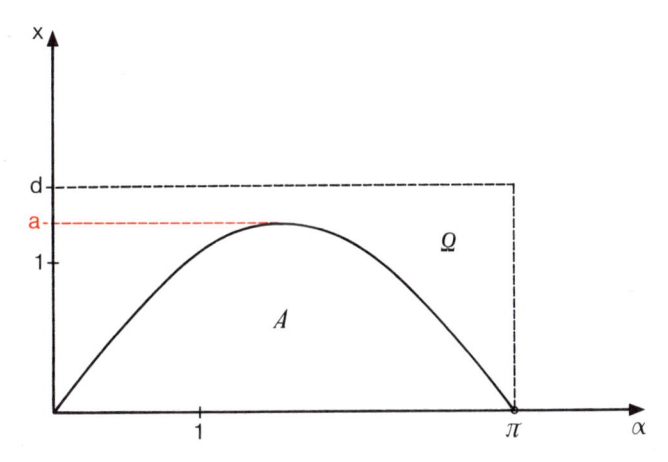

Fig. 187.1 Geometrische Veranschaulichung von A und Ω

π ergibt dies $\pi = \dfrac{2a}{d \cdot P(A)}$. Für eine große Anzahl n von Versuchen ersetzen wir $P(A)$ durch $h_n(A) = \dfrac{k}{n}$, wobei k die Anzahl derjenigen der n Würfe angibt, bei denen die Nadel eine Parallele schneidet; also $\pi \approx \dfrac{2an}{kd}$. Mit Hilfe dieser Formel wurden experimentell Näherungswerte für π bestimmt*:

Experimentator	Jahr	Anzahl der Nadelwürfe	gefundener Näherungswert
Wolf	1850	5000	3,1596
*Smith***	1855	3204	3,1553
Fox	1894	1120	3,1419
Lazzarini	1901	3408	3,1415929

Der Wert von *Lazzarini* sollte mit Mißtrauen betrachtet werden. Die »krumme« Wurfzahl 3408 läßt vermuten, daß *Lazzarini* genau dann aufhörte, Nadeln zu werfen, als er einen sehr guten Näherungswert für π erworfen hatte. Den Verdacht erhärtet folgende Abschätzung. Nehmen wir an, daß *Lazzarini* noch einmal geworfen hätte. Er könnte dabei einen Schnitt oder auch keinen Schnitt erzielt haben. Bringt der nächste Wurf keinen Schnitt, so erhält man als neuen Näherungswert für π den Ausdruck $\dfrac{2a(n+1)}{kd} = \dfrac{2an}{kd} + \dfrac{2a}{kd} = \dfrac{2an}{kd} + \dfrac{2an}{kd} \cdot \dfrac{1}{n}$

Setzt man für $\dfrac{2an}{kd}$ den Näherungswert von *Lazzarini* ein, so lautet der neue Näherungswert $3{,}1415929 + \dfrac{3{,}1415929}{3408} = 3{,}1415929 + 0{,}0009\ldots$ Der 7stellige »gute« Wert von *Lazzarini* würde bereits an der 4. Stelle zerstört.

* Zitiert nach *Gnedenko, Lehrbuch der Wahrscheinlichkeitsrechnung* (1968), S. 32. – Den Buchstaben π zur Bezeichnung der Verhältniszahl des Kreisumfangs zum Kreisdurchmesser verwendet wohl zum erstenmal *William Jones* (1675–1749) in der *Synopsis palmariorum matheseos* von 1706 (S. 243), was ohne Nachahmung blieb. *Leonhard Euler* (1707–1783) benützte ihn zum erstenmal 1737 in der erst 1744 erschienenen Abhandlung *Variae observationes circa series infinitas*.

** *Ambrose Smith* aus Aberdeen wählte $a = \tfrac{3}{5}d$.

Anhang III

Paradoxa der Wahrscheinlichkeitsrechnung

Auf Seite 42f. wurde das stochastische Modell für ein reales Zufallsexperiment mathematisch definiert. Im folgenden wollen wir zeigen, daß die naive Beschreibung eines Experiments oft nicht ausreicht, um aus ihm in eindeutiger Weise ein Experiment im wahrscheinlichkeitstheoretischen Sinn zu machen.

Beispiel 1: Problème du bâton brisé von *Emile Michel Hyacinthe Lemoine* (1840–1912)*
Eine Strecke der Länge a soll »auf gut Glück« in 3 Teilstrecken zerlegt werden. Wie groß ist die Wahrscheinlichkeit dafür, daß sich aus den 3 Teilstrecken ein Dreieck bilden läßt?

Lösung A, vorgeschlagen 1882 von *Ernesto Cesàro* (1859–1906):
Die beiden Teilpunkte $T_1 \neq T_2$ werden »willkürlich« auf die Strecke gesetzt; es entstehen dabei die Teilstrecken a_1, a_2 und a_3. In jedem Fall gilt $a_1 + a_2 + a_3 = a$. (Siehe Figur 388.1.)

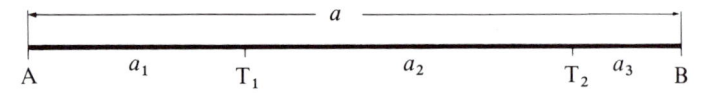

Fig. 388.1 Dreiteilung einer Strecke durch 2 Teilpunkte

Nach einem Satz von *Vincenzio Viviani* (1622–1703) ist die Summe der Abstände eines beliebigen Punkts der Fläche eines gleichseitigen Dreiecks von den Dreiecksseiten gleich der Höhe des Dreiecks**. Wir können daher jeder Zerlegung der Strecke a eindeutig einen Punkt P der Fläche des gleichseitigen Dreiecks mit der Höhe a zuordnen (Figur 388.2). $\triangle M_1 M_2 M_3$ sei das Mittendreieck dieses Dreiecks. Aus den a_i läßt sich ein Dreieck genau dann bilden, wenn die Dreiecksungleichungen erfüllt sind. Dies ist genau dann der Fall, wenn für alle a_i gilt: $a_i < \dfrac{a}{2}$. Das wiederum bedeutet, daß der zugeordnete Punkt P im Mittendreieck liegt.

Unter der plausiblen Annahme, daß jedes Teilungstripel a_1, a_2, a_3 gleichwahrscheinlich ist, trifft P mit gleicher Wahrscheinlichkeit in jedes der 4 kongruenten Teildreiecke von Figur 388.2. Man erhält somit für die gesuchte Wahrscheinlichkeit den Wert $\frac{1}{4}$.

* Der *Société Mathématique de France* am 8.1.1873 samt Lösung vorgetragen, veröffentlicht in deren *Bulletin* **1** (1873)

** Beweis: Für die Fläche des gleichseitigen Dreiecks $P_1 P_2 P_3$ gilt:

$$A_{\triangle P_1 P_2 P_3} = A_{\triangle P_1 P P_2} + A_{\triangle P_2 P P_3} + A_{\triangle P_3 P P_1};$$

$$\tfrac{1}{2} \cdot s \cdot h = \tfrac{1}{2} \cdot s \cdot a_3 + \tfrac{1}{2} \cdot s \cdot a_1 + \tfrac{1}{2} \cdot s \cdot a_2;$$

daraus folgt $h = a_1 + a_2 + a_3$.

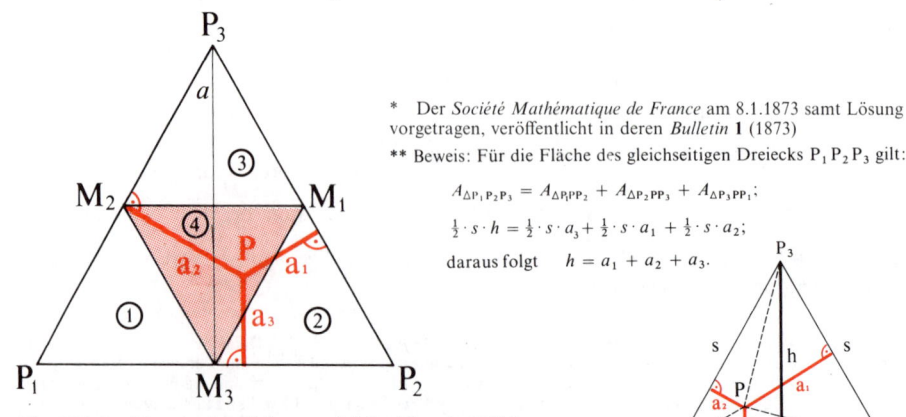

Fig. 388.2 Veranschaulichung gleichwahrscheinlicher Streckendreiteilungen durch Punkte in einem Dreieck

Anhang III: Paradoxa der Wahrscheinlichkeitsrechnung   189

Cesàro hat den von *Lemoine* anders ermittelten Wert bestätigt. Wir wollen einen anderen Lösungsweg beschreiben.

Lösung B:
Der Teilpunkt T_1 werde »willkürlich« gesetzt. Dann wählt man wiederum »willkürlich« (etwa durch Münzenwurf) eine der beiden Teilstrecken aus und teilt diese »willkürlich« durch Setzen von T_2.
In der Hälfte aller Fälle wird T_2 auf den kleineren Teil fallen; dann gibt es kein Dreieck.

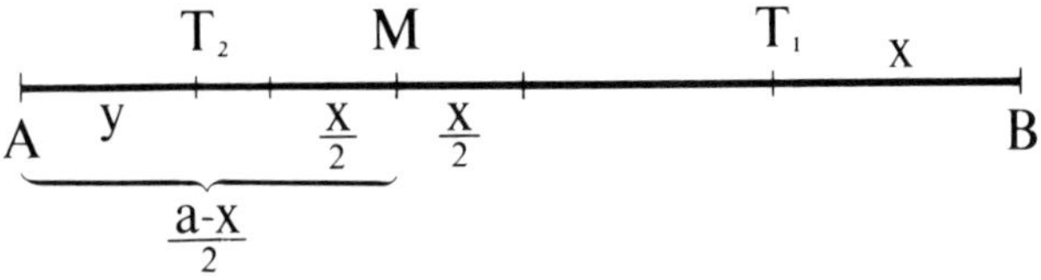

Fig. 389.1
Hilfsfigur zu Lösung B

Wir bezeichnen das kleinere Stück mit $x\left(<\dfrac{a}{2}\right)$ und betrachten also nur noch die Fälle, bei denen T_2 auf dem größeren Teilstück liegt. y sei das kleinere Teilstück bei der Teilung durch T_2 (vgl. Figur 389.1), d.h. $y \leq \dfrac{a-x}{2}$. Damit nun ein Dreieck konstruiert werden kann, muß $y + x > \dfrac{a}{2}$ sein. Daraus folgt $y > \dfrac{a}{2} - x$ oder $y > \dfrac{a-x}{2} - \dfrac{x}{2}$, d.h., T_2 muß von der Mitte M des längeren Stücks weniger als $\dfrac{x}{2}$ entfernt sein. Günstig sind also alle Fälle, wo T_2 auf die Strecke der Länge x um die Mitte M des längeren Stücks fällt. Nehmen wir an, daß alle Punkte des längeren Stücks als Teilpunkte T_2 gleichwahrscheinlich sind, dann erhalten wir als Wahrscheinlichkeit für die Konstruierbarkeit des Dreiecks $p(x):=\dfrac{x}{a-x}$. Nachdem nun noch jeder x-Wert aus $]0;\tfrac{1}{2}a[$ als gleichmöglich angenommen werden darf, müssen wir noch über alle möglichen x-Werte mitteln und erhalten daher

$$p = \frac{1}{\tfrac{1}{2}a} \int_0^{\tfrac{1}{2}a} \frac{x}{a-x}\,dx =$$
$$= \frac{2}{a}\left[-x - a\ln|a-x|\right]_0^{\tfrac{1}{2}a} =$$
$$= \frac{2}{a}\left(-\frac{a}{2} - a\ln\frac{a}{2} + a\ln a\right) =$$
$$= -1 + 2\ln 2.$$

Berücksichtigen wir nun noch, daß T_2 nur in der Hälfte aller Fälle auf das größere Stück fällt, so erhält man für die gesuchte Gesamtwahrscheinlichkeit den Wert $\ln 2 - \tfrac{1}{2} \approx 0{,}193$.

Die verschiedenen Ergebnisse für die gesuchte Gesamtwahrscheinlichkeit sind darauf zurückzuführen, daß das Experiment nicht genau genug beschrieben war.

Beispiel 2: Paradoxon von *Joseph Bertrand* (1822–1900)
In einem Kreis werde »auf gut Glück« eine Sehne gezogen. Wie groß ist die Wahrscheinlichkeit dafür, daß diese Sehne länger ist als die Seite des dem Kreis einbeschriebenen gleichseitigen Dreiecks?

Joseph Bertrand schlägt in seinem *Calcul des Probabilités* (1889) die folgenden 3 Lösungen vor.

Lösung A:

Die Sehne werde so gezogen, daß man bei einem beliebigen Kreispunkt A beginnt (Figur 190.1). Die Sehne ist genau dann länger als die Seite, wenn sie in Bereich ② fällt. Nimmt man nun an, daß jeder Winkel zwischen der Sehne und der Tangente in A gleichwahrscheinlich ist, dann erhält man für die gesuchte Wahrscheinlichkeit den Wert $\frac{60°}{180°} = \frac{1}{3}$.

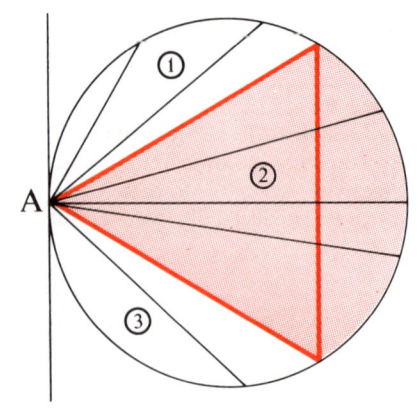

Fig. 190.1   Willkürliche Sehnen von einem Kreispunkt aus

Lösung B:

Auf einem Durchmesser werde auf gut Glück ein Punkt ausgewählt. Durch ihn werde senkrecht zum Durchmesser die Sehne gezogen (Figur 190.2). Die Sehne ist genau dann länger, wenn der Punkt näher als $\frac{r}{2}$ beim Mittelpunkt liegt. Nehmen wir an, daß jeder Punkt auf dem Durchmesser mit gleicher Wahrscheinlichkeit ausgewählt wird (was der Auswahl »auf gut Glück« entspricht), dann erhalten wir für die gesuchte Wahrscheinlichkeit den Wert $\frac{r}{2r} = \frac{1}{2}$.

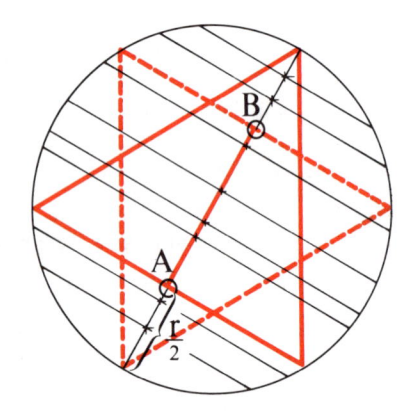

Fig. 190.2   Willkürliche Sehnen senkrecht zu einem Durchmesser

Lösung C:

Ein Punkt der Kreisfläche werde willkürlich ausgewählt. Durch ihn werde die Sehne so gezogen, daß er Sehnenmittelpunkt wird (Figur 190.3). Damit die Sehne länger wird als die Seite, muß ihr Mittelpunkt im Inneren des konzentrischen Kreises mit Radius $\frac{r}{2}$ liegen. Da nach der Vorschrift jeder Punkt der gegebenen Kreisfläche mit gleicher Wahrscheinlichkeit genommen werden kann, ergibt sich für die gesuchte Wahrscheinlichkeit der Wert $\frac{\left(\frac{r}{2}\right)^2 \pi}{r^2 \pi} = \frac{1}{4}$.

Neben den von *Bertrand* angegebenen Lösungen kann man aber auch wie folgt vorgehen:

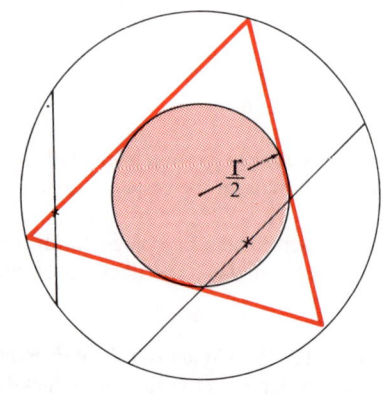

Fig. 190.3   Ein willkürlicher Punkt der Kreisfläche wird Sehnenmittelpunkt

Lösung D:

Ein Punkt P der Kreisfläche und eine Richtung α werden willkürlich ausgewählt; durch P werde dann in Richtung α die Sehne gezogen (Figur 191.1). Damit diese länger wird als die Seite, muß P zwischen die beiden durch die Seitenlänge $r\sqrt{3}$ bestimmten Segmente fallen. Da alle Punkte der Kreisfläche gleichwahrscheinlich sind, erhält man für die Wahrscheinlichkeit in der Richtung α den Wert $p = \dfrac{r^2\pi - 2 \cdot \text{Segmentfläche}}{r^2\pi}$. Da alle Richtungen gleichwahrscheinlich sind, ist p zugleich der Wert der gesuchten

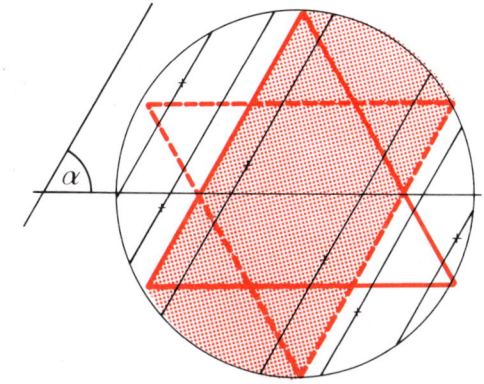

Fig. 191.1 Willkürliche Sehnen in Richtung α

Wahrscheinlichkeit. Für die Segmentfläche gilt $\dfrac{r^2}{2}\left(\dfrac{2\pi}{3} - \sin\dfrac{2\pi}{3}\right) = \dfrac{r^2}{2}\left(\dfrac{2\pi}{3} - \dfrac{1}{2}\sqrt{3}\right)$, womit man schließlich $p = 1 - \dfrac{1}{\pi}\left(\dfrac{2\pi}{3} - \dfrac{1}{2}\sqrt{3}\right) = \dfrac{1}{3} + \dfrac{1}{2\pi}\sqrt{3} = \dfrac{2\pi + 3\sqrt{3}}{6\pi} \approx 0{,}609$ erhält.

Die verschiedenen Werte für die Wahrscheinlichkeit sind dadurch bedingt, daß in jedem der 4 Fälle durch die exakte Anweisung eine andere Wahrscheinlichkeitsbelegung vorgenommen wurde. Bei (**A**) waren alle Winkel gleichwahrscheinlich, bei (**B**) alle Punkte auf einem Durchmesser, bei (**C**) und (**D**) alle Punkte der Kreisfläche; bei (**C**) ist durch die Wahl des Punktes die Richtung der Sehne festgelegt, bei (**D**) sind noch alle Richtungen gleichwahrscheinlich.

Aufgaben

1. Ein Punkt wird beliebig auf eine Strecke der Länge a gesetzt. Wie groß ist die Wahrscheinlichkeit p, daß er vom Mittelpunkt der Strecke nicht weiter entfernt ist als b? Zeichne p in Abhängigkeit von b!
2. Zwei beliebige Punkte P und Q werden willkürlich auf eine Strecke der Länge a gesetzt. Wie groß ist die Wahrscheinlichkeit p für $\overline{PQ} \leqq b$? Stelle p in Abhängigkeit von b graphisch dar!
3. Jeder Schüler der Klasse führe die Aufgabe von Beispiel 1 an einer Strecke der Länge 10 cm auf irgendeinem Wege 10mal aus. Bestimme die Häufigkeit für die Konstruierbarkeit eines Dreiecks aus den jeweils erhaltenen Stücken mit den in der Klasse ermittelten Werten.
4. (Vgl. Beispiel 2).
   a) Überlege für jeden der 4 Fälle ein physikalisches Experiment, wodurch sie realisiert werden können!
   b) Zeichne selbst auf gut Glück in einem Kreis von 5 cm Radius nach Lösung **A** (**B, C, D**) beliebige Sehnen und bestimme mit den in der Klasse ermittelten Werten die Häufigkeit für Sehnen, deren Länge größer als die Seite des einbeschriebenen gleichseitigen Dreiecks ist. Vergleiche mit den angeführten Ergebnissen und begründe die Abweichungen!

Anhang IV
Biographische Notizen

1572 um 1935

ALEMBERT, *Jean le Ronde d'*
*16.11.1717 Paris
†29.10.1783 Paris

CARDANO, *Geronimo*
*24.9.1501 Pavia
†20.9.1576 Rom

NEYMAN, *Jerzy*
*16.4.1894 Bendery/UdSSR
†5.8.1981 Berkeley/USA

um 1966 um 1978 um 1963

PEARSON, *Egon Sharpe*
*11.8.1895 London
†12.6.1980 Midhurst
(Sussex)

TIPPETT, *Leonard Henry Caleb*
*8.5.1902 London
†9.11.1985 St Austell, Cornwall

ULAM, *Stanisław Marcin*
*13.4.1909 Lemberg
†13.5.1984 Santa Fe

Anhang IV: Biographische Notizen

BERNOULLI, *Jakob I.*, 27. 12. 1654 (= 6. 1. 1655) Basel – 16. 8. 1705 Basel. 1671 Magister der Philosophie, 1676 Lizentiat der Theologie. Anschließend bringt er in Genf der 16jährigen, im Alter von 2 Monaten erblindeten *Elisabeth v. Waldkirch*, die bereits Latein, Französisch und Deutsch, Cello, Flöte und Orgel beherrscht, nach seinem neuen, von *Cardano*s Methode abweichenden Verfahren das Lesen und Rechnen bei. 1677 bis 1680 hält er sich in Frankreich auf. Er widmet sich der Gnomonik, der Lehre von den Sonnenuhren, und verfaßt die *Tabulae gnomonicae universales*. Schon während seines Studiums gehörte sein Interesse der Astronomie. So wählte er den Wagen des Phaethon als sein Wappen und versah ihn mit der Inschrift *Invito patre, sidera verso*. Auf Grund der Daten des ptolemäischen Weltsystems errechnete er 1677 die Geschwindigkeit der Himmelfahrt Christi zu 1132 dt. Meilen/Pulsschlag. 1681 erste wissenschaftliche Veröffentlichung auf Grund des *Kirch*schen Kometen von 1680, die *Anleitung zur Berechnung von Kometenbahnen*. *Bernoulli* führt die Idee des *Père Anthelme* (2. H. 17. Jh.) konsequent weiter, daß Kometen die Satelliten eines transsaturnischen Planeten seien. 1681–82 Studienaufenthalt in den Niederlanden und England, 1682 *Dissertatio de gravitate Aetheris* (publ. 1683). Ab 1683 in Basel private Vorlesungen über Experimentalphysik. 1685 veröffentlicht er ein erstes Problem zur Wahrscheinlichkeitsrechnung, 1687 wird er Professor für Mathematik an der Universität zu Basel. Er und sein Bruder *Johann I.* sind eifrige Verfechter des *Leibniz*schen Infinitesimalkalküls. *Jakob* unterrichtete zunächst seinen Bruder in den neuen Wissenschaften, wurde dann aber aus wissenschaftlichem Streit heraus sein erbitterter Feind. 1690 stellte und löste *Jakob* die Aufgabe der stetigen Verzinsung und gab die Differentialgleichung für das *Leibniz*sche Isochronenproblem an, wobei er zum ersten Mal das Wort »Integral« in unserem Sinn verwendete. Anschließend stellt er das Problem der Kettenlinie neu, das *Leibniz*, *Huygens* und *Johann* lösen. 1691 Beschäftigung mit der parabolischen und der logarithmischen Spirale, der spira mirabilis von 1692*, der Elastica (= neutrale Faser eines am freien Ende belasteten Stabes), Erfindung der Lemniskate. Entdeckung, daß die Kontur geblähter Segel eine Kettenlinie ist. 1694 Veröffentlichung des theorema aureum: Krümmungsradius =
$= \left(\dfrac{\mathrm{d}s}{\mathrm{d}x}\right)^3 : \dfrac{\mathrm{d}^2 y}{\mathrm{d}x^2}$. Arbeiten aus der Reihenlehre; 1695 legt er die *Bernoulli*sche Differentialgleichung vor, die sein Bruder *Johann* löst. Aus *Jakob*s verallgemeinerungsfähiger Lösung von *Johann*s Brachistochronenproblem (Kurven kürzester Fallzeit, 1696) entstand die Variationsrechnung. 1697 stellt *Jakob* das isoperimetrische Problem. Die nach ihm benannte *Bernoulli*sche Ungleichung findet sich bereits in den *Lectiones*

1694

Jacobum Bernoulli.

---

* Sie sollte seinen Grabstein mit der Umschrift *Eadem mutata resurgo* – »Als dieselbe stehe ich verwandelt wieder auf« – schmücken. Dargestellt ist aber fälschlicherweise eine Archimedische Spirale.

geometricae (1670) von *Isaac Barrow* (1630–1677). 1699 werden beide Brüder in die Académie Royale de Sciences von Paris, 1701 in die Societät der Wissenschaften von Berlin aufgenommen. Ein Briefwechsel mit *Leibniz* in den Jahren 1703–04 über die Wahrscheinlichkeitsrechnung enthält Grundgedanken der Fehlertheorie. Zwischen 1687 und 1689 fand er das Gesetz der großen Zahlen (so benannt von *Poisson* 1837), der wichtigste Satz seiner erst 1713 posthum veröffentlichten *Ars conjectandi*, wodurch er zum Begründer der modernen Statistik wurde. *Pascal*s Arbeiten kannte er nicht.

BERNOULLI, *Johann I.*, 6. 8. 1667 Basel – 1. 1. 1748 Basel. Der Vater bestimmte ihn zum Kaufmann. Nach einem Lehrjahr, erneut dem Vater gehorchend, studierte er Medizin (Approbation 1690) und unter Anleitung seines Bruders *Jakob I.* Mathematik. 1691/92 Privatlehrer des Marquis *de l'Hospital* (1661 bis 1704), 1694 Doktor der Medizin. 1695 wurde er in Groningen Professor für Mathematik, 1705 wurde er auf den Lehrstuhl seines verstorbenen Bruders nach Basel berufen. 1696 stellte er das Brachistochronen-Problem, das von ihm, seinem Bruder *Jakob*, aber auch von *Leibniz*, von *Newton* und von *l'Hospital* gelöst wurde. Die von *Jakob* gefundene Lösung gab den Anstoß zur Entwicklung der Variationsrechnung, über die sich *Johann* dann mit *Jakob* entzweite. Das Problem der geodätischen Linie geht auf *Johann* zurück (1697). 1706 führt er das Symbol Δ ein, wenngleich noch nicht im heutigen Sinne; 1718 verwendet er das 1692 von *Leibniz* erfundene Wort »Funktion« in der heutigen Bedeutung. Ab 1710 wandte er sich der Mechanik zu, brachte das *d'Alembert*-Prinzip in mathematische Form, verwendete den Energiesatz und schrieb auch ein Buch über das Manövrieren von Schiffen. 1742 erschien *Hydraulica*, eine umfangreiche Arbeit über Hydrodynamik. Sein bedeutendster Schüler war *Leonhard Euler*.

um 1740

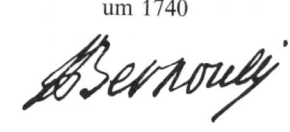

BERNOULLI, *Nikolaus I.*, 20. 10. 1687 Basel–29. 11. 1759 Basel. Neffe von *Jakob I.* und *Johann I.* Er lehrt von 1716 bis 1719 Mathematik an der Universität zu Padua, wird 1722 Professor für Logik in Basel und erhält 1731 den Lehrstuhl für Codex und Lehensrecht in Basel. Bereits 1709 wendet er in seiner Dissertation *De usu artis conjectandi in jure* die Wahrscheinlichkeitsrechnung auf Fragen des Rechts an; dabei verwendet er als erster die stetige gleichmäßige Wahrscheinlichkeitsverteilung. 1713 gibt er die *Ars conjectandi* seines Onkels heraus, 1744 verfaßt er Bemerkungen zu den nachgelassenen Schriften *Jakobs I.* Intensiver Briefwechsel mit *Montmort*, dessen interessantester Teil sich mit dem Spiel Le Her beschäftigt, das nur mit Hilfe spieltheoretischer Sätze gelöst werden kann, die *Nikolaus* keine Schwierigkeit zu bereiten scheinen. Im Gegensatz zu *Montmort* akzeptiert er die optimale Strategienmischung nicht voll. – Kein Bildnis überliefert.

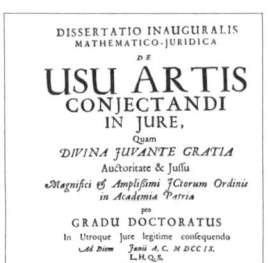

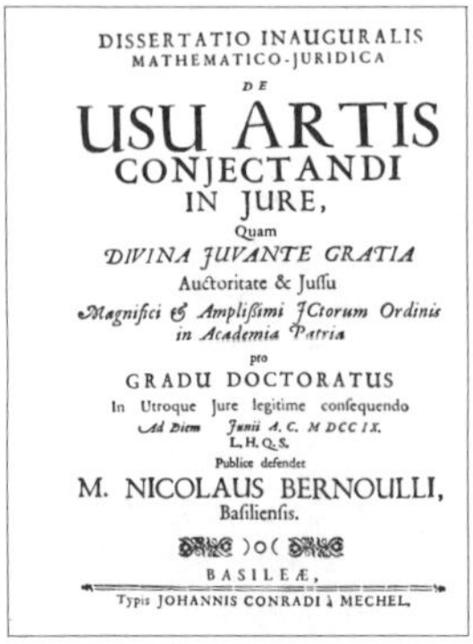

Anhang IV: Biographische Notizen 195

BERTRAND, *Joseph Louis François*, 11.3.1822 Paris–3.4. 1900 Paris. Darf als 11jähriger am Unterricht in der École Polytechnique teilnehmen. 1839 Promotion in Thermodynamik, Lehrer an der École Polytechnique und erste Arbeiten über die *Poisson*-Gleichung $\Delta V = -4\pi\varrho$ sowie über das *Coulomb*sche Gesetz, 1841 Ingénieur des Mines. 1841–1848 lehrte er Elementarmathematik am Lycée St. Louis, 1856 wird er Nachfolger von *Jacques Sturm* (1803–1855) an der École Polytechnique, 1862 als Nachfolger von *Jean-Baptiste Biot* (1774–1862) Professor für Allgemeine Physik und Mathematik am Collège de France. Während der Kommune (1871) brannte sein Pariser Haus nieder. 1884 Aufnahme in die Académie française. Er beschäftigte sich u. a. mit Kurven doppelter Krümmung (1850), schrieb wissenschaftsgeschichtliche Werke und Lehrbücher, die weit verbreitet waren. 1889 erschien sein *Calcul des Probabilités* mit dem nach ihm benannten Paradoxon. – Sein bedeutendster Schüler ist *Gaston Darboux* (1842–1917).

BUFFON, *George-Louis Leclerc*, Comte de, 7.9.1707 Montbard (Burgund)–16.4.1788 Paris. Er studierte Jurisprudenz in Dijon, reiste nach England, übersetzte *Hales' Pflanzenstatik* 1735 und 1740 *Newtons Fluxionsrechnung*. Als er 25jährig ein großes mütterliches Vermögen erbt, kann er sich ganz den Naturwissenschaften widmen. Er wird Intendant des Jardin du Roi und des Musée Royal (heute: Jardin des Plantes und Naturhistorisches Museum). Sein Lebenswerk ist die von 1749 bis 1788 in 36 Bänden erschienene *Histoire naturelle générale et particulière*, das nur durch *Linné*s noch bedeutenderes Werk in den Schatten gestellt wird. *Buffon*s System ist jedoch natürlicher; aber die Zeit war für diese Betrachtungsweise noch nicht reif. Außerdem ist sein Werk im Gegensatz zu dem *Linné*s philosophisch fundiert. Seine allgemeine Naturphilosophie veröffentlicht er 1788 in den *Époques de la Nature*. Wegen der meisterhaften sprachlichen Diktion gehört seine *Histoire naturelle* zu den großen Werken der französischen Literatur. Das Nadelproblem trug er zusammen mit ähnlichen Problemen 1733 der Académie Royale des Sciences vor; eine ausführliche und weiter gehende Behandlung erfolgte 1777 im *Essai d'arithmétique morale* (23). Von der intensiven Beschäftigung *Buffon*s mit Fragen der Lebensdauer legen die über 100 Seiten Sterblichkeitstafeln beredtes Zeugnis ab.

DE MORGAN, *Augustus*, 27.6.1806 Madura/Indien – 18.3. 1871 London. Seine Mutter ist die Tochter eines Schülers und Freundes von *de Moivre*. Erzogen am Trinity College in Cambridge. 1829–1866 Professor am University College London, wo *Todhunter* und *Sylvester* seine Schüler waren. Er versuchte, die Mathematik seiner Zeit auf exakte Grundlagen zu stellen. Er erkannte, daß es neben der gewöhnlichen Algebra noch andere Algebren gibt. Zusammen mit *Boole* (1815–1864) leitete er eine Renaissance der Logik ein. Der Ausdruck »Mathematische Induktion« wurde 1838 von ihm geprägt. Aus demselben Jahr stammt auch *An Essay on Probabilities, and on Their Application to Life Contingencies and Insurance Offices.*

EULER, *Leonhard*, 15.4.1707 Basel–18.9.1783 St. Petersburg. Sein Vater, ein Geistlicher, bestimmte ihn dazu, Geistlicher zu werden. Er erhält Privatunterricht durch *Johann I. Bernoulli.* 1727 reist er nach St. Petersburg, wird dort 1730 Professor für Physik, 1733 für Mathematik (an der Akademie der Wissenschaften). 1741 wird er von *Friedrich dem Großen* an die Berliner Akademie berufen. 1766 kehrt er jedoch endgültig nach St. Petersburg zurück. 1767 tritt bei ihm völlige Erblindung ein; die nun folgenden Jahre gehören jedoch zu seinen fruchtbarsten. (Die 1911 begonnene Gesamtausgabe seiner Werke umfaßt bis heute 70 Bände.) Die Vielfalt seiner Beschäftigungen zeigt sich in seinen mustergültigen Lehrbüchern: 1748 *Introductio in Analysin infinitorum*, 1755 *Institutiones calculi differentialis*, 1768–70 *Institutiones calculi integralis* (behandelt auch Differentialgleichungen und Variationsrechnung), 1770 *Vollständige Anleitung zur Algebra*, 1734–36 *Mechanica* (2 Bde.), 1739 *Musiktheorie*, 1744 *Theorie der Planetenbewegungen*, 1745 *Neue Grundgesetze der Artillerie*, 1749 *Theorie des Schiffsbaus*, 1769–71 *Dioptrica* (3 Bde.). Weitere Arbeiten von ihm beschäftigen sich mit Zahlentheorie und Geometrie. Die Symbole $f(x)$, i, e und Σ gehen auf ihn zurück. In der Wahrscheinlichkeitsrechnung beschränkte sich *Euler* auf die Lösung besonderer Probleme, wobei sich sein großes Können offenbarte. Von großer Bedeutung wurde *Euler*s Anwendung der Stochastik auf die Demographie, wo er grundlegende Begriffe und weitreichende Methoden erarbeitete.

FERMAT, *Pierre de*, 17.(?)8.1601 Beaumont de Lomagne/ Montauban–12.1.1665 Castres (Toulouse). Sohn eines begüterten Lederhändlers, später geadelt. Studierte Jurisprudenz, seit 1634 Rat am Gericht von Toulouse. Sehr gute Kenntnisse in den alten Sprachen, wodurch er Fehler in Handschriften verbessern konnte. Er ist einer der bedeutendsten Mathematiker des 17. Jahrhunderts; seine beruflichen Pflichten ließen ihm jedoch keine Zeit, ein zusammenfassendes Werk zu schreiben. Seine Entdeckungen teilte er Freunden, oft nur in Andeutungen und ohne Beweis, mit. Noch vor *Descartes* (1596–1650) begründet er die Achsengeometrie, aus der die Analytische Geometrie entstand; sein *Ad locos planos et solidos isagoge* (um 1635) geht in wesentlichen Dingen über *Descartes' Geometrie* im *Discours de la methode* (1637) hinaus. Seine infinitesimalen Methoden sind streng. In *De Maximis et minimis* (1629) löst er Extremwertaufgaben, Tangentenprobleme und die Schwerpunktbestimmung von Rotationsparaboloiden. Diese Schrift enthält auch das *Fermat*sche Prinzip, daß das Licht immer den Weg läuft, der am schnellsten zum Ziel führt. Vor 1644

1753

kann er Flächen und Volumina berechnen und Kurven rektifizieren. Sein Lieblingsgebiet ist jedoch die Zahlentheorie: Kleiner *Fermat*scher Satz: (p prim $\land$ $a \in \mathbb{N}$ $\land$ p teilt a nicht) $\Rightarrow$ p teilt $(a^{p-1} - 1)$. *Fermat*sche Vermutung: $a^n + b^n = c^n$ ist für natürliche a, b, c und natürliches $n > 2$ nicht lösbar. *Fermat*s Vermutung, daß die Zahlen $2^{2^k} + 1$ prim sind, widerlegt *Euler* 1732, indem er zeigt, daß bei $k = 5$ der Teiler 641 auftritt.

FISHER, *Ronald Aylmer*, Sir (seit 1952), 17.2.1890 East Finchley (Middlesex)–29.7.1962 Adelaide (Australien). Nach mathematischem und naturwissenschaftlichem Studium (1909 bis 1912) arbeitete er 1913–1915 als Büroangestellter auf einer Farm in Kanada und unterrichtete von 1915 bis 1919 an Privatschulen. Seine wenigen wissenschaftlichen Veröffentlichungen waren aber so bedeutsam, daß ihn 1919 *Karl Pearson* nach London und *John Russell* nach Rothamsted berufen wollten. *Fisher* entschied sich für das letztere und baute die Rothamsted Experimental Station zu einem Mekka der Statistik aus. 1933 wurde er Nachfolger *Karl Pearson*s, mit dem er sich inzwischen verfeindet hatte, auf dessen Lehrstuhl für Eugenik in London. (Nachfolger in Rothamsted: *Frank Yates* [1902–].) Von 1943 bis 1957 lehrte er Genetik in Cambridge. Er gilt als Begründer der modernen mathematisch orientierten Statistik, die er auch erfolgreich auf biologische und medizinische Probleme anwandte. Kurioserweise wurde er nie auf einen Lehrstuhl für Statistik berufen! Durch seine zahlreichen Arbeiten wurde die mathematische Statistik in der 1. Hälfte des 20. Jahrhunderts praktisch zu einer Domäne der Briten und Amerikaner. 1912 veröffentlichte er die maximum-likelihood-Methode, die *Richard von Mises* völlig ablehnte. Viele weitere Verfahren der modernen Statistik gehen auf *Fisher* zurück; auch die 1908 von *Gosset* (1876–1937) eingeführte und 1917 tabellarisierte t-Verteilung wurde von ihm 1922 überarbeitet und ergänzt. *Fisher* gilt zwar manchen als »der Riese in der Entwicklung der theoretischen Statistik«, aber die *Neyman-Pearson*-Theorie lehnte er noch in den späten 50er Jahren ab. Die großen Steigerungen in der Agrarproduktion in vielen Teilen der Welt gehen weitgehend auf die konsequente Anwendung seiner Forschungen über praktische Statistik zurück, die ihren Niederschlag in *Statistical methods for research workers* (1925) und in *The design of experiments* (1935) fanden.

GALILEI, *Galileo*, 15.2.1564 Pisa – 8.1.1642 Arcetri bei Florenz. Florentinischer Patrizier, 1581–85 Studium der Medizin in Pisa, ab 1584 auch der Mathematik und Physik. Beeinflußt durch *Archimedes*', *Tartaglia*s und *Cardano*s Schriften zum Ingenieurwesen. 1586 Konstruktion einer hydrostat. Waage zur Bestimmung des spez. Gewichts (*La bilancetta*). 1587/88 Vortrag zur Topographie der Hölle *Dante*s. Untersuchungen über den Schwerpunkt von Körpern. 1589 Professor für Mathematik in Pisa. *De motu* wendet sich gegen die aristotelische Bewegungslehre. Entdeckung der Isochronie des Pendels. 1592 Lehrstuhl für Mathematik in Padua; an der zur Republik Venedig gehörenden Universität herrscht absolute Geistesfreiheit. 1593 *Trattato di Meccaniche* mit der Goldenen Regel der Mechanik. 1597 (oder 1606) Konstruktion eines Weingeist-Thermometers. 1598 gibt er der Zykloide ihren Namen*. 1606 Herstellung und Verkauf des von ihm verbesserten Proportionalzirkels, dessen Gebrauchsanweisung *Le operazioni del Compasso geometrico e militare* seine erste Veröffentlichung ist. Arbeiten zur Festungsbaukunst. 1604–1609 rein gedankliche Herleitung des Fallgesetzes, Bestätigung durch Bau einer Fallrinne**. Erkenntnis vom Auftrieb in Luft. Am 21. 8. 1609 führt er das von ihm verbesserte holländische Fernrohr vor und schenkt es dem Staat: Verdopplung des Jahresgehalts und Professor auf Lebenszeit. Himmelsbeobachtungen mit dem bis auf 30fache Vergrößerung verbesserten Fernrohr: Milchstraße und Nebel als Ansammlung von Sternen, Oberflächenstruktur des Mondes erkannt. Am 7. 1. 1610 Entdeckung von 3 und bald darauf des 4. Jupitermondes, die er im *Sidereus Nuncius* (März 1610) mediceische Gestirne nennt. (Erste Himmelskörper, die nicht um die Erde kreisen.) Am 10. 7. 1610 geht sein Wunsch in Erfüllung, in seiner toskanischen Heimat Hofmathematiker der *Medici* in Florenz und Professor für Mathematik ohne Vorlesungsverpflichtung in Pisa zu werden. Entgegen dem Rat seiner Freunde begibt er sich aus dem Schutz der starken Republik in die Hände eines schwachen, von Rom abhängigen Fürsten! Am 11. 12. 1610 Mitteilung an *Johannes Kepler* (1571–1630) über die Entdeckung der Venusphasen. 1611 Mitglied Nr. 6 der 1603 in Rom vom Fürsten *Federico Cesi* († 1630) gegründeten Accademia dei Lincei (= Luchse), die sich der Erforschung der Natur widmet***. *Galilei* führt ein Vergrößerungsgerät vor, das *Cesi* auf den Namen Mikroskop tauft. Sein *Discorso intorno alle cose che stanno in su l'acqua, o che in quella si muovono* (1612) verteidigt die Auffassung des *Archimedes* (um 285–212) über schwimmende Körper gegen die peripatetische Schule des *Aristoteles* (384–322). 1613 richtige Deutung der Sonnenflecken, erstes Bekenntnis zum Kopernikanismus. Der Versuch *Galilei*s, dessen Verbot zu verhindern, scheitert. Am 26. 2. 1616 wird er von Kardinal *Bellarmino* ermahnt, die kopernikan. Lehre nicht für wahr zu halten und sie zu verteidigen. Am 5. 3. wird sie philosophisch für töricht und absurd, theologisch für ketzerisch erklärt. Im *Dialogo di Galileo Galilei Linceo Dove si discorre sopra i due Massimi Sistemi Del Mondo Tolemaico E Copernicano* (1632) unterläuft er satirisch

1624

---
* *Marin Mersenne* (1588–1648) nennt sie 1615 Roulette, *Gilles Personne de Roberval* (1602–1675) 1634 Trochoide.
** Fallversuche am schiefen Turm von Pisa sind Legende. Sie wurden erstmals 1642 in Bologna von den Jesuiten *Giovanni Battista Riccioli* (1598–1671) und *Francesco Maria Grimaldi* (1618–1663) ausgeführt.
*** 1671 aufgelöst, 1872 als italienische Nationalakademie wiederbegründet.

das Dekret, den Kopernikanismus nur als Hypothese zu behandeln. Angesichts der drohenden Gefahr bietet Venedig erneut eine Professur in Padua an. Die Verurteilung *Galileis* am 22. 6. 1633 beruht auf einem vermutlich nachträglich in die Akten von 1616 aufgenommenen Lehrverbot durch den Generalkommissar der Inquisition, das *Galilei* bei der Bitte um das Imprimatur für den *Dialogo* 1630 verschwiegen habe. Hausarrest zunächst in Siena*, dann in seiner Villa Il Gioiello bei Florenz. Trotz einsetzender Erblindung Verbot eines Arztbesuchs in Florenz. 1635 Angebot eines Lehrstuhls in Amsterdam. 1638 – *Galilei* ist jetzt völlig erblindet – erscheinen in Holland die *Discorsi e dimostrazioni matematiche intorno a due nuove scienze*, der Festigkeitslehre und der Kinematik. Bis dahin war Mechanik nur Statik. Sie enthalten die Gesetze des freien Falls, der schiefen Ebene, das Parallelogramm der Bewegungen mit der Wurfparabel, die Pendelgesetze und eine Andeutung des Trägheitsgesetzes. *Galilei* fragt immer nur nach dem Wie, nicht nach dem Wodurch eines physikalischen Vorgangs. Das Experiment selbst dient bestenfalls zur Bestätigung einer logisch-mathematischen Herleitung; denn er war überzeugt, daß das Buch der Natur in der Sprache der Mathematik geschrieben ist (*Il Saggiatore*, 1623). *Galilei* erkennt dabei, daß man bei Messungen zwischen systematischen und zufälligen Fehlern unterscheiden müsse. Über die Verteilung der letzteren kommt er zu Erkenntnissen, die im wesentlichen das *Gauß*sche Fehlergesetz darstellen. – Nach 1610 schrieb *Galilei* in der Volkssprache. Sein Italienisch hat hohen Rang.

GALTON, *Francis*, Sir (seit 1909), 18. 2. 1822 bei Sparkbrook/Birmingham – 17. 1. 1911 Haslemere/London. Er bereiste u. a. den Balkan, Ägypten, den Sudan und 1850–51 den Südwesten Afrikas, wofür er 1853 die Goldmedaille der Königl. Geographischen Gesellschaft erhielt. 1857 ließ er sich in London nieder. 1863 erkannte er die Bedeutung der von ihm so benannten Antizyklonen für die Meteorologie. Angeregt durch seinen Vetter *Charles Darwin* (1809–1882) schuf *Galton* wichtige Grundlagen der Vererbungslehre. Sein bekanntestes Werk *Hereditary Genius, its Laws and Consequences* (1869) enthält das *Galton*sche Vererbungsgesetz. Es besagt, daß Eltern, die vom Mittel abweichen, Nachkommen erzeugen, die im Durchschnitt in derselben Richtung vom Mittel abweichen; die Nachkommen zeigen aber im Durchschnitt einen »Rückschlag« hin zum Mittel. Wenn man nun die Häufigkeit der Abweichung vom Mittelmaß über den Abweichungen aufträgt, entsteht die *Galton*sche Kurve, die im Grenzfall die *Gauß*sche Kurve ist. 1883 begründete er die Eugenik (= Erbhygiene) und schuf deren erstes Institut in London. Zur Auswertung seines

---

* Bei der Abreise 1634 hat er vermutlich sein *Eppur si muove – Und sie bewegt sich doch* gesprochen; denn ein jüngst aufgefundenes Bild, um 1640 von *Murillo* oder Schüler gemalt, zeigt *Galilei* im Kerker und enthält diesen Spruch. Damals war der Bruder des Erzbischofs von Siena als Militär in Madrid stationiert.

großen statistischen Materials schuf er die Korrelationsrechnung. Zur Demonstration der Binomialverteilung konstruierte er das Galtonsche Brett. Auch die Galtonpfeife geht auf ihn zurück. Die Methode der Fingerabdrücke zur Personenidentifikation wurde von ihm eingeführt.

HUYGENS, *Christiaan*, Herr auf Zelem und Zuylichem, 14. 4. 1629 Den Haag – 8. 7. 1695 Den Haag. Seine Familie steht im diplomatischen Dienst des Hauses Oranien. Er studierte zuerst Jurisprudenz. Dann schult er sich an *Archimedes* und *Pappos*, deren Werke in Mechanik und Mathematik er ab etwa 1650 fortsetzte. Hydrostatik (1650), Quadratur der Kegelschnitte und Oberfläche parabolischer Drehkörper (1651). Er reiste nach Dänemark (1649), mehrmals nach England und Frankreich, wo er von 1666 bis 1681 lebt (1666 Mitglied der in diesem Jahr gegründeten Académie des Sciences in Paris), kehrt nach einer schweren Erkrankung nach Den Haag zurück. Er galt als der führende Mathematiker und Physiker, bis ihm *Newton* den Rang ablief. Der Briefwechsel *Pascal–Fermat* regt ihn 1655–57 zu einer Theorie von Glücksspielen an. Dabei schuf er den Begriff der mathematischen Erwartung. 1669 lösten er und sein Bruder *Lodewijk* († 1699) wahrscheinlichkeitstheoretische Fragen über die Lebenserwartung. – Er entwickelte ferner eine allgemeine Evolutentheorie; dabei Behandlung der Zykloide (Thema eines 1658 von *Pascal* verbreiteten Preisausschreibens), Nachweis der Tautochronie (1659). Sein Können verbindet Mathematik, Physik, Astronomie und Technik und führt zur Erfindung der Pendeluhr (1656). Für Schiffsuhren ersetzt er das Pendel durch die Feder-Unruhe (1675; Prioritätsstreit mit *Robert Hooke* [1635–1703]). Mit Hilfe des *Snellius*schen Brechungsgesetzes verbessert er Linsensysteme in Mikroskop (*Huygens*-Okular, 1677) und Fernrohren und entdeckt 1655 den ersten Saturnmond Titan, 1656 den Ring des Saturn und den Orionnebel. Ferner zeigt er, daß *Descartes*' Stoßgesetze falsch sind (*De motu corporum ex percussione*, 1667, ed. 1703; enthält auch das Relativitätsprinzip der klassischen Mechanik). Schöpfer der Wellentheorie des Lichts (*Traité de la lumière*, 1678, ed. 1690), wodurch er die Doppelbrechung in Kristallen erklären kann. Entdeckung der Polarisation des Lichts beim Durchgang durch einen Kalkspatkristall. Er teilt *Descartes*' Auffassung von der mechanischen Erklärbarkeit der Natur und entwickelt einen Erhaltungssatz der Energie. 1687 löst er die Isochronenaufgabe von *Leibniz*, 1690 ebenso wie *Leibniz* und *Johann I. Bernoulli* die Aufgabe *Jakob Bernoullis* und widerlegt damit *Galileis* Ansicht, daß eine Kette in Form einer Parabel durchhängt. Herleitung der Zentrifugalkraft in *De Vi Centrifuga* (ed. 1703).

um 1685

KOLMOGOROW, *Andrei Nikolajewitsch*, 25. 4. 1903 Tombow – 20. 10. 1987 Moskau. Graduierte 1925 an der Universität von Moskau. Lehrte vorübergehend in Paris. 1931 Professor für Mathematik in Moskau. 1941 wird ihm der Stalinpreis verliehen. 1963 erhält er den Balzanpreis* für Mathematik und wird Held der sozialistischen Arbeit**. Träger des Leninordens und des Hammer-und-Sichel-Ordens. – Sein Spezialgebiet ist die Theorie reeller Funktionen, die er ab 1925 zusammen mit *A.J. Chintschin* (1894–1959) auf die Wahrscheinlichkeitsrechnung anwendet. Später entwickelte er die Theorie stationärer zufälliger Prozesse, woraus Erkenntnisse zur automatischen Regelung und die Theorie über verzweigte Zufallsprozesse entstanden. Darüber hinaus arbeitete er an einer statistischen Theorie der Turbulenz und an statistischen Kontrollmethoden bei der Massenproduktion.

LAPLACE, *Pierre Simon*, seit 1817 Marquis de, 28.3.1749 Beaumont-en-Auge – 5.3.1827 Paris. Der Sohn armer normannischer Landleute***, zum Geistlichen bestimmt, wird ab 1768 von *d'Alembert* (1717–1783) gefördert. 1771–76 Lehrer für Mathematik an der École Militaire, 1783 Prüfer, 1785 Mitglied der Académie wegen seiner astronomischen Arbeiten. 1794 Professor für Mathematik an der neugegründeten École Polytechnique und Assistent von *Joseph Louis Lagrange* (1736 bis 1813) an der École Normale. Gleichzeitig Vorsitzender der Kommission für Maße und Gewichte zur Einführung des metrischen Systems. 1799 glückloser Innenminister unter *Napoléon*, nach 6 Wochen in den Senat abgeschoben⁑, 1803 dessen Kanzler. Marquis und Pair von Frankreich unter *Ludwig XVIII*. 1799–1825 erscheint sein 5bändiger *Traité de Mécanique Céleste*. Zusammen mit *Gauß* (1777–1855) Begründer der Potentialtheorie (Vorarbeiten dazu von *Euler*). *Herschel*s Entdeckung zahlreicher Nebelflecke in verschiedenen Stadien läßt ihn die Nebularhypothese aufstellen (*Exposition du système du monde* 1796). Rein theoretisch leitet er die longitudinalen Schwingungsvorgänge an Stäben her. Die Wellentheorie des Lichts lehnt er ab. Zusammen mit *Biot* (1774–1862) versucht er, Doppelbrechung und Polarisation durch die Emissionstheorie zu erklären. 1784 veröffentlicht er zusammen mit *Lavoisier* (1743–1794) ein großes Werk, das den damaligen Stand der Wärmetheorie zeigt. Erste exakte Untersuchungen zur Ausdehnung fester Körper. Bestimmung der

---
* *Eugenio Balzan* (1874–1953), Journalist und Zeitungsverleger, floh 1932 aus dem faschistischen Italien in die Schweiz. Sein großes Vermögen hinterließ er der Eugenio-Balzan-Stiftung. – 1982 wurde die Auszeichnung mit 250 000 Schweizer Franken dotiert.
** Sowjetischer Ehrentitel, verliehen seit 1938 als höchste Stufe der Auszeichnungen für hervorragende Leistungen in Wirtschaft, Technik und Wissenschaft.
*** Nach einer Mitteilung von Prof. Dr. *Hans Richter* ist diese Herkunftsangabe nicht zutreffend. *Laplace* benutzte diese Legende nur während der Französischen Revolution.
⁑ *Laplace* empfahl den 14. Juli als Nationalfeiertag. – *Napoléon*s Urteil über *Laplace*: »Schon bei seiner ersten Arbeit bemerkten die Konsuln, daß sie sich in ihm getäuscht hatten; *Laplace* erfaßte keine Frage unter ihrem wahren Gesichtspunkt; er suchte überall Spitzfindigkeiten, hatte nur problematische Ideen und trug schließlich den Geist des unendlich Kleinen bis in die Verwaltung hinein.«

spezifischen Wärmen verschiedener Stoffe. 1816 verbessert er *Newtons* Formel für die Schallgeschwindigkeit. Durch eine Unterscheidung von Adhäsion und Kohäsion glückt ihm 1806 die mathematische Erfassung der Kapillarität. Der Weiterentwicklung der Wahrscheinlichkeitsrechnung ist seine *Théorie analytique des probabilités* (1812) gewidmet, in der auch die Ergebnisse aller früheren Untersuchungen zusammengefaßt sind. *Laplace* entwickelte darin als erster systematisch die Hauptsätze der Wahrscheinlichkeitstheorie und bewies auch die Sätze, die heute nach *de Moivre* und *Laplace* benannt werden. – Leider gab *Laplace* Erkenntnisse, die er von anderen hatte, als seine eigenen aus; so manches Mal wußte er zu verhindern, daß fremde Arbeiten, auf die er dann aufbaute, vor den eigenen erschienen.

LEIBNIZ, *Gottfried Wilhelm*, 1.7.1646 Leipzig–14.11.1716 Hannover. 1666 *Dissertatio de arte combinatoria*. 1667 Doktor der Jurisprudenz. 1672–76 wird er als kurmainzischer Diplomat nach Paris gesandt; er soll – seinem Plan zufolge – *Ludwig XIV.* überreden, Ägypten zu erobern. (Dadurch soll der französische Druck auf die Westflanke des Reichs nachlassen, und dieses könnte sich dann der Bekämpfung der Türken widmen.) In Paris konstruierte er 1672 eine 4-Spezies-Rechenmaschine. 1673 wird er anläßlich einer Reise nach London Mitglied der Royal Society. Wieder in Paris, studierte er bei *Huygens* Mathematik. Dieser wies ihn auf *Pascals* »Zusammenzählung« kleinster Flächenstücke hin, erschienen 1659 in den *Lettres de A. Dettonville*, ein Pseudonym *Pascals*. Durch dessen *Traité des sinus du quart de cercle* angeregt, schuf *Leibniz* im Oktober 1675, 10 Jahre nach *Newton* (1643–1727), aber unabhängig, die Infinitesimalrechnung. *Leibniz*ens glücklichere Symbolik setzte sich durch*. 1679 erfindet er die Dyadik (= Binärsystem), veröffentlicht sie aber erst 1703. 1686, ein Jahr vor dem Erscheinen von *Newtons Principia*, erklärt er, *Huygens* folgend, die »lebendige Kraft« mv^2 als Maß für die Bewegung und fordert die Konstanz von Σmv^2 bei mechanischen Prozessen; damit stellt er sich gegen *Descartes*, der die Konstanz der gesamten vis motus Σmv postuliert hatte. 1687 stellt und löst er das Isochronenproblem: Ein Körper muß sich auf einer *Neil*schen Parabel bewegen, damit er sich in gleichen Zeiten dem Erdboden in gleichen senkrechten Stücken nähert. Als Hofrat und Bibliothekar in Hannover (seit 1676) muß er die Geschichte des welfischen Hauses schreiben. Er regt die Gründung der Berliner Akademie der Wissenschaften an und wird 1700 deren erster Präsident. Er möchte Europa mit einem Netz von Akademien überziehen. *Leibniz* war Jurist und Diplomat, Historiker, Mathematiker und Philosoph, darüber hinaus an Technik interessiert (Erfindung des Aneroidbarometers,

um 1700

---

* Erst 1684 veröffentlichte er seine Gedanken unter dem Titel *Nova methodus pro maximis et minimis, itemque tangentibus, quae nec fractas nec irrationales quantitates moratur, et singulare pro illis calculi genus.*

Erkenntnis des Unterschieds von Roll- und Gleitreibung, Entwässerungsprobleme in Bergwerken, Seidenraupenzucht). Er versuchte einen Ausgleich zwischen der katholischen und der evangelischen Kirche herbeizuführen und weckte das kulturhistorische Interesse für den Fernen Osten, insbesondere für China.

MÉRÉ, *George Brossin, Antoine Gombaud*, Chevalier (später Marquis) de, März/April 1607 Bouëx/Charente – 29.12.1684 Château de Baussay bei Niort. 1620 in den Malteserorden eingetreten, quittierte er nach einigen Gefechten zur See 1645 den Dienst, ließ sich in Paris nieder und wurde bald zum arbiter elegantiarum der dortigen Gesellschaft. Er war schriftstellerisch tätig. *Sainte-Beuve* (1804–1869) sah in ihm den Typ des honnête homme des 17. Jahrhunderts. *Pascal* jedoch schrieb an *de Fermat* am 29.7.1654 über *de Méré* »... car il a tres bon esprit mais il n'est pas geometre (c'est, comme vous sçavez, un grand defaut)...«

MISES, *Richard Edler von*, 19.4.1883 Lemberg–14.7.1953 Boston. Professor in Straßburg 1909, Dresden 1919, Berlin 1920, Istanbul 1933 und schließlich 1939 an der Harvard-University in Cambridge (Mass.). Seine Kenntnisse in Aerodynamik und Aeronautik befähigten ihn zum Aufbau einer österreichischen Luftwaffe im 1. Weltkrieg. Aus seinem 1916 erschienenen Buch über das Flugwesen entstand während des 2. Weltkriegs die *Theory of flight*. Richtungweisende Arbeiten auf fast allen Gebieten der angewandten Mathematik, Schöpfer der Motorrechnung, Arbeiten in der theoretischen Mechanik (Hydrodynamik, Elastizitäts- und Plastizitätstheorie), bedeutende Beiträge zur Geometrie, Wahrscheinlichkeitsrechnung und Statistik. Von Anfang an lehnte er die maximum-likelihood-Methode *R.A. Fishers* ab. 1950 wandte er sich noch gegen die Theorie der kleinen Stichproben (small sample theory).

1930

MONTMORT, *Pierre Rémond de*, 27.10.1678 Paris bis 7.10.1719 Paris. Da er das von seinem Vater gewünschte Rechtsstudium nicht aufnehmen will, flieht er nach England, Holland und schließlich zu seinen Verwandten nach Regensburg. 1699 kehrt er nach Frankreich zurück, reist 1700 nochmals nach England und wird dann als Nachfolger seines Bruders Kanoniker von Notre-Dame zu Paris. 1706 zieht er sich auf das 1704 gekaufte Gut Montmort zurück und läßt auf eigene Kosten mathematische Arbeiten drucken. 1708 erscheint in Paris anonym sein Werk *Essay d'Analyse sur les Jeux de Hazard*, das *de Moivre* 1711 in seiner *De Mensura Sortis* geringschätzig abtut und das 1713 unter dem Einfluß der *Ars conjectandi Jakob Bernoullis* (Jan.–Apr. 1713 war *Nikolaus Bernoulli* zu Gast bei *Montmort*) eine 2., erweiterte Auflage erfährt. Es enthält die Lösungen für viele Spielprobleme, darunter auch eine Verall-

Kein Bildnis überliefert

gemeinerung des problème des partis. Als erster stellt er explizit das Problem der Spieldauer und löst es zusammen mit *Nikolaus Bernoulli*. 1711–1715 diskutieren beide das Spiel Le Her, wo neben dem Zufall noch die Strategie der Spieler eine Rolle spielt. *Montmort*s Idee der Strategienmischung wird nicht weiter verfolgt. Erst 1928 griff *v. Neumann* das Problem mit der Spieltheorie wieder auf. *De Moivre* diente *Montmort* – nach Beilegung ihres Streits – als Dolmetscher, als dieser nach London kam, »mehr um die Gelehrten zu sehen als die berühmte Sonnenfinsternis« vom 3.5.1715. Anläßlich seines Aufenthalts wurde er Mitglied der Royal Society und 1716 der Académie des Sciences in Paris. Im heftigen Prioritätenstreit zwischen *Newton* und *Leibniz* bedient sich *Leibniz* 1716 seiner als neutralen und verständnisfähigen Zeugen. Sein Werk *De seriebus infinitis* (1717) beschäftigt sich mit der Reihenlehre. Das Erscheinen von *de Moivre*s *Doctrine of Chance* 1718 erbitterte *Montmort* sehr. Er warf *de Moivre* vor, Ergebnisse der 2. Auflage seines *Essay* einfach übernommen zu haben. *Montmort*s Tod erledigte den Disput. – Daß ein untadeliger Mann wie *Montmort* sich mit Wahrscheinlichkeitsrechnung beschäftigte, trug dazu bei, daß man sie ernst nahm.

NEUMANN, *John von*, eigentlich *János Baron von Neumann*, 28.12.1903 Budapest–8.2.1957 Washington. Er war einer der hervorragendsten Mathematiker des 20. Jahrhunderts. Seine Arbeiten umfassen eine ungeheure Breite des mathematischen Spektrums. Bereits 1923 veröffentlichte er eine Arbeit über transfinite Zahlen. 1926 promovierte er in Mathematik an der Universität Budapest, nachdem er 1925 eine Axiomatisierung der Mengenlehre gefunden hatte. Er studierte u.a. in Göttingen bei *Max Born*. Über Berlin kam er 1930 nach Princeton (USA), wo er 1933 Professor am Institute for Advanced Study wurde.
*Neumann*s Arbeiten auf dem Gebiet der Wahrscheinlichkeitstheorie führten ihn 1928 zur Schaffung der Theorie strategischer Spiele, kurz »Spieltheorie« genannt. Die große Bedeutung dieser Theorie für die Wirtschaftsmathematik zeigte sich erst, nachdem er und *O. Morgenstern* ihr grundlegendes Werk *Theory of games and economic behaviour* 1944 veröffentlicht hatten. *V. Neumann*s Interesse galt aber vielfach der Grundlagenforschung. So gelang es ihm 1930, ein Axiomensystem für die Funktionalanalysis aufzustellen; 1932 konnte er die Quantentheorie axiomatisieren. Im selben Jahr stellte er die Quasiergodenhypothese auf und bewies sie; sie ist Grundlage der Quantenstatistik. Die Breite seines Geistes zeigt sich an seinen Arbeitsgebieten: fastperiodische Funktionen, topologische Vektorräume, kontinuierliche Gruppen, Operatoren in Hilbert-Räumen, Maß- und Verbandstheorie. Seine Arbeiten auf den Gebieten der numerischen Analysis, der Automatentheorie und der mathematischen Logik trugen sehr zur Entwicklung der Datenverarbeitung bei. Auch an der Entwick-

1956

lung der 1. Atombombe in Los Alamos hatte *v. Neumann* maßgeblichen Anteil. Und schließlich beschäftigte ihn das Problem einer Langzeitwettervorhersage. 1955 wurde er Mitglied der Atomic Energy Commission, die ihm 1956 den Enrico-Fermi-Preis (50000 $) verlieh.*

PACIOLI (auch *Paciuolo*), *Luca*, um 1445 Borgo Sansepolcro (Umbrien) – 1517 ebd.
Von 1464 bis 1470 war er Hauslehrer bei den *Rompiasi* in Venedig, trat dann aber in den franziskanischen Minoriten-Orden ein und nannte sich *Frater Lucas de Burgo Sancti Sepulcri*. 1477 wurde er Professor an der Universität von Perugia, 1481 finden wir ihn im kroatischen Zadar. 1487 kommt er, seit 1486 Magister der Theologie, wieder nach Perugia, wo er eine Modellsammlung der regulären Polyeder herstellt. Von dort wechselt er 1489 nach Rom, für 3 Jahre nach Neapel, 1494 nach Venedig, 1496 nach Mailand und 1500 nach Florenz. Bis 1506 lehrte er außerdem in Pisa, Bologna und Perugia Mathematik. 1508 ist er wieder in Venedig, 1510 wieder in Perugia. 1514 ernennt ihn Papst *Leo X.* zum Professor an der Sapienza in Rom. In seiner 1487 in Italienisch geschriebenen *Summa de Arithmetica Geometria Proportioni et Proportionalita*, die 1494 erschien und die u.a. das erste zusammenfassende Werk über Angewandte Mathematik ist, beschrieb er als erster die doppelte Buchführung. Es enthält auch erste Beispiele zur Wahrscheinlichkeitsrechnung. Die *Divina Proportione*, 1498 vollendet, aber erst 1509 veröffentlicht, wurde von *Leonardo da Vinci* (1452–1519), einem seiner Freunde, illustriert. Sein 1498 verfaßtes Werk *De viribus quantitatis* enthält magische Quadrate, also noch vor *Albrecht Dürers* (1471–1528) berühmtem magischen Quadrat in der Melencolia 1 von 1514.

PASCAL, *Blaise*, 19.7.1623 Clermont-Ferrand – 19.8.1662 Paris. Die Mutter starb bereits 1626; 1631 ging die Familie nach Paris. Der Vater, *Étienne Pascal* (1588–1651), Entdecker bestimmter Kurven 4. Ordnung, der *Pascal*schen Schnecken, unterrichtete *Blaise* selbst, legte dabei aber zunächst nur Wert auf eine sprachliche Ausbildung. Die Elemente des *Euklid* studierte der Knabe ohne Schwierigkeit; als 11jähriger schrieb er eine verlorengegangene Arbeit über Töne. 1640 veröffentlicht er eine Abhandlung über Kegelschnitte auf projektiver Grundlage, den *Essay pour les coniques*, in Form eines Flugblatts. Von den weiteren Arbeiten über Kegelschnitte aus den Jahren 1644–48 ist nur die erhalten, von der *Leibniz* aus dem Nachlaß eine Kopie anfertigte; sie enthält den berühmten *Pascal*schen Satz über das hexagramme mystique. Die umfangreichen Rechenaufgaben seines Vaters, der Steuerinspek-

---

* Der Enrico-Fermi-Preis wird seit 1954 nahezu alljährlich vergeben für außergewöhnliche Verdienste um die Entwicklung der Kernphysik und ihrer Anwendungen (ca. 25000 $). Erster Preisträger war *Enrico Fermi* (1901–1954).

tor in Rouen wurde, regen ihn zum Bau einer Rechenmaschine an (1642). Innerhalb von 2 Jahren baut er 50 Modelle. 1652 geht ein verbessertes Modell an Königin *Christine* von Schweden. 1646 beginnt er mit seinen hydrostatischen Untersuchungen. 1648 veranlaßt er seinen Schwager, *Torricellis* Versuch von 1644 am Fuß und auf dem Gipfel des 1495 m hohen Puy de Dôme zu wiederholen, wodurch es ihm gelingt, den Luftdruck als Ursache der Erscheinung nachzuweisen; die Theorie vom »horror vacui« der Materie ist widerlegt. – 1646 wurde *Pascal* zum Jansenismus bekehrt, unternahm aber 1652–53 mehrere Reisen, vielleicht auch mit *de Méré*, der ihm u. a. das problème des partis (Verteilung des Einsatzes bei vorzeitigem Spielabbruch) vorlegte. *Pascal* löste es im *Traité du Triangle Arithmétique* (gedruckt 1654, veröffentlicht erst 1665), wo er in der Conséquence douzième das Beweisverfahren der vollständigen Induktion erfand. Ab 1655 zieht sich *Pascal*, der seit seinem 18. Lebensjahr keinen Tag ohne Schmerzen verbracht hat, zeitweise in das Kloster Port-Royal zurück und widmet sich religiösen Meditationen und theologischen Studien. Seine *Pensées*, eine Schrift zur Verteidigung des Christentums, werden 8 Jahre nach seinem Tode veröffentlicht. *Pascal* gilt als das größte religiöse Genie des modernen Frankreich. 1658 beschäftigt sich *Pascal* wieder mit der Mathematik; es entstehen Arbeiten über Rollkurven (Zykloiden). 1662 erhält *Pascal* ein Patent für die carrosses à cinq sols, die erste Pariser Omnibuslinie, die am 18. 3. 1662 ihren Betrieb aufnimmt. – Das klassische Ideal der Universalität, sich nicht in eine Aufgabe zu verbohren, kam dem sprunghaften Temperament *Pascals* sehr entgegen. – Siehe auch unter **LEIBNIZ**.

PEARSON, *Karl*, 27. 3. 1857 London – 27. 4. 1936 London, einer der Väter der modernen Statistik. Er studierte zunächst Mathematik, dann während eines Studienjahrs in Heidelberg und Berlin Philosophie, Römisches Recht, Physik und Biologie. Seitdem schrieb er seinen Vornamen *Carl* mit *K*, wohl auch in Verehrung für *Karl Marx*. 1880 Studium der Jurisprudenz in London, 1881 bis 1884 als Jurist tätig. Seine ersten beiden Werke, *The New Werther* und *The Trinity, a Nineteenth Century Passion Play*, erschienen anonym – beide ein Angriff auf die christliche Orthodoxie. 1884 wurde er von der Universität London auf den Lehrstuhl für Angewandte Mathematik und Mechanik berufen; dort lehrte er bis zu seiner Emeritierung im Jahre 1933. Bald nach seiner Berufung auf diesen Lehrstuhl erschien auf deutsch eine kunstgeschichtliche Studie, *Die Fronica: Ein Beitrag zur Geschichte des Christusbildes im Mittelalter*. Dann gab er *Saint-Venants Elastizitätstheorie* heraus und schrieb den 2. Teil von *Todhunters Geschichte der Elastizitätstheorie*. Seine radikalen Ansichten, auch bezüglich der Frauenemanzipation, veröffentlichte er in *The Ethic of Freethought*, wobei er die Mystik *Meister Eckharts* zum ersten Mal dem britischen Publikum vorführte. In jener Zeit hielt er auch Vorträge über *Karl Marx*. Sein Werk *Grammar of Science* (1892) wurde zu einem Klassiker der Naturphilosophie. Auf Grund dieses Werkes hielt ihn *Lenin* für einen überzeugten Feind des Materialismus. Ab 1890 widmete sich *Pearson* immer mehr den Anwendungen der Statistik auf Probleme der Biologie und Erblehre. Sie führten ihn 1901 zusammen mit *Francis Galton* und *Walter Frank Raphael Weldon* (1860–1906) zur Gründung der Zeitschrift »Biometrika«, wodurch die »Biometrie« – eine Wortschöpfung *Karl Pearsons* – als selbständiger Zweig der Wissenschaft begründet wurde. In den Jahren 1893 bis 1912 entstanden dann seine 18 Arbeiten *Mathematical Contributions to the Theory of Evolution*, in denen 1900 auch die Chi-Quadrat-Verteilung neu entdeckt wurde, die bereits 1876 von dem deutschen Mathematiker und Physiker *Robert Friedrich Helmert* (1843–1917) aufgestellt worden war. Auch der Korrelationskoeffizient ϱ ist eine Erfindung *Pearsons*. 1911 wurde er Professor für Eugenik und erster Direktor des »Francis Galton Laboratory for National Eugenics« an der Universität London. Ab 1923 kombinierte er biometrische und historische Untersuchungsmethoden und rekonstruierte so den Mord an *Lord Darnley*, dem zweiten Gemahl der *Maria Stuart*.

STIFEL (auch *Stiefel* und *Styfel*), Michael, 1487? Esslingen bis 19. 4. 1567 Jena. Augustinermönch, 1511 Priester. Er findet früh zu *Luther* (1483–1546), der ihn als Prediger (Mansfeld [1523–1524], Tollet/Oberösterreich [1525–1527]) und 1528 als Pfarrer nach Lochau (heute Annaburg) bei Wittenberg vermittelt. Mittels »Wortrechnung« – Interpretation von Buchstaben als römische Zahlzeichen – sagt er 1532 den Weltuntergang für den 18., dann den 19. 10. 1533, 8 Uhr, voraus, was ihn wegen des offensichtlichen Mißerfolgs seine Pfarre kostet. *Luther* und *Melanchthon* (1497–1560) besorgen ihm 1535 eine neue in Holzdorf. 1541 magister artium in Wittenberg, wo er auch privat Mathematik unterrichtet. Nach der Schlacht beim nahen Mühlberg (24. 4. 1547 [Schmalkaldischer Krieg]) Flucht nach Preußen: 1548 Pfarrer in Memel, 1550 in Eichholz und schließlich in Haberstroh bei Königsberg. Wegen dortiger theologischer Streitigkeiten 1554 Übernahme einer Pfarre in Brück/Kursachsen. Ab 1559 liest *Stifel* an der Universität Jena 4stündig über Arithmetik und das X. Buch *Euklid*s. – In seiner *Arithmetica integra* (1539 abgeschlossen; 1544 überarbeitet in Nürnberg gedruckt) erfaßt er das Wesen der negativen Zahlen vollständig, ersetzt die Division durch einen Bruch durch die Multiplikation mit dem reziproken Bruch, stellt eine Mini-Logarithmentafel auf, prägt dabei das Wort Exponent, erfindet für Europa die Binomialkoeffizienten beim Ausziehen n-ter Wurzeln und formuliert klar deren additives Bildungsgesetz. Das nach ihm und *Pascal* (1623–1662) benannte Arithmetische Dreieck kennt *Stifel* vom Titelblatt der *Underweysung* (1527) des *Peter Apian* (1495–1552). Als erster verwendet er in einer handschriftlichen Notiz Klammernpaaare, um Zusammengehöriges zu kennzeichnen.

Kein Bildnis überliefert

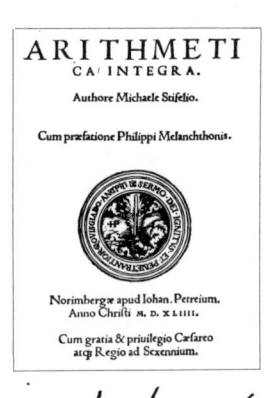

Die bis zur 3. Auflage wiedergegebene Unterschrift ist kein Autograph *Stifels*.

SYLVESTER, James Joseph, 3.9.1814 London–15.3.1897 London. Eigentlich hieß die jüdische Familie *Joseph*; als aber der älteste Bruder nach seiner Auswanderung in die USA sich den Familiennamen *Sylvester* gab, tat dies auch die restliche Familie. Als 14jähriger studierte *Sylvester* Mathematik an der Universität London bei *De Morgan*, als 16jähriger löste er für die Lotterieverwaltung der USA ein kompliziertes Anordnungsproblem. Er studierte 2 Jahre an der Royal Institution in Liverpool, dann 1831–37 an der Universität Cambridge. Obwohl er als Zweitbester abschloß, konnte er als Jude nicht für die *Smith*'s Preise für Mathematik vorgeschlagen werden. Und da er sich als Jude weigerte, die 39 Artikel der anglikanischen Kirche von 1563 zu unterschreiben, konnten ihm in Cambridge nicht die akademischen Grade verliehen werden, die er dann in Dublin erhielt. (Als sich die Erziehung aus den Händen der Kirche löste, wurden sie ihm 1871 honoris causa verliehen!) 1838–40 war er Professor für Naturwissenschaften am University College in London, was ihn nicht befriedigte. Er ging daher 1841 als Professor für Mathematik an die Universität Virginia (USA). Nach 3 Monaten legte er sein Lehramt dort nieder, da sich die Universität weigerte, Disziplinarmaßnahmen gegen einen Studenten zu ergreifen, der ihn beleidigt hatte. In London arbeitete er darauf als Statistiker in einer Lebensversicherung, erteilte jedoch auch Privatunterricht in Mathematik. Eine seiner Schülerinnen war *Florence Nightingale* (1820–1910), die Begründerin der modernen Verwundetenfürsorge, deren statistische Arbeiten stark von *Quetelet*s Sozialstatistik beeinflußt wurden. 1846 begann er Jurisprudenz zu studieren und wurde 1850 als Anwalt zugelassen. 1855–70 war er Professor für Mathematik an der Royal Military Academy in Woolwich. 1855 gründete er das Quarterly Journal of Pure and Applied Mathematics. Nach seiner Zwangspensionierung lebte er in London und verfaßte *The Laws of Verse*, ein Werk über Dichtkunst, 1876–83 lehrte er an der 1875 gegründeten John Hopkins Universität in Baltimore (USA), wo er 1878 das American Journal of Mathematics begründete. 1883 rief ihn die Universität Oxford, wo er 1894 emeritiert wurde. – Zusammen mit seinem Freund *Arthur Cayley* (1821–1895) begründete er die Theorie der algebraischen Invarianten. Er arbeitete über Matrizen und Determinanten, über Differentialinvarianten und auch über Zahlentheorie. Auf Grund seiner hervorragenden Kenntnisse in alten Sprachen schuf er viele neue mathematische Bezeichnungen; er nannte sich selbst einen »mathematischen Adam«. *Sylvester* las auch deutsche, französische und italienische Literatur im Original. Er liebte die Musik und war auf sein »hohes C« stolzer als auf seine Invarianten.

TARTAGLIA (auch *Tartalea* und *Tartaia*), *Niccolò*, 1499 Brescia – 13.12.1557 Venedig. Sohn eines armen Posthalters. 1512 bei der Eroberung Brescias durch die Franzosen so schwer verwundet, daß er nur mehr stottert (= tartagliare). Seinen Spitznamen behält er zeitlebens bei; sein Familienname ist vermutlich *Fontana*. Die entstellenden Narben bedeckt er später durch einen mächtigen Bart. Da seine Mutter das Schulgeld nicht mehr zahlen konnte, mußte er nach dem Erlernen des Buchstaben K die Schule verlassen. Er bildet sich allein »über die Werke toter Männer weiter, begleitet von der Tochter der Armut, deren Name Fleiß ist«, wie er selbst schreibt. 1516/18 Rechenmeister in Verona, 1534 Mathematiklehrer in Venedig, wo er auch öffentliche Vorlesungen in einer Kirche abhält. – *Antonio Maria Fiore* (1. H. 16. Jh.), ein Schüler des *Scipione del Ferro* (1465?–1526), des Entdeckers der Lösung von $x^3 + ax = b$, fordert 1535 *Tartaglia* zu einem öffentlichen Wettstreit über 30 kubische Gleichungen heraus. *Tartaglia* behauptet, in der Nacht vom 12. auf den 13. Februar einen Lösungsweg gefunden zu haben, den er *Cardano* am 25.3.1539 unter dem Eid der Verschwiegenheit in dunklen Versen mitteilt. Wissenschaftliche Erkenntnisse werden verheimlicht, weil sie bei Streitgesprächen Geld einbringen und deren Ausgang über die Verlängerung von Universitätsstellungen entscheiden kann! Auf den Eidbruch *Cardanos* reagiert *Tartaglia* 1546 mit seinen *Quesiti, et inventioni diverse*, die algebraisch nichts Neues bringen. Bereits 1537 war die *Nova Scientia* erschienen, eines der frühesten Bücher über Ballistik (Maximalwurfweite bei 45° erkannt). Seine Werke über Festungsbau und Kriegskunst werden ins Deutsche und Französische übersetzt. Lösung des Berührproblems, das später nach *Malfatti* (1731 bis 1807) benannt wird. 1543 gibt er die lateinische Archimedesübersetzung des *Wilhelm von Moerbecke* (1215?–1286) als seine eigene Tat heraus! Seine Euklidübertragung ins Italienische (1543), basierend auf 2 lateinischen(!) Quellen, ist die erste gedruckte Euklidübersetzung in eine moderne Sprache; sie wird ein großer Erfolg. 1551 Archimedesübertragung ins Italienische. 1556 erscheinen Teil I und II, 1560 posthum die Teile III–VI des *General trattato di numeri, et misure*, das auf lange Zeit unerreicht beste Handbuch der Mathematik, das die *Summa* des *Luca Pacioli* ablöst. Er zeigt das systematische Rationalmachen von Nennern und enthält die wohl älteste Extremwertaufgabe, aber auch die Unverfrorenheit, sich als Erfinder der Binomialkoeffizienten auszugeben.

um 1546

Nicolo Tartalea

Wahlspruch:
Le inventioni sono difficili, ma lo aggiongervi è facile

Die Erfindungen sind schwierig, aber ihnen etwas hinzuzufügen ist leicht.

Register

abhängig 117
Ablehnungsbereich 163
Achenwall 159f.
Additionsformel für Binomial-
  koeffizienten 103
Additivität 44
Ägypter 46, 47, 159
alea 70
Alembert 113, 192, 194, 201
Alternative 163, 166
Alternativtest 163
Altersaufbau 28
Altes Testament 159
Annahmebereich 163, 166
Aphrodite 46, 58, 59, 158
Aphrodite-Wurf 27, 58
Apian 104f., 201
Apuleius 42
Araber 104
Arbuthnot 160
Arithmetisches Dreieck 104, 136f.,
  200
ars conjectandi 6, 41, 67, 70, 73,
  159, 194
As 48, 77
–, erstes 90
Asklepiades 46
Astragalorakel 46
Astragalus 39, 45, 58
Augensumme 10, 71, 100
Augustus 46, 159
Auswahl
– mit Wiederholung 82
– ohne Wiederholung 82
Auszahlung 22
Autokennzeichen 103
Axiome von *Kolmogorow* 73
Baum → Baumdiagramm
–, reduzierter 140
Baumdiagramm 15, 54, 55
Benzolring 101
Bernoulli, Jakob 6, 41, 67, 70 ff.,
  80, 81, 84, 125, 193, 203
Bernoulli, Johann 66, 193f., 196
Bernoulli-Kette 125
Bernoulli, Nikolaus 194, 203f.
Bertrand 19, 189, 195
Bevölkerungsstatistik 160
Binärcode 103
Binomialkoeffizient 84, 104, 201
Binomialverteilung 140, 142
–, kumulativ 148
Biometrie 160, 200
Blutgruppe 39
Bohlmann 117, 121, 123
Boole 196
Bridge 11, 77, 90, 100, 106, 107
Briefe 27, 66
Buffon 30, 52, 186, 195
Büsching 160

Caesar 7
Cardano 18, 71, 84, 192
census 159
Cicero 42
China 45f., 159
Claudius 46
Conring 159

Darwin 199
David 159
De Morgan 24, 195, 208
Descartes 196, 200
disjunkt 24
Dreierwette 79
Drei-Mindestens-Aufgabe 55
Dreiteilung einer Strecke 188

e 196
einfach 163
Einsame Filzlaus 111
Einsatz 22
einseitig 173
Ein- und Ausschaltformel 62
Elementarereignis 20
Elferwette 80
Empirisches Gesetz der großen
  Zahlen 30
Entscheidungsregel 166
Ereignis 20
–, sicheres 20, 132
–, unmögliches 20, 132
Ereignisalgebra 24, 73
Ereignisraum 20
Ergebnis 14
–, günstiges 70, 77
Ergebnisraum 13, 14
Ettingshausen 84
Euler 66, 84, 194, 196f., 201
Experiment 8
Exponent 207

$f(x)$ 196
Fakultät 80
Fehler
– 1. Art 164
– 2. Art 164
Fermat 18, 69ff., 84, 196, 200, 203
Figurenzahlen 84
Fisher 160f., 168, 197, 203
Formel von *Sylvester* 62
Fortuna 2, 48, 60
Fußballtoto → Toto

Galilei 10, 71f., 97, 197, 200
Galton 128, 150, 160, 199, 207
Galton-Brett 150f.
Gauß 199, 201
Geburtstagsproblem 87, 109, 182
Gegenereignis 23, 45
Gentile 38
Genueser Lotterie 38, 108

Germanen 47
Gesetz der großen Zahlen 192
–, empirisches 30
Gewinn 22
Giradier 21
gleichmäßig 75
Gleichwahrscheinlichkeit 71, 97ff.,
  175
Glücksrad 10, 48
Go-Shirakawa 12
Gottesbeweis 160
Graunt 160
Griechen 45ff., 159

Halley 160
hasard 71
Hauber 158
Häufigkeit
–, absolute 29
–, relative 29, 68, 73
Heisenberg 175
Hérigone 84
Herodot 47
Hindenburg 81
Histogramm 138
Hooke 200
Hund 58
Hutten 7
Huygens 59, 69f., 200, 202
Hypothese 161, 163, 166
–, einfache 163
–, zusammengesetzte 168

i 196
iactus Veneris 58
Ikosaeder 45, 50
Ilias 46
Inder 104
Indianer 47
Integral 193
Interpretationsregel 44
Irrtumswahrscheinlichkeit
– 1. Art 164
– 2. Art 164

Jones 187

k-Kombination 81f., 84, 86
k-Menge 82, 83
Kolmogorow 67, 72, 200
Kolmogorow-Axiome 73, 97
Kombination 81f.
Komplexion 81
Konternation 81
k-Permutation 82, 83
Kramp 80
kritischer Bereich 163
kritische Region 163
k-Tupel 81f., 84, 86

Register

kumulative Verteilungsfunktion 148
k-Variation 86

Laplace 47, 67, 70f., 75, 97, 160, 201
Laplace-Annahme 75
Laplace-Experiment 75
Laplace-Floh 109
Laplace-Münze 48
Laplace-Wahrscheinlichkeit 77
Laplace-Würfel 47
Le Her 194, 204
Leibniz 10, 71, 81, 97, 100, 193, 202, 204, 206
l'Hospital 194
L-Münze 48
Lotto 17, 38, 50, 81ff., 88, 108, 109, 135
Lukas 159
L-Würfel 47
Lyder 47

Malthus 160
mediale Begabung 111, 179
Mehrfeldertafel 15
Mengenalgebra 24
Méré 69, 97, 109, 203, 206
Mises 65, 68, 87, 197, 203
Modell 13, 21, 41, 43, 56, 163, 168, 188
Moivre 160, 202ff.
Monte-Carlo-Methode 52
Montmort 30, 66, 194, 203
Morgan → De Morgan
Münze 47
–, ideale 48
Münzfernsprecher 65
Münzenwurf 9, 175

Nadelproblem 186
Neumann 52, 204
Newton 96, 194f., 200, 202, 204
Niete 124
n-Menge 81
Normiertheit 44
n-Permutation 82
n-Tupel 16, 79
Nullhypothese 169, 171

Oughtred 84

paarweise unvereinbar 27
Pacioli 17, 69, 205
Palamedes 47
Parameter der Bernoulli-Kette 125
Paris-Urteil 158
Pascal 18, 59, 69ff., 84, 104f., 194, 200, 202, 205
Pascal-Stifelsches Dreieck 104, 150
Pasch 11, 108
Pausanias 47
Pearson, E. S. 161, 192, 197

Pearson, K. 30, 160, 206
Permutation 80
Petty 160
Pfad 16
Pfadregel
–, erste 55
–, zweite 64
π 186, 196
π-Bestimmung 52, 53, 57, 58, 186
Platon 6, 47
Plutarch 7
Poincaré 188
Poisson 194
Poker 108
Politische Arithmetik 160
Potenzmenge 21
Problem der vertauschten Briefe 27, 66
problème des partis 18, 69f., 206
problème du baton brisé 188
Produktregel 79
Produktsatz 120
Pseudozufallszahlen 51
Pythagoreer 84

Qia Xsian 104
Quadrupel 79
Quetelet 160
Quincunx 151
Quintupel 125

reduzierter Baum 140
Rencontre-Problem 66
Richard de Fournival 71f., 106
Risiko 161
– 1. Art 164
– 2. Art, 164
Römer 45ff.
Roulett 10, 21, 49, 100, 152

Sansovino 159
Schach 101
Schätzung 174
Schlözer 160
Schluß, statistischer 161
Schooten 69f.
Schwarzer König 11, 108
Sequentialanalyse 161
Servius Tullius 159
Sextupel 81
Sicherheit des Urteils 161, 167
Siebformel 62
signifikant 169
Signifikanzniveau 171
Signifikanztest 171
Simulation 51, 58
Skatspiel 109f., 153
Sokrates 6, 47
Sophokles 46
Spielhölle 111, 179
Staatskunde 159
Stabdiagramm 138

Stabilisierung 30, 174
Statistik 6, 159ff., 194, 206
–, amtliche 159f.
–, analytische 161
–, beurteilende 44
–, deskriptive 160
–, mathematische 150, 159ff., 197
–, Universitäts- 159f.
Statistischer Schluß 161
Stesichoros 58
Stichprobe 161
Stifel 84, 104f., 207
Stochastik 6, 13, 159
stochastisch abhängig 117
stochastisch unabhängig
– bei 2 Ereignissen 117
– bei 3 Ereignissen 121
– bei n Ereignissen 123
Sueton 7, 46
Summenformel
– für Binomialkoeffizienten 103
– für Wahrscheinlichkeiten 44, 61, 120
Summensatz 120
Süßmilch 160
Sylvester 62, 195, 208
–, Formel von 62
Symmetrieeigenschaft der Binomialverteilungen 147
Symmetriegesetz der Binomialkoeffizienten 103

Tacitus 47
talus 45
Tartaglia 18, 104f., 209
Teetassentest 168
tessera 39, 46, 47, 58
Test 163, 166
–, einseitiger 173
–, zweiseitiger 173
Testgröße 163
Thot 47
Tiberius 46
Tippett 51, 192
Todhunter 66
Toto 80, 82, 84, 89, 109
Treffer 124
Treize-Spiel 66
Trend 160
Tripel 78
Tupel 16, 78
Tyche 47, 48

Ulam 52, 192
unabhängig 117, 120
unciae 84
Universitätsstatistik 159
unvereinbar 24, 27, 44, 61, 65, 120, 132
–, paarweise 27
Urne 10, 49, 91, 106

Variation 81
Venuswurf 58

Verfeinerung 14
Vergröberung 14, 99, 113
Verlust 23
vertauschte Briefe 27, 66
Verteilungsfunktion
–, kumulative 148
Volkszählung 159f.
Vollerhebung 161

Wahrscheinlichkeit 41ff., 175f.
– a posteriori 68
– a priori 70
–, klassische 70
–, statistische 68

Wahrscheinlichkeitstheorie 6
Wahrscheinlichkeitsverteilung 42, 73
–, gleichmäßige 75, 99
Wald 161
Wartezeit-Aufgaben 157
Wegenetz 140
Wibold 106
Würfel 46
–, idealer 47
Würfelwurf 9

Yang Hui 104f.

Zahlenlotto 38, 50, 108
Zählprinzip 79
Zerlegung 27
Zhu Shi-Jie 104, 137
Ziehen
– mit Zurücklegen 15, 49, 91
– ohne Zurücklegen 14, 50, 91
Zufallsexperiment 9, 188
–, mehrstufiges 14, 54, 127
Zufallsstichprobe 161
Zufallszahlen 50
Zufallsziffern 51
zusammengesetzt 168
zweiseitig 173

Bildnachweis

Bayerische Staatsbibliothek, München: Titelbild; 18.1; 67.1; 67.3; 67.4; 69.1; 105.1 – Bayerische Staatsgemäldesammlung München: 158 – Bayerisches Nationalmuseum München: 45.2; 48.2 – Becq de Fouquières: Les Jeux des Anciens, Paris 1869: 27.1 – Bergamini, D.: Die Mathematik, 1971: 200.2 – British Museum London, 11.1; 67.2 – Bundeszentrale für politische Bildung, Bonn. Nach: Informationen zur Politischen Bildung, September/Oktober 1968: 28 – David, F.N.: Games, gods and gambling, London 1962: 47.2; 47.3; 106.1 – Deutsches Museum München: 72.1; 192.2; 194; 195.1; 195.2; 195.3; 196.1; 196.2; 198; 200.1; 201; 205.2; 208; 209 – Gani, J.: The Making of Statisticians, New York 1982: 192.5 – Haller, R.; München: 7; 9.1; 12; 25.1; 25.2; 40; 45.1; 46.1; 47.4; 48.1; 58.1; 78.1; 113.1; 115; 151.2; 194.2; 207 – Hessischer Rundfunk Frankfurt: 74; 81.1 – Kowalewski, G.: Große Mathematiker, Berlin 1938: 192.1; 202 – Les OEuvres de M. le Chevalier de Méré, Amsterdam 1692: 203.1 – Selected Papers of Richard von Mises, Rhode Island 1962: 203.2 – Museo Nazionale, Neapel: 205.1 – Museum für Kunst und Gewerbe Hamburg: 60 – Needham, Josef: Science and Civilisation in China, Cambridge 1959: 105.1; 137 – A selection of the early statistical papers of J. Neyman, Cambridge, 1967: 192.3 – Reid, C.: Neyman – From Life, New York 1982: 197 – Royal Society, London: 192.4 – Süddeutsche Zeitung Bildarchiv: 19 – St. M. Ulam, Santa Fe/USA: 192.6 – Ullstein Bilderdienst: 199; 204 – Öffentliche Bibliothek der Universität Basel: 193 – University College, London: 206. – Rheinisch-Westfälische Technische Hochschule Aachen: 47.1

Für die Überlassung von **Unterschriften** danken wir
Archivio di Stato, Bologna (Nr. 20 – 23.11.1983) – Archivio di Stato, Venedig (Nr. 23/83 – 1.7.83) – Bayerische Staatsbibliothek, München – Niedersächsische Landesbibliothek, Hannover – Niedersächsische Staats- und Universitätsbibliothek, Göttingen – Öffentliche Bibliothek der Universität Basel – Royal Society, London – Staatsbibliothek Preußischer Kulturbesitz, Berlin – Thüringisches Hauptstaatsarchiv Weimar [*Stifel*; Reg Ii 572, Bl. 1ᵇ]

	1500	1600	1700

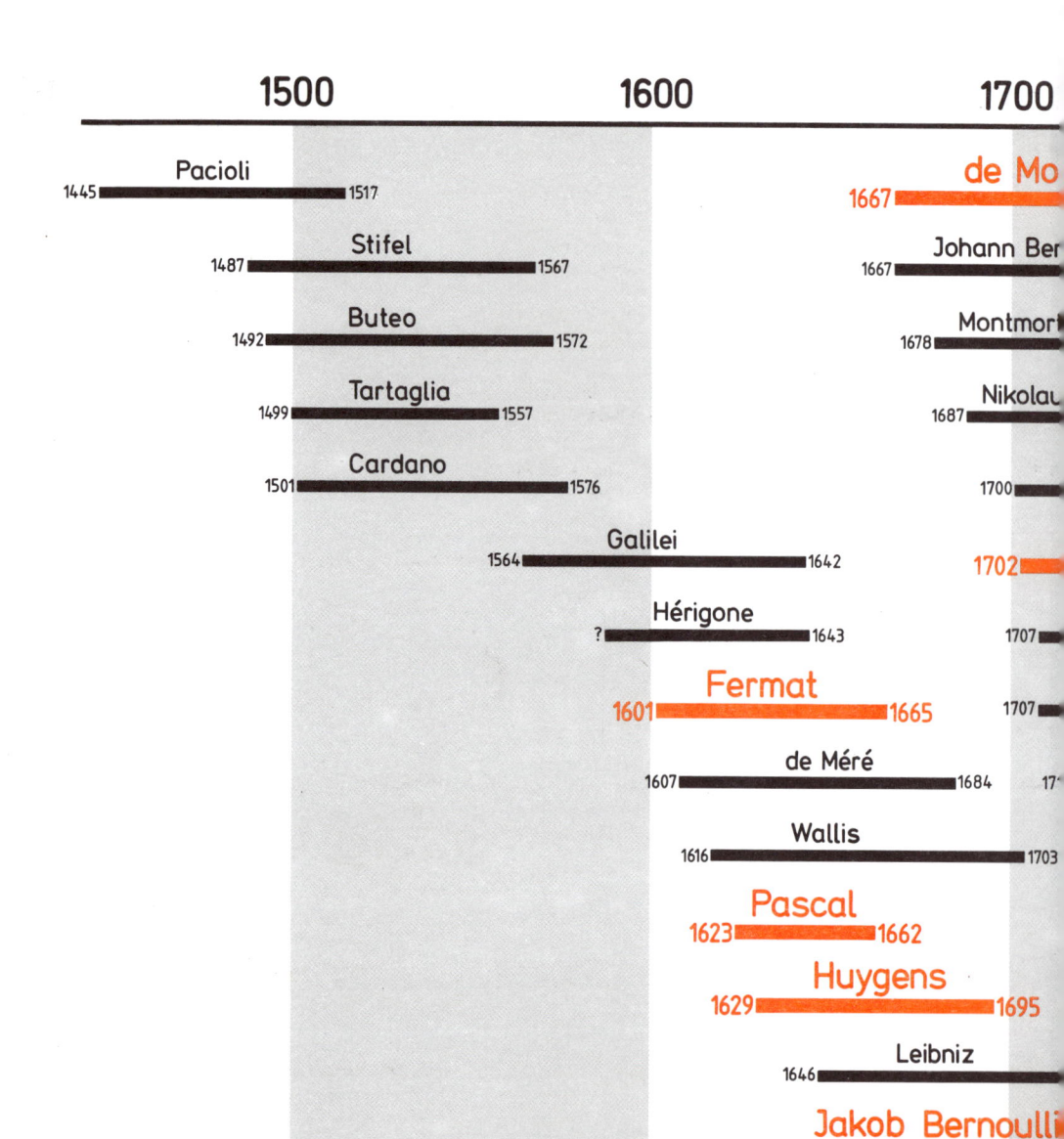

Pacioli 1445–1517
Stifel 1487–1567
Buteo 1492–1572
Tartaglia 1499–1557
Cardano 1501–1576
Galilei 1564–1642
Hérigone ?–1643
Fermat 1601–1665
de Méré 1607–1684
Wallis 1616–1703
Pascal 1623–1662
Huygens 1629–1695
Leibniz 1646–
Jakob Bernoulli 1655–170
Arbuthnot 1667–
de Mo 1667–
Johann Ber 1667–
Montmor 1678–
Nikolau 1687–
1700–
1702–
1707–
1707–
17

Der englische Naturforscher, Philosoph und Theologe *Joseph* PRIESTLEY (1733–1804) hat 1765 in *A Chart of Biography* als erster einen historischen Überblick in der angegebenen Art veröffentlicht.